T0253792

Wolfgang Stegmüller

Probleme und Resultate der Wissenschaftstheorie und Analytischen Philosophie, Band I
Erklärung – Begründung – Kausalität

Studienausgabe, Teil A

Das dritte Dogma des Empirismus
Das ABC der modernen Logik und Semantik
Der Begriff der Erklärung und seine Spielarten

Zweite, verbesserte und erweiterte Auflage

Springer-Verlag Berlin Heidelberg New York 1983

Professor Dr. Dr. Wolfgang Stegmüller
Hügelstraße 4
D-8032 Gräfelfing

Dieser Band enthält die Einleitung und die Kapitel 0 und I der unter dem Titel
„Probleme und Resultate der Wissenschaftstheorie und Analytischen Philosophie,
Band I, Erklärung – Begründung – Kausalität" erschienenen gebundenen
Gesamtausgabe

ISBN 3-540-11806-3 broschierte Studienausgabe Teil A
Springer-Verlag Berlin Heidelberg New York
ISBN 0-387-11806-3 soft cover (Student edition) Part A
Springer-Verlag New York Heidelberg Berlin

ISBN 3-540-11804-7 gebundene Gesamtausgabe
Springer-Verlag Berlin Heidelberg New York

ISBN 0-387-11804-7 hard cover
Springer-Verlag New York Heidelberg Berlin

CIP-Kurztitelaufnahme der Deutschen Bibliothek
Stegmüller, Wolfgang: Probleme und Resultate der Wissenschaftstheorie und analytischen
Philosophie/Wolfgang Stegmüller. – Studienausg. – Berlin; Heidelberg; New York: Springer
Bd. 1. Erklärung – Begründung – Kausalität.
Teil A. Das dritte Dogma des Empirismus; Das ABC der modernen Logik und Semantik; Der Begriff der
Erklärung und seine Spielarten. – 2., verb. u. erw. Aufl. – 1983.
ISBN 3-540-11806-3 (Berlin, Heidelberg, New York)
ISBN 0-387-11806-3 (New York, Heidelberg, Berlin)

Inhaltsverzeichnis

Von der gebundenen Ausgabe des Bandes „Probleme und Resultate der Wissenschaftstheorie und Analytischen Philosophie, Band I, Erklärung – Begründung – Kausalität" sind folgende weiteren Teilbände erschienen:

Studienausgabe Teil B: Erklärung, Voraussage, Retrodiktion. Diskrete Zustandssysteme und diskretes Analogon zur Quantenmechanik. Das ontologische Problem. Naturgesetze und irreale Konditionalsätze. Naturalistische Auflösung des Goodman-Paradoxons

Studienausgabe Teil C: Historische, psychologische und rationale Erklärung. Verstehendes Erklären

Studienausgabe Teil D: Kausalitätsprobleme, Determinismus und Indeterminismus. Ursachen und Inus-Bedingungen. Probabilistische Theorie der Kausalität

Studienausgabe Teil E: Teleologische Erklärung, Funktionalanalyse und Selbstregulation. Teleologie: Normativ oder Deskriptiv? STT, Evolutionstheorie und die Frage Wozu?

Studienausgabe Teil F: Statistische Erklärungen. Deduktiv-nomologische Erklärungen in präzisen Modellsprachen. Offene Probleme

Studienausgabe Teil G: Die pragmatisch-epistemische Wende. Familien von Erklärungsbegriffen. Erklärung von Theorien: Intuitiver Vorblick auf das strukturalistische Theorienkonzept

Einleitung

1. Das dritte Dogma des Empirismus. Die pragmatische Wende

QUINES Aufsatz über die beiden Dogmen des Empirismus bildete, wie man retrospektiv, über dreißig Jahre nach der ersten Veröffentlichung sagen kann, einen Meilenstein in der Entwicklung der modernen Wissenschaftstheorie. Zwar ist ein Abrücken vom empiristischen Ansatz weder Ziel noch Effekt der Quineschen Kritik gewesen. Aber sie hat deutlich gemacht, daß der moderne Empirismus beim Studium des Aufbaus wissenschaftlicher Theorien, ihrer Beurteilungen und ihrer Anwendungen sich viel zu enge Schranken setzte. Die beiden selbstauferlegten Fesseln bestehen nach QUINE in der scharfen Trennung zwischen analytischen und synthetischen Sätzen sowie in der These, daß alle in empirischen Wissenschaften verwendeten nichtlogischen Begriffe definitorisch auf einige Grundbegriffe zurückführbar seien, die sich nur auf Beobachtbares beziehen.

Das eben erwähnte *zweite Dogma des Empirismus* kann heute als überwunden gelten. Maßgebend dafür war vermutlich nicht allein QUINES Kritik, sondern zudem die Tatsache, daß mit R. CARNAP einer der Hauptvertreter des Empirismus von dieser These abrückte. In seinem ersten Buch *„Der logische Aufbau der Welt"* hatte er noch versucht, der empiristischen Begriffslehre den Status einer programmatischen Deklaration zu nehmen und sie in eine logisch begründete Aussage zu transformieren. CARNAPS Einsicht in die empirische Undefinierbarkeit von Dispositionsprädikaten sowie die sich immer stärker durchsetzende Überzeugung von der Existenz rein theoretischer Begriffe, die mit dem Bereich des Beobachtbaren nur mehr lose und sehr indirekt verknüpft sind, bildeten die beiden wichtigsten Manifestationen des Scheiterns dieses großartigen Projektes. Die nun schon seit Jahrzehnten anhaltende Diskussion über die Natur theoretischer Begriffe findet schon jenseits der Grenzpfähle statt, die der Empirismus ursprünglich gegen die Domäne der Metaphysik errichtet hatte.

Die Art und Weise allerdings, wie diese Diskussion bis vor kurzem geführt worden ist, nämlich als ein *linguistisches* Problem der Beziehung zwischen einer „theoretischen Sprache" gegenüber einer „Beobachtungssprache", dürfte auf einer weiteren grundlegenden Annahme beruhen, die man das *vierte Dogma des*

Empirismus nennen könnte und über die ich in anderem Kontext Genaueres zu sagen beabsichtige. Im vorliegenden Band spielt der Begriffsempirismus nur so weit eine Rolle, als er mit dem „ersten Dogma" zusammenhängt. Eine systematische Behandlung der Natur theoretischer Begriffe findet sich erst im zweiten Band, wobei eine Grenzlinie durch dessen beide Halbbände gezogen wird, da sich erst in Bd. II/2 mit der Übernahme des Sneedschen Gedankens der Theoretizität als *theorienabhängiger Meßbarkeit* die Befreiung vom vierten Dogma anbahnte.

Die Analytisch-Synthetisch-Dichotomie – also das *erste Dogma* des Empirismus im Sinne Quines – hat dagegen (scheinbar?) eine größere Standfestigkeit bewiesen. Das mag zum Teil seine Wurzel darin haben, daß eines der Motive Quines, nämlich seine Bezweiflung jeglicher Art von intensionalen Entitäten, zahlreichen Philosophen als zu radikal erschien. Seit sich H. Putnam in die Auseinandersetzung einschaltete, dürfte deutlich geworden sein, daß Quines Hauptmotiv für seine Ablehnung dieser Dichotomie anderswo zu suchen ist: Enthält ein Satz einen „law cluster concept" im Sinn von Putnam, also einen Begriff, der in verschiedenen Gesetzen vorkommt, so läuft die Auszeichnung des Satzes als analytisch auf eine Immunisierung dieses Satzes gegen Nachprüfbarkeit hinaus und ist damit für die empirische Forschung zumindest potentiell fortschrittshemmend.

Die hier implizit vertretene Position in dieser Frage ist die folgende: Statt auf allgemeiner Ebene und in abstrakter Weise die Pro- und Contra-Argumente zur Quineschen These gegeneinander abzuwägen, erörtern wir, soweit es der thematische Rahmen dieses Buches zuläßt, das Problem auf konkreter Basis. Zwei Beispiele dafür bilden die – im Anschluß an die Rylesche These von der Sonderstellung dispositioneller Erklärungen erfolgende – Behandlung der Einführung dispositioneller Prädikate mit Hilfe von Reduktionssätzen auf S. 161 ff.[1] und die Miniaturtheorie des Glaubens und Wollens von Brandt und Kim auf S. 452–459. In beiden Fällen lautet das Ergebnis, daß eine scharfe Trennung zwischen Bedeutungsanalyse und Tatsachenanalyse nicht möglich ist. Da diese Resultate zugleich Argumente dafür bilden, die einschlägigen Begriffe als theoretisch auszuzeichnen, liefern sie damit eine zumindest partielle Stütze für *beide* Quinesche Thesen.

Eine dritte globale Voraussetzung der modernen, empiristisch orientierten Wissenschaftstheorie, die wir in Anknüpfung an Quines Terminologie als *das dritte Dogma des Empirismus* bezeichnen, besteht in der Überzeugung, daß für die Explikation aller grundlegenden, wissenschaftstheoretisch relevanten Begriffe die Hilfsmittel der Logik ausreichen. Zum Unterschied von den ersten beiden Dogmen mag das Aufkommen des dritten Dogmas teilweise einem historischen Zufall zuzuschreiben sein. Die beiden Hauptbefürworter

---

[1] Eine genauere und systematischere Behandlung dieses Problemkomplexes findet sich allerdings erst im Bd. II, 1. Halbband.

des neuzeitlichen Empirismus, zunächst B. RUSSELL und später R. CARNAP, waren zugleich maßgebend an der Entwicklung und Verbreitung der modernen Logik beteiligt. Sie vertraten und verbreiteten die Überzeugung von der modernen Logik als *dem* Werkzeug für kritische philosophische Analyse. In seinem Werk „Die logische Syntax der Sprache" hat CARNAP diesen Gedanken dahingehend präzisiert, daß sogar *syntaktische* Methoden genügen und daß „Wissenschaftslogik" dasselbe sei wie „syntaktische Analyse der Wissenschaftssprache". HEMPELS seinerzeitiger Versuch, ein rein syntaktisches Bestätigungskriterium zu formulieren, spiegelt den Einfluß dieses Carnapschen Konzeptes wider. Nachdem TARSKI seine Arbeit über den Wahrheitsbegriff in formalisierten Sprachen veröffentlicht und damit den Grund für die moderne Modelltheorie gelegt hatte, schloß CARNAP in die logisch zulässigen Methoden neben syntaktischen auch die semantischen Methoden mit ein. Die durch die Semantik gezogene Grenze wurde jedoch nicht mehr überschritten. Negativ und in der von CARNAP übernommenen Terminologie des Sprachtheoretikers MORRIS formuliert: *Pragmatische* Begriffe blieben aus dem Arsenal des Wissenschaftstheoretikers verbannt. Dies hatte gravierende Konsequenzen, sachliche wie terminologische. *Bestätigung* z.B. ist offensichtlich ein pragmatischer Begriff, der auf Personen und Zeitpunkte Bezug nimmt. CARNAPS Überzeugung, daß sich aus diesem Begriff ein logischer Kern herausdestillieren lasse, der einer rein semantisch-syntaktischen Behandlung unterworfen werden könne und dem er die beiden Namen „induktive Logik" und „quantitative Theorie der Bestätigung" gab, wurde, so vermute ich, durch den Glauben an das dritte Dogma mitbestimmt oder zumindest begünstigt. Tatsächlich erkannte CARNAP selbst, daß seine Theorie – wie immer sie verbessert und weiterentwickelt werden möge – eine entscheidende Lücke enthält: Die Ergebnisse der induktiven Logik konnten nicht ohne nähere Qualifikation, so wie die der deduktiven Logik, auf konkrete Wissenssituationen angewendet werden. Vielmehr sollte dies nur dann zulässig sein, wenn die Gewähr dafür geschaffen ist, daß das Erfahrungswissen, relativ auf welches die logische Wahrscheinlichkeit einer Hypothese beurteilt wird, tatsächlich *das gesamte, für die Beurteilung der Hypothese relevante verfügbare Wissen* ist. Dieses „Prinzip des Gesamtdatums" („principle of total evidence") wurde von CARNAP als ein *methodologisches Prinzip* bezeichnet. Statt aus dem Bestehen der Lücke den naheliegenden Schluß zu ziehen, daß es sich bei der quantitativen Theorie der Bestätigung doch nicht um so etwas wie *Logik* handeln könne – da man Regeln nur dann als *logische* zu bezeichnen gewohnt ist, wenn sie unbedenklich auf eine beliebige Wissenssituation anwendbar sind –, wählte CARNAP die eben beschriebene andere Alternative, dergemäß die induktive Logik durch Anwendungsregeln oder methodologische Regeln zu ergänzen ist.

Daß dies nun wieder in anderer Hinsicht zu Schwierigkeiten führt, läßt sich am besten dadurch zeigen, daß wir einen Blick auf das Werk von K. POPPER werfen. Ein Schlüsselbegriff des Popperschen Konzeptes ist sein Begriff der *Bewährung*. Einerseits entspricht er dem bei anderen Autoren einschließlich CARNAP vorkommenden Begriff der Bestätigung – er ist sozusagen das „deduktivistische Gegenstück" zu jenen Begriffen –, andererseits ist er mit ihnen inkommensurabel. Worauf beruht diese Inkommensurabilität? Sicherlich *nicht* auf dem Unterschied von „Deduktivismus" und „Induktivismus". Denn was immer auch das letztere heißen mag, verhält es sich doch so: Weder CARNAP noch andere Bestätigungstheoretiker *berufen sich* im Rahmen ihrer Explikation auf irgendein nebuloses „Prinzip der Induktion". Sicherlich auch *nicht* auf dem Unterschied von *qualitativ* und *quantitativ*; denn auch POPPER hat versucht, für seinen Bewährungsbegriff eine quantitative Version zu formulieren. Schließlich auch *nicht* auf dem Unterschied zwischen *nichtprobabilistisch* und *probabilistisch*; denn hätte CARNAP bereits in der 1. Auflage seines wahrscheinlichkeitstheoretischen Hauptwerkes klar zwischen den im Vorwort zur 2. Auflage beschriebenen Begriffsfamilien unterschieden, so hätte er einem nicht-probabilistischen Begriff den Namen *Bestätigungsgrad* gegeben. Der wirkliche Unterschied tritt zutage, wenn man überlegt, wie der Bewährungsbegriff einzuführen ist. Durch das Schlagwort „Deduktivismus" als Bezeichnung für Poppers Position darf man sich hier nicht irreführen lassen. Damit kann nämlich keinesfalls gemeint sein, daß „Bewährung" mit Hilfe von Begriffen der deduktiven Logik *allein* definiert werden kann, sondern bloß, daß zur Charakterisierung dieses Begriffs außer logischen nur *pragmatische Begriffe* benötigt werden, die man entweder als bekannt und für sich verständlich oder als zwar aufklärungsbedürftig, aber innerhalb eines geeigneten Rahmens als hinlänglich präzisiert ansehen darf. Beispiele hierfür sind Begriffe wie: „Hintergrundwissen"; „mit einer bestimmten Annahme rivalisierende Alternativhypothesen"; „riskante Voraussage"; „akzeptiertes Beobachtungswissen". Der pragmatische Charakter dieser Wendungen wird sofort klar, wenn man bedenkt, daß sie erst nach Relativierung auf ein historisches Zeitintervall sowie auf eine Person oder einen Personenkreis etwas designieren. Innerhalb eines solchen Denkrahmens besteht offensichtlich kein Bedürfnis nach ergänzenden „methodologischen Prinzipien" von der oben erwähnten Art.

Auf der anderen Seite spielen bei POPPER bekanntlich „methodologische Regeln" eine wichtige Rolle, etwa wenn „the method of bold conjectures and attempted severe refutations" als *die* Methode der Naturwissenschaften bezeichnet wird. Die entscheidende Konnotation von „methodologisch" ist hier nicht der pragmatische, sondern allein der *normative* Aspekt. Und dies hat wieder zur Folge, daß die Verwendungen von „methodologisch" bei POPPER und bei CARNAP *miteinander unvergleichbar* sind.

Terminologische Konfusionen sind nicht der einzige Nebeneffekt einer Nichtberücksichtigung von pragmatischen Aspekten. Der vor allem von historisch orientierten Wissenschaftsphilosophen gegen die systematisch arbeitende Wissenschaftstheorie erhobene Vorwurf, daß die letztere nur „statisch" zu denken und niemals mehr als „Momentaufnahmen" zu liefern vermöge, ist verständlich und in vielen Fällen sogar berechtigt, sofern unter der systematisch verfahrenden Wissenschaftstheorie eine vom dritten Dogma beherrschte verstanden wird, die glaubt, ohne pragmatische Begriffe auskommen zu können.

Wir verzichten darauf, dieses recht allgemein gehaltene Plädoyer für die Einbeziehung pragmatischer Begriffe fortzusetzen. Als interessanter und von der Zielsetzung dieses ersten Bandes aus betrachtet wesentlich fruchtbarer wird es sich erweisen, das Wirken dieses dritten Dogmas auf unser zentrales Thema „Erklärung" zu beobachten. Hier kann man nämlich genau verfolgen, wie mittels Orientierung am großen Bruder *Metamathematik* zunächst ein rein logischer Ansatz gemacht wurde, der sich nicht durchhalten ließ, sondern von innen her aufweichte. Wir knüpfen dabei an das Werk desjenigen Philosophen an, der die entscheidenden Pionierarbeiten auf diesem Gebiet geleistet hat und dem dieses Buch gewidmet ist.

HEMPEL vergleicht in [Aspects], S. 412 (deutsch: [Aspekte], S. 124f.) seine Analyse des Erklärungsbegriffs mit der Analyse des Beweisbegriffs in der Metamathematik[2]. Man geht wohl nicht fehl in der Annahme, daß der Ausdruck „Metamathematik" nicht im engeren Sinn der Hilbertschen Beweistheorie zu verstehen ist (was eine Beschränkung auf syntaktische Hilfsmittel implizieren würde), sondern in dem weiteren Sinn, der auch Semantik und Modelltheorie einschließt (so daß in diesem Bild die Analoga zum Erklärungsbegriff *sowohl* die syntaktischen Beweisbegriffe *als auch* die semantisch zu konzipierenden Folgerungsbegriffe oder Begriffe der logischen Implikation sind). HEMPEL bemerkt dort außerdem, daß zumindest in bezug auf deduktive Erklärungen eine *logische Analyse* der in einer Erklärung vorkommenden Sätze genügt. Und er fügt die folgende Parallele hinzu: So wie in der Metamathematik (lies: Modell- und Beweistheorie) der untersuchte Beweisbegriff nicht dem alltäglichen Gebrauch von Beweisen entspricht, sondern einer *idealisierten* Form des Beweises, so enthalte auch die Konstruktion von Erklärungsmodellen ein bestimmtes Maß an Abstraktion und logischer Schematisierung.

Gegen den *in dieser Allgemeinheit* ausgesprochenen Gedanken als solchen ist kaum etwas einzuwenden. Es ist vielmehr *die Art der Idealisierung* – bei der sich HEMPEL an das metamathematische Vorbild i.w.S. hält –, welche die Gefahr heraufbeschwört, wesentliche Merkmale von Erklärungen zu vernachlässigen. Denn in dieser Idealisierung liegt folgender Gedanke: Die Metatheorie mathematischer Disziplinen soll in dem Sinn Vorbild sein, daß für die

---

[2] So heißt es a.a.O.: „In dieser Hinsicht ähneln unsere Erklärungsbegriffe dem Begriff oder den Begriffen des mathematischen Beweises (innerhalb einer vorliegenden mathematischen Theorie), wie sie in der Metamathematik konstruiert werden".

Konstruktion von Erklärungsmodellen nur logische, also semantische und syntaktische Begriffe, benützt werden. Damit haben wir die eingangs formulierte Behauptung, daß die moderne Wissenschaftstheorie auf einer dritten globalen Voraussetzung beruht, für unser Spezialthema „Konstruktion von Erklärungsmodellen" dingfest gemacht.

Intuitiver Ausgangspunkt für die Untersuchungen HEMPELS war der bereits in HUMES Analyse der Kausalität implizit enthaltene Gedanke, den dann J. ST. MILL erstmals klar aussprach: Wissenschaftliche Erklärungen von Tatsachen bestehen in der Subsumtion dieser Tatsachen unter geeignete Naturgesetze. Hier drängt sich förmlich die Vorstellung auf, daß HEMPELS Bemühungen in einem gewissen Sinn das Analogon zu CARNAPS erstem großen Werk *Der logische Aufbau der Welt* bilden: So wie CARNAP darin die gemeinsame, aber nie bewiesene Überzeugung aller Empiristen von der Zurückführbarkeit sämtlicher Begriffe auf Erfahrbares erstmals zu begründen versuchte, so hat sich HEMPEL erstmals darum bemüht, das Hume-Mill-Versprechen, welches im Subsumtionsmodell der wissenschaftlichen Erklärung liegt, durch eine präzise Rekonstruktion des Erklärungsbegriffs einzulösen.

Es ist interessant, HEMPELS eigenen Weg zu verfolgen, der ihn schließlich zu einer zumindest partiellen Preisgabe seiner ursprünglichen Position führte. Der Grund dafür ist leicht angebbar. Bevor sich HEMPEL selbst eingehend und speziell mit statistischen Erklärungen beschäftigte, war es ebenso seine Überzeugung wie die vieler anderer, in der empiristischen Tradition arbeitender Philosophen, daß sich diese statistischen Erklärungen *als Verallgemeinerungen* der deduktiv-nomologischen Erklärungen, also der Erklärungen mittels strikter Gesetze, erweisen würden, die allem Anschein nach er und OPPENHEIM erfolgreich analysiert hatten.

Im Verlauf einer genaueren Untersuchung jedoch entdeckte Hempel *etwas vollkommen Neues, das kein Analogon im Bereich der deduktiv-nomologischen Erklärungen besaß,* nämlich dasjenige Phänomen, dem er den Namen „die Mehrdeutigkeit der induktiv-statistischen Erklärungen" gab. Bei seinem Versuch, mit dieser unerwarteten Schwierigkeit fertig zu werden, wurde es HEMPEL erstmals klar, daß es nicht möglich sei, alle Formen von wissenschaftlichen Erklärungen ausschließlich durch Bezugnahme auf die semantischen und syntaktischen Eigenschaften der im Explanans und Explanandum vorkommenden Sätze zu charakterisieren. HEMPEL gelangte zu der Einsicht, daß man für eine präzise Rekonstruktion des Begriffs der Erklärung mittels statistischer Gesetze solche Erklärungen in bezug auf eine Wissenssituation untersuchen müsse. *Der pragmatische Begriff der Wissenssituation* war damit zu einem unentbehrlichen Ingrediens der Explikation dieser Familie von Erklärungsbegriffen geworden.

Damit hatte HEMPEL, ganz entgegen seiner ursprünglichen Intention, selbst den Grundstock für die *pragmatische Wende* gelegt[3]. Daß es sich wirklich um eine Wende handelt, wurde lange Zeit hindurch nicht klar erkannt, vermutlich aus drei Gründen: Erstens schien es so, als könne man die Wissenssituation einer Person zu einer Zeit *t* mit der Menge der von dieser Person zu *t* akzeptierten Sätze identifizieren, also mit einem relativ einfachen Begriff. Zweitens glaubte HEMPEL, daß es genüge, sich auf *eine einzige* Wissenssituation dieser Art zu beziehen. Und schließlich schien es für die Behebung der oben erwähnten Mehrdeutigkeit auszureichen, unter Benützung einer Idee von H. REICHENBACH den Wissenssituationen einen relativ einfach zu formulierenden *Constraint* aufzuerlegen.

Den zweiten entscheidenden Anstoß für eine Zuwendung zur pragmatischen Behandlung gab die Arbeit von Bengt HANSSON „Explanations – Of What?"[4]. HANSSON zeigt, daß die von HEMPEL und OPPENHEIM eingeschlagene Methode nur dann zulässig wäre, wenn eine umkehrbar eindeutige Entsprechung zwischen Warum-Fragen und Explananda – dieses letztere Wort im Sinn von HEMPEL und OPPENHEIM gedeutet – bestünde. Nachweislich gibt es jedoch mehr Warum-Fragen als Explananda. Um die Eineindeutigkeit wiederherzustellen, muß der *Aspekt* und die *Bezugsklasse,* auf die es ankommt, explizit in die Warum-Frage mit einbezogen werden. Die Pragmatisierung, welche HANSSON vornimmt, erfolgt somit auf linguistischer Ebene. GÄRDENFORS zeigte, an die Arbeit von HANSSON anknüpfend, wie man die sprachliche Ebene durchstoßen und statt dessen auf die *zugrundeliegenden Wissenssituationen* Bezug nehmen könne. Allerdings muß dann vieles von dem preisgegeben werden, was bislang als mehr oder weniger selbstverständlich angenommen worden war. Zunächst einmal gelten die drei oben genannten Gründe nicht mehr: Erstens muß eine Wissenssituation in wesentlich *komplizierterer* Weise konstruiert werden als über die Klasse A_t. (Hier nur eine knappe Andeutung: Bei Zugrundelegung der Hempelschen Rekonstruktion gilt für jede Proposition nur, daß sie entweder Element oder nicht Element der Wissenssituation A_t ist. Tatsächlich werden jedoch Personen Sätze, die nicht zu ihrem akzeptierten Wissen gehören, als mehr oder weniger wahrscheinlich betrachten. Dieser zusätzliche, bei HEMPEL nicht berücksichtigte Aspekt, wonach

---

[3] Der Leser sei bereits hier auf die in XI,5 ausführlich diskutierte Untersuchung von COFFA hingewiesen, der den Wandel im Denken Hempels genau beschrieben und scharfsinnig kommentiert hat. Während ich COFFA in bezug auf seine Analysen in vielen Punkten beipflichte, werde ich an der angegebenen Stelle allerdings die beinahe gegenteilige Konsequenz aus den von ihm beschriebenen Fakten ziehen. Vollkommen verständlich wird diese meine, von COFFAS Überlegungen so stark abweichende Auffassung allerdings nur im Zusammenhang mit dem, was ich weiter unten die *Abkoppelungsthese* nenne.

[4] Leider ist dieser ebenso ideenreiche wie scharfsinnige Essay meines Wissens niemals gedruckt worden.

Wissenssituationen „probabilistisch über sich selbst hinausgreifen" – metaphysisch gesprochen: „ihr eigenes Sein probabilistisch transzendieren" –, spielt in der in XI, 3 behandelten Theorie von GÄRDENFORS eine wichtige Rolle.) Zweitens erweist es sich als unbedingt erforderlich, innerhalb einer pragmatischen Rekonstruktion informative Erklärungen als ex-post-facto-Begründungen *auf drei verschiedene* wohlunterscheidbare *Wissenssituationen zu relativieren.* Drittens muß zur Behebung der genannten Mehrdeutigkeit das Reichenbachsche Prinzip auf kompliziertere Wahrscheinlichkeitsverteilungen, nämlich auf sog. *Wahrscheinlichkeitsmischungen* angewendet werden. (Letzteres garantiert überdies eine Anwendung in all jenen Fällen, in denen die Hempelsche Methode versagt, da das einschlägige statistische Wissen nicht verfügbar ist.)

Ferner stellt sich heraus, daß auch eine vorherrschende Meinung bezüglich deduktiver Erklärungen zu revidieren ist. Da in diesem Typus von Fällen dem Explanandum durch das Explanans der maximale Überzeugungswert 1 zugeteilt wird, und zwar *unabhängig davon, welche Wissenssituation den Ausgangspunkt bildet,* war man allgemein der Auffassung, daß bei deduktiven Erklärungen eine Relativierung auf Wissenssituationen vermeidbar sei. Dies war jedoch ein Irrtum.

Mit dem Zwang zur Einbeziehung der deduktiv-nomologischen Erklärungen in den Pragmatisierungsprozeß kehrt sich das Verhältnis zwischen deduktiven und statistischen Erklärungen um. Die ersteren hören auf, den *Normalfall* oder das *Paradigma* zu bilden, als dessen bloße Verallgemeinerung die statistischen Erklärungen aufzufassen seien. Vielmehr wird jetzt deutlich, *daß die probabilistischen Erklärungen als Normalfall anzusehen und als paradigmatischer Ausgangspunkt zu wählen sind, während die deduktiven Erklärungen nur mehr dadurch ausgezeichnet sind, daß sie einen Grenzfall probabilistischer Erklärungen bilden.*

Diejenigen Leser, welche mit der ersten Auflage vertraut sind, werden vielleicht die Frage stellen, ob nicht mit Vollzug der pragmatischen Wende ein Großteil des Inhaltes der ersten Auflage entwertet sei. Überraschenderweise ist dies, von einer Ausnahme abgesehen, nicht der Fall. Die in den Kapiteln I bis VI und VIII behandelten Themen sind von der Frage unabhängig, ob die Explikation des Erklärungsbegriffs von pragmatischen Begriffen Gebrauch machen muß. Und die Ergebnisse der Diskussionen in den Kapiteln IX und X gehen als Voraussetzungen in den Gehalt des neuen Kapitels XI ein. Es ist somit mehr als eine Metapher, wenn ich sage, daß der Inhalt der Originalfassung dieses ersten Bandes in der zweiten Auflage aufgehoben sei, „aufgehoben" im Hegelschen Sinn. Auch in den neuen Anhängen zu verschiedenen Kapiteln wird Früheres ergänzt und differenzierter betrachtet.

Die eine Ausnahme bilden die zwei neuen Anhänge zu VII. Die Abweichungen bzw. Modifikationen des Humeschen Konzeptes der Kausalität, die sich in den Arbeiten von J. L. MACKIE und P. SUPPES finden, sind überdies so einschneidend, daß dies einen praktischen Effekt auf das Studium der Natur wissenschaftlicher Erklärungen haben mußte. Ich gebe ihm den Namen „*Abkoppelungsthese*". Dieser Ausdruck sei kurz erläutert.

Das Thema „wissenschaftliche Erklärung" wurde bislang fast immer *auch* „mit kausalistischen Augen" gesehen. Wie z.B. bei der Diskussion der in II behandelten These von der strukturellen Gleichheit von Erklärung und Voraussage deutlich wird, verlangen die meisten Autoren, daß *rationale Erklärungen* zum Unterschied von *rationalen Begründungen* (z.B. rationalen Prognosen) nicht bloße „Vernunftgründe", sondern „Realgründe" oder „Ursachen" liefern. Demgegenüber schlage ich vor, *dieser Forderung nicht nachzugeben,* sondern den Erklärungsbegriff – bzw. die Familie der Erklärungsbegriffe – unabhängig von Kausalfragen zu explizieren, *die Kausalanalysen also vom Erklärungskontext loszulösen,* sie gewissermaßen davon *abzukoppeln.* Da ich denjenigen Aspekt der Erklärungsproblematik, der nach Abstraktion von allen Kausalfragen übrigbleibt, als den *informativen Aspekt* bezeichne' – denn hier geht es im wesentlichen um eine das ursprüngliche, mangelhafte Wissen bereichernde *Informationsverbesserung* –, könnte man die Abkoppelungsthese schlagwortartig mit der Empfehlung identifizieren, die *kausalen Aspekte* von den *informativen Aspekten* wissenschaftlicher Erklärungen getrennt zu behandeln. In der Terminologie von Hempel könnte man dies auch so ausdrücken: Die Abkoppelungsthese impliziert, daß wir unter Erklärungen nur Antworten auf *epistemische Warum-Fragen* verstehen wollen, während wir die darüber hinausgehende Frage, ob die dabei gelieferten Gründe auch *Ursachen* sind, der davon abgetrennten Kausalanalyse zuweisen.

Das Motiv für die Annahme der Abkopplungsthese ist ein rein praktisches. Allein die neueren Arbeiten von Suppes zum Thema „Kausalität", die in VII, Anhang II, diskutiert werden, machen die Kausalanalyse zu einem so schwierigen und anspruchsvollen Spezialgebiet der Theorie stochastischer Prozesse, daß es nicht sinnvoll ist, diese Untersuchungen im Rahmen einer Erörterung der Erklärungsproblematik vorzunehmen. Auf der anderen Seite erfordert auch die Untersuchung des informativen Aspektes der Erklärung weit stärkere Mittel als ursprünglich angenommen: Mögliche-Welten- oder intensionale Semantik, dynamische Modelle von Wissenssituationen, gemischte Wahrscheinlichkeiten aus objektiven und subjektiven Komponenten etc., so daß auch von da aus die Abkoppelung als dringend wünschenswert erscheint.

Selbstverständlich enthält diese These eine rein subjektive und zeitgebundene Komponente: So wie die Dinge beim gegenwärtigen Erkenntnisstand liegen, und unter Berücksichtigung aller sich mutmaßlich ergebenden Komplikationen, Verbesserungsbedürfnisse und Verästelungen, erscheint es *mir* als ratsam, die Abkoppelungsthese als eine methodologische Maxime zu befolgen. Es ist denkmöglich, daß diese einmal überholt sein wird; denn vielleicht gelingt es jemandem, einen einheitlichen Rahmen zu entwickeln, in dem sich beide Fragenkomplexe übersichtlich und doch genau behandeln lassen. Dies ist denkmöglich; aber für mich nicht sehr wahrscheinlich. Von der Sache her wäre eine solche vereinheitlichende Theorie zu begrüßen. In ihr wären dann die doppelgleisigen Bemühungen dieses Bandes abermals „aufgehoben".

2. Übersicht über den Inhalt des Bandes

Verschiedentlich sind mir Klagen zu Ohren gekommen, daß dieser erste Band der Reihe, zum Unterschied von den seither erschienenen späteren Bänden, keinen detaillierten Gesamtüberblick enthält. Diesem Mangel soll hiermit abgeholfen werden.

Wie bereits in der Gebrauchsanweisung erwähnt, enthält das Kapitel 0 eine sehr elementare Einleitung in die Grundbegriffe der modernen Logik und ist hauptsächlich als Nachschlageteil für diejenigen Leser gedacht, die mit diesen Begriffen nocht nicht vertraut sind.

Die folgenden 11 Kapitel betrachte man zweckmäßigerweise als 11 kleine Büchlein I bis XI, die weitgehend voneinander unabhängig sind. Nur die ersten 10 Abschnitte von I sollten vor der Lektüre eines der anderen „Büchlein" zur Kenntnis genommen werden. Ist dies geschehen, so kann man zu einem beliebigen der 10 anderen Kapitel übergehen. Das neu hinzugekommene XI bildet insofern eine kleine Ausnahme, als es von gewissen Teilen aus IX, insbesondere IX, 3–6, abhängt. (Zur Orientierung genügt jedoch auch dafür die hier gegebene Übersicht.)

Das Zurechtfinden in I dürfte dadurch erleichtert werden, daß hier eine dort fehlende übersichtliche Systematisierung nachgetragen wird und zugleich einige Hinweise auf spätere Teile erfolgen:

(1) Nach der *Art des Gegenstandes einer Erklärung* kann man unterscheiden zwischen der Erklärung von *Einzeltatsachen* einerseits und der Erklärung von *Gesetzen* bzw. der Erklärung von umfassenden *Theorien* andererseits. Den Ausgangspunkt für die Analyse der Erklärung von Einzeltatsachen bildet das sog. *Subsumtionsmodell* der wissenschaftlichen Erklärung (S. 116ff.), dessen Bezeichnung auf die Feststellung von J. St. MILL zurückzuführen ist, daß die Erklärung einer Tatsache in der „Subsumtion dieser Tatsache unter allgemeine Gesetze" besteht. Im Englischen wird dieses Modell heute auch als das „*covering-law-model* of explanations" bezeichnet, was wir gelegentlich mit „*Gesetzesschema* der wissenschaftlichen Erklärung" wiedergeben. Erstmals scheint K. POPPER darauf aufmerksam gemacht zu haben, daß eine derartige Subsumtion in einer logischen Ableitung besteht (S. 117). HEMPEL und OPPENHEIM haben später versucht, mittels der Unterscheidung zwischen dem zu Erklärenden, nämlich dem *Explanandum,* und der Gesamtheit der in einer Erklärung benützten Prämissen, dem *Explanans,* eine genauere Explikation dieses Begriffs zu liefern; der dabei benützte Ansatz wird, zusammen mit Illustrationsbeispielen, auf S. 118ff. geschildert. Um den Rahmen ihrer

Untersuchungen zu präzisieren, formulierten diese beiden Autoren einige Adäquatheitsbedingungen (S. 124 ff.).

Ob sich Erklärungen von Gesetzen und Theorien nach demselben Muster behandeln lassen, ist zumindest fraglich, da sich hier wenigstens drei zusätzliche Probleme ergeben (S. 128 ff.). Die bereits in der ersten Auflage aufgestellte Vermutung, daß Erklärungen von Gesetzen und Theorien kategorial verschieden seien von der Erklärung von Einzeltatsachen, ist inzwischen durch die in Bd. II, 2. Halbband, entwickelte strukturalistische Deutung von Theorien erhärtet worden. Im zusammenfassenden Schlußabschnitt von **XI** wird unter (5) das Problem der Theorienerklärung aufgegriffen und es wird eine ausführliche, rein intuitive Schilderung des strukturalistischen Konzeptes gegeben.

(2) Nach dem *Grad an Abstraktheit der in einer Erklärung benützten Gesetze* kann man unterscheiden zwischen *empirischen* und *theoretischen* Erklärungen (S. 132 f.). Hier ist allerdings heute auf eine Doppeldeutigkeit von „theoretisch" aufmerksam zu machen. Die ältere Theoretizitätsvorstellung wird auf S. 131 ff. und ausführlicher im ersten Halbband von Bd. II geschildert und diskutiert; das neue Theoretizitätskonzept von Sneed wird im zweiten Halbband von Bd. II behandelt.

Keine zusätzliche Unterteilung liefert die auf S. 135 ff. kritisch untersuchte Frage, ob Gesetze als *Prämissen* von erklärenden Argumenten oder als die Erklärung rechtfertigende *Regeln* zu deuten seien, da diese Frage eindeutig zugunsten der ersten Alternative zu entscheiden ist.

(3) Nach dem *Präzisionsgrad* kann man unterscheiden zwischen vollkommenen und unvollkommenen Erklärungen (S. 143 ff.). Vier Arten von Unvollkommenheiten sind zu unterscheiden: *ungenaue, rudimentäre* oder bruchstückhafte Erklärungen, *partielle* Erklärungen und *Erklärungsskizzen*. Die Grenzen zwischen diesen verschiedenen Arten unvollkommener Erklärungen sind fließend.

Auf S. 149 ff. wird gezeigt, daß zwei von Philosophen gelegentlich aufgestellte *Vollkommenheitsforderungen*, denen wirklich befriedigende Erklärungen angeblich genügen sollen, unerfüllbar sind.

(4) Eine weitere Unterscheidung betrifft den *Grad an Explizitheit* oder *Bestimmtheit* einer Erklärung. (Hier sollte der Text von S. 166 ff. mit der Differenzierung auf S. 226 verknüpft werden.) Anlaß für diese Unterscheidung bildet der von HEMPEL aufgrund bestimmter systematischer Erwägungen eingeführte Begriff der potentiellen Erklärung, für den davon abstrahiert wird, daß das Explanans wahr sein müsse. Wir schlagen folgende Abstufung vor: *Erklärungen – Erklärungsversuche von Tatsachen – Erklärungsversuche* (von Tatsachen oder bloß möglichen Sachverhalten) – *Erklärbarkeitsbehauptungen*. HEMPELS Begriff der potentiellen Erklärung ist insofern doppeldeutig, als er sowohl das zweite wie das dritte Glied dieser Folge umfaßt. Darüber hinaus wird hier die These vertreten, daß sog. singuläre Kausalsätze, z.B. kausale

Weil-Sätze oder Sätze in der Ursache-Wirkung-Sprechweise, bestenfalls bloße *Erklärbarkeits*behauptungen beinhalten, für deren Richtigkeit es nicht erforderlich ist, daß der Behauptende, zum Unterschied vom Erklärenden, imstande sein muß, die einschlägigen Gesetze anzugeben; diese Gesetze brauchen ihm nicht einmal bekannt zu sein. (In technischer Sprechweise: Erklärbarkeitsbehauptungen, insbesondere singuläre Kausalsätze, enthalten Existenzquantifikationen über Naturgesetze.) Einiges wesentlich Neues zum Thema „Analyse singulärer Kausalsätze" enthält der Anhang **I** von **VII**.

(5) Man kann ferner unterscheiden nach der *Art und Weise, wie die Verwendung der in einer Erklärung benützten Gesetze zutage tritt.* Diese Verwendung kann *offen* oder *versteckt* sein. Nach der hier vertretenen Auffassung gehören zu den letzteren die *dispositionellen Erklärungen,* d. h. Erklärungen, in denen man sich statt auf Gesetzmäßigkeiten auf dispositionelle Merkmale von Dingen stützt. G. RYLE vertrat demgegenüber die Auffassung, daß dispositionelle Erklärungen eine Gattung von Erklärungen sui generis bilden. Um nachzuweisen, daß dies nicht zutrifft, sondern daß auch dispositionelle Erklärungen nomologische Erklärungen sind, wenn auch bloß versteckt, muß man das Verfahren der Einführung von Dispositionsprädikaten studieren (S. 161ff.). Ist dies geschehen, so bereitet der Nachweis für die hier vertretene These keine besonderen Schwierigkeiten mehr (S. 164).

(6) Je nachdem, ob eine Erklärung bei dem zu erklärenden Phänomen selbst einsetzt oder dieses Phänomen durch ein *Analogiemodell* ersetzt, welches dann zum eigentlichen Objekt der Erklärung genommen wird, kann man zwischen *direkten* Erklärungen und *indirekten* Erklärungen unterscheiden. Die eigentliche Explikationsaufgabe verschiebt sich bei dieser Unterteilung auf die Präzisierung des Begriffs *Analogiemodell* (S. 171). Es scheint nicht der Fall zu sein, daß Erklärungen mit Hilfe von Analogiemodellen eine wesentliche Bereicherung des Begriffs der wissenschaftlichen Erklärung liefern (S. 172ff.).

(7) Von besonderer Wichtigkeit ist die Unterteilung nach dem *Typus der Gesetze,* an die in einer Erklärung appelliert wird. Sofern nur strikte oder deterministische Gesetze benützt werden – also Gesetze, die ausnahmslose Gültigkeit beanspruchen –, so haben wir es mit dem Fall der deduktivnomologischen Erklärungen zu tun; das Explanandum ist aus dem Explanans deduktiv erschließbar. Sind die Gesetzmäßigkeiten hingegen ganz oder teilweise statistischer Natur, so liegen probabilistische Erklärungen vor; hier folgt das Explanandum aus dem Explanans nur mit einer gewissen Wahrscheinlichkeit. HEMPEL, OPPENHEIM und viele andere Autoren haben die deduktiv-nomologischen Erklärungen nicht nur als einen Idealfall, sondern *als den paradigmatischen Normalfall* betrachtet. Die statistischen Erklärungen würden dann bloße Verallgemeinerungen der deduktiv-nomologischen darstellen. HEMPELS spätere Untersuchungen zeigten, daß dies nicht stimmen kann: Deduktiv-nomologische Erklärungen in seinem Sinn sind von jeder pragmatischen Relativierung frei; induktiv-statistische Erklärungen hingegen

enthalten eine wesentliche Bezugnahme auf Wissenssituationen. Dem Begriff der wahren Erklärung im deduktiv-nomologischen Fall entspricht im statistischen Fall überhaupt nichts. Wir drücken dies so aus, daß wir sagen: Diese beiden Erklärungsfamilien sind *inkommensurabel*. Das ist jedoch ein von vornherein unplausibles Resultat; denn deduktiv-nomologische Erklärungen müßten sich im Prinzip als Grenzfälle probabilistischer Erklärungen auffassen lassen.

Die erst in **XI** ausführlich geschilderte pragmatisch-epistemische Wende hat hier eine Umkehrung der Betrachtungsweise erzwungen. Danach bilden die probabilistischen Erklärungen den paradigmatischen Normalfall, und zwar in einer gegenüber dem Hempelschen Konzept mehrfach verallgemeinerten Form. Grundlegend ist der Begriff der Wahrscheinlichkeitsmischung sowie ein neuer Begriff von Wissenssituation, die dadurch charakterisiert ist, daß sie probabilistisch über sich selbst hinausgreift. Der Erklärungsbegriff muß, wie sich zeigt, simultan auf drei verschiedene Wissenssituationen relativiert werden. Alle hier gemachten Andeutungen werden in **XI** im Detail ausgeführt. Die vorangehenden Betrachtungen, insbesondere diejenigen über deduktiv-nomologische Erklärungen in **X** und diejenigen über statistische Erklärungen in **IX**, werden dadurch nicht entwertet. Vielmehr ist ein, allerdings kritisches, Verständnis dieser früheren Untersuchungen Voraussetzung dafür, alle Einzelheiten der pragmatischen Rekonstruktion des Erklärungsbegriffs im rechten Licht zu sehen.

(8) Da Erklärungen als Antworten auf Warum-Fragen deutbar sind, erfolgt eine naheliegende Differenzierung von Erklärungen *nach der Art der gestellten Warum-Fragen*. Auf HEMPEL geht der Vorschlag zurück, die Unterscheidung in *Erklärung suchende* und in *epistemische* Warum-Fragen als grundlegend anzusehen. Im ersten Fall wird nach *Ursachen* gefragt. Im zweiten Fall genügt es zur Beantwortung der Warum-Frage, etwas aufzuzeigen, aufgrund dessen das fragliche Phänomen (mit gewisser Wahrscheinlichkeit) *zu erwarten* war.

In Anknüpfung an ARISTOTELES könnte man zwischen Erklärungen mittels Wirkursachen und Erklärungen mittels Zweckursachen unterscheiden. Erstere finden ihren sprachlichen Niederschlag in Weil-Sätzen, letztere in Um-zu-Sätzen. In **VIII** wird die Frage genauer untersucht, ob es sich dabei wirklich um zwei Erklärungsweisen handelt oder ob nicht das eine auf das andere zurückführbar ist.

Die Art und Weise der Verwendung des Ausdruckes „*kausal*" durch bestimmte Autoren läßt sich häufig vorläufig dadurch klären, daß man untersucht, welchem Begriff die kausalen Erklärungen entgegengesetzt werden. So etwa kann man *kausale* Erklärungen den *statistischen* gegenüberstellen (HEMPEL). Oder es wird der Begriff *kausal* dem Begriff *teleologisch* gegenübergestellt (ARISTOTELES). RYLE versucht, *dispositionelle* Erklärungen von *kausalen* abzugrenzen. Nach FEIGL sind nur solche deduktiv-nomologische Erklärungen *kausale* Erklärungen, in denen im Explanans ausschließlich determinische Gesetze *von ganz spezieller Beschaffenheit* verwendet werden. Eingehend werden wir uns auch mit der Auffassung von DRAY beschäftigen, der zwischen *kausalen* und *rationalen* Erklärungen unterscheidet. Während sich nach ihm die ersteren auf empirische Generalisierungen stützen, beruhen die letzteren auf normativen Prinzipien menschlichen Handelns. (Für die Darstellung der Auffassung von DRAY vgl. S. 433–436; für die Kritik daran vor allem S. 436f. und S. 449ff.).

In letzter Zeit hat die Kausalforschung neue Wege beschritten. Schlagwortartig könnte man sowohl von einer Verbesserung als auch von einer starken Verallgemeinerung der Humeschen Analyse der Kausalität sprechen. Die hierher gehörenden Untersuchungen haben sich als äußerst schwierig und komplex erwiesen. Nach SUPPES z.B. kann eine befriedigende Theorie der Kausalität nur in einer *kausalen Klassifikation stochastischer Prozesse* bestehen (vgl. den Anhang II von VII). Angesichts dieser Situation wird in der vorliegenden neuen Auflage die folgende *Abkoppelungsthese* vertreten: Die Kausalanalyse ist als eigenes Forschungsgebiet vom Erklärungskontext abzuzweigen. Auf der anderen Seite soll die Erklärungsproblematik nicht weiter mit der Unterscheidung zwischen Ursachen und Nichtursachen belastet werden.

Während diejenigen Überlegungen, welche zur pragmatischen Wende führten, auf *neuen theoretischen* Einsichten beruhen, enthält die Abkoppelungsthese eine *praktische Empfehlung:* Kausalanalysen und Erklärungsexplikationen sind so schwierige Unterfangen, daß es sich empfiehlt, beides voneinander isoliert zu behandeln, da die simultane Durchführung beider Aufgaben innerhalb ein und desselben theoretischen Rahmens die normale menschliche Leistungsfähigkeit überschreiten würde. Der von den Kausalfragen abgekoppelte Erklärungsbegriff wird in **XI** als *informativer* Erklärungsbegriff bezeichnet. Eine Unterscheidung zwischen Erklärung und Begründung besteht auch auf dieser „reduzierten" Ebene weiter: Erklärungen setzen voraus, daß sich das Explanandum tatsächlich ereignete; Begründungen machen keine solche Voraussetzung. (Eine Begründung ist nicht falsifiziert, wenn das mit gewisser Wahrscheinlichkeit Erwartete nicht eintrifft; denn nicht einmal sehr Wahrscheinliches muß sich ereignen!)

Es dürfte wenig Sinn haben, über die Abkoppelungsthese, ihre Vor- und Nachteile, in abstracto zu spekulieren. Vielmehr muß man sich die Dinge *im Detail* ansehen, um zu einer adäquaten Beurteilung zu gelangen. Die Schwierigkeiten der in **VII, II** erörterten stochastischen Theorie der Kausalität einerseits und der in **XI** rekonstruierten informativ-pragmatischen Erklärungsbegriffe mit den dazugehörigen Wahrscheinlichkeitsmischungen sowie der Statik und Dynamik der Wissenssituationen andererseits dürften die Annahme dieser These erhärten. (Sollte es jemandem gelingen, unter Mißachtung der These trotzdem eine befriedigende simultane Lösung der bei

Annahme der These voneinander isolierten Probleme zu erzielen, so wäre dies ein bedeutender Fortschritt.)

Das von HEMPEL und OPPENHEIM entworfene Grundmodell der wissenschaftlichen Erklärung führt zu der plausiblen Annahme, daß wissenschaftliche Erklärungen und Voraussagen dieselbe logische Struktur haben. Die Annahme wird zusätzlich durch die historische Tatsache gestützt, daß der *potentiell prognostische Charakter wissenschaftlicher Erklärungen* die Pioniere der neuzeitlichen Naturwissenschaft in ihren theoretischen Bemühungen außerordentlich stark motivierte. Die Frage, ob diese „strukturelle Gleichheitsthese" zutrifft oder nicht, wird systematisch in **II** erörtert. Sie läßt sich aufsplittern (S. 193) in die Behauptung, daß jede (wissenschaftliche oder allgemeiner: rationale) Voraussage eine potentielle Erklärung ist (erste Teilthese) sowie in die Behauptung, daß jede Erklärung potentiellen Voraussagecharakter hat (zweite Teilthese).

Es gibt zwei Hauptgründe für die ausführliche Erörterung der strukturellen Gleichheitsthese. Erstens gewinnt man dadurch einen anschaulichen Einblick in die *Mannigfaltigkeit der Anwendungen* wissenschaftlicher Theorien und Gesetze. Zweitens wird dadurch die Rolle *linguistischer Konventionen* herausgearbeitet, die von den meisten Wissenschaftsphilosophen stark unterschätzt wird.

Die meisten Argumente wurden gegen die erste Teilthese vorgebracht. Einige davon seien hier angedeutet. Zunächst wird darauf hingewiesen, daß Erklärungen stets nur in *einem* Kontext vorkommen, nämlich als Versuche, eine Antwort auf die Frage zu bekommen, warum sich etwas ereignet habe. Rationale Voraussagen hingegen kommen in *zwei* Arten von Kontexten vor. Erstens als Bemühungen darum, ein Wissen um Zukünftiges zu erlangen. (Dies ist nur möglich, wenn die dabei benützten Gesetze bereits zum etablierten Wissen gehören.) Zweitens als Mittel der Hypothesenprüfung. Hier ist die Voraussage selbst dann rational, wenn das Vorausgesagte sich als falsch erweist. Dieser zweite Kontext hat keine Entsprechung bei Erklärungen. (Deshalb ist die Annahme der Adäquatheitsbedingung B_4 von S. 124, wonach das Explanans stets wahr sein muß, problematisch: Annahme oder Verwerfung dieser Bedingung scheint davon abzuhängen, ob man an Erklärungen oder Voraussagen denkt. Man kann dies auch so ausdrücken: Wir wissen niemals, ob ein vorgeschlagenes Erklärungsargument eine Erklärung *ist*; denn die darin vorkommenden Gesetze sind nicht verifizierbar. Dagegen wissen wir stets, ob eine vorgeschlagene Erklärung ein potentiell prognostisches Argument ist. Also scheint eine Asymmetrie zwischen Erklärung und Voraussage zu bestehen.) Auf S. 225 wird diese Diskussion zurückgeführt auf *zwei Entscheidungsalternativen*. Nach der einen dürfen erklärende Argumente nur dann als Erklärungen bezeichnet werden, wenn die Conclusio richtig ist. Nach der anderen sind alle rationalen Erklärungsversuche, also auch solche mit falscher Conclusio, als Erklärungen anzuerkennen.

Daß im Text von zwei möglichen Konventionen gesprochen wird, hat zu der irrigen Annahme geführt, als werde die Entscheidung zugunsten der einen oder der anderen Alternative als ein Willkürakt angesehen. Dies war natürlich nicht intendiert. (Analoges gilt für die beiden späteren Entscheidungsalternativen auf S. 228 und S. 236). Vielmehr ist die Entscheidung zugunsten der zweiten Alternative zwar logisch möglich, aber ohne Zweifel sprachlich äußerst künstlich. Wenn man, um die strukturelle Gleichheitsthese zu retten, in allen drei Fällen jeweils die zweite Alternative wählen wollte (also K1b, K2b und K3b von S. 225, 228 und 236), so müßten wir, wie leicht zu erkennen ist, die folgende Aussage akzeptieren: „Alle Begründungen für die Richtigkeit historischer Behauptungen zählen als Erklärungen". Dies ist offenbar keine sinnvolle Entscheidung, da sie in eindeutigem Konflikt steht sowohl mit dem normalen als auch mit dem fachwissenschaftlichen Sprachgebrauch.

Ein anderes Gegenargument macht darauf aufmerksam, daß Erklärungen und Prognosen keine erschöpfende Unterteilung wissenschaftlicher Systematisierungen bilden. Das paradigmatische Beispiel für andersartige Systematisierungen, die zum Unterschied von den beiden genannten nicht einmal prognostische Struktur haben, bilden die Retrodiktionen. (Weitere Beispiele auf S. 199–203 mit begrifflicher Analyse auf S. 221 ff.)

Eine zweite Entscheidungsalternative betrifft die Frage, ob induktive Argumente nur dann als erklärende Argumente zuzulassen seien, wenn die Prämissen mindestens ein statistisches Gesetz enthalten, oder ob diese zusätzliche Voraussetzung nicht erforderlich sei. Die ausführliche Diskussion einschlägiger Beispiele (S. 204 ff. und S. 211) legt die Entscheidung zugunsten der ersten Alternative nahe.

Eine weitere Klasse von Argumenten gegen die erste Teilthese stützt sich darauf, daß für rationale Voraussagen die Angabe von Vernunft- oder Erkenntnisgründen ausreicht – beispielhaft illustrierbar als Schlüsse aus Symptomen, Indikatoren und Informationen aus zweiter Hand –, während in Erklärungen Real- oder Seinsgründe, also Ursachen, angegeben werden müssen. Damit sind wir bezüglich der Verwendung von „Erklärung" vor eine dritte Entscheidungsalternative gestellt (S. 236).

Dadurch, daß wir in der neuen Auflage die erwähnte Abkoppelungsthese akzeptieren, fällt diesmal die Entscheidung *trivial* zugunsten der zweiten Alternative aus. Der „Kausalist" kann hier mit seiner mehr oder weniger überzeugenden Kritik einsetzen. Diesem haben wir nichts anderes entgegenzusetzen als die Gründe, welche für die Abkoppelungsthese sprechen. In bezug auf das zu erreichende Endziel pflichten wir dem Kausalisten bei: Um zu einem befriedigenden Begriff der kausalen Erklärung zu gelangen, müssen sich Kausalanalyse und Erklärungsexplikation am Ende nahtlos zusammenfügen.

Wie die Andeutungen zeigen, drängen fast alle in **II** vorgebrachten Argumente dahin, zu sagen, *daß es viel mehr rationale Begründungen,* insbesondere also viel mehr rationale Voraussagen, *gibt als rationale Erklärungen.* Die erste

Teilthese wäre damit preisgegeben. Wie steht es mit der zweiten Teilthese? Hier stimmen die Positionen in den beiden Auflagen nicht mehr miteinander überein. In der ersten Auflage wurden alle Argumente gegen die zweite Teilthese zurückgewiesen. Wie sich jedoch herausstellte, ist das auf S. 216 kurz geschilderte Argument von SCRIVEN zulässig. SCRIVEN hat seine Position nur etwas irreführend vorgetragen und dadurch den Gegeneinwand von HEMPEL provoziert, der dieses Argument für fehlerhaft hielt (vgl. S. 217). In **XI** wird dieses Beispiel eine Schlüsselrolle spielen. Daher sei ganz kurz angedeutet, wie es innerhalb des pragmatisch-epistemischen Rahmens zu analysieren ist: Die ursprüngliche Wissenssituation sei dadurch charakterisiert, daß einerseits nur ein außerordentlich kleiner Prozentsatz von Menschen progressive Paralyse bekommt, andererseits nichts über die Entstehungsursache der progressiven Paralyse bekannt ist. Wenn man nun erfährt, daß eine Person X von dieser Krankheit befallen wurde, so ist der Überraschungswert groß. Eine Bereicherung des Ausgangswissens enthalte nun die medizinisch-statistische Information, daß ca. 8 % der an Syphilis erkrankten (und nicht behandelten) Personen später progressive Paralyse bekommen. Weiter trete die Tatsacheninformation hinzu, daß X ein solcher Syphilitiker war. Dann wird der Überraschungswert der Aussage „X erkrankte an progressiver Paralyse" ganz erheblich herabgedrückt *und in diesem Sinn eine Erklärung des Phänomens geliefert.* Die gewonnene Wahrscheinlichkeit von 0,08 ist allerdings trotzdem noch viel zu gering, um diese Überlegung prognostisch verwerten zu können. Es ist klar, daß eine Erklärung *nur relativ auf eine ganz bestimmte Wissenssituation* vorliegt, während eine Voraussage, wenigstens im Hempelschen Sinn dieses Wortes, im vorliegenden Fall überhaupt nicht möglich ist. Eine detaillierte Analyse findet sich in **XI**, 3 und 4.

In **III** werden in Anknüpfung an RESCHER einfache physikalische Modelle für deterministische und probabilistische Erklärungen untersucht, die sog. *diskreten Zustandssysteme* oder *DS-Systeme.* Sie haben den Vorteil, präzise Aussagen zu ermöglichen, ohne einen aufwendigen mathematischen Begriffsapparat benützen zu müssen. Die Zeit wird in diskrete Abschnitte unterteilt; innerhalb eines Abschnittes bleibt das System unverändert. Jedes System kann zu einer Zeit genau einen Zustand aus einer höchstens abzählbaren Liste von Zuständen annehmen. Die Übergänge zwischen den Zuständen eines Systems sind durch Gesetze geregelt. Liegt der Nachfolgerzustand eines gegebenen Zustandes eindeutig fest, so ist das Übergangsgesetz *deterministisch.* Können dagegen auf einen bestimmten Zustand verschiedene Zustände mit bestimmter Wahrscheinlichkeit folgen, so handelt es sich um ein *statistisches* Übergangsgesetz (S. 249). Die Beschreibung derartiger Systeme kann in dreifacher Form erfolgen, wobei die zugleich einfachste und anschaulichste in der Angabe von *Übergangsdiagrammen* besteht (S. 251ff.). *Deterministische Systeme* sind solche, für die ausschließlich deterministische Gesetze gelten; total *indeterministische Systeme* werden nur von statistischen Gesetzen beherrscht; in *partiell indeterministischen Systemen* finden sich beide Gesetzesarten nebeneinander.

Bei probabilistischen Erklärungen und Voraussagen unterscheidet RE-SCHER zwischen dem stark probabilistischen und dem schwach probabilistischen Fall (S. 255). Anhand einer kurzen kritischen Analyse kann man zeigen, daß von neuem die Geltung oder Nichtgeltung der strukturellen Gleichheitsthese von terminologischen Festsetzungen abhängt.

Durch die Konstruktion geeigneter DS-Systeme lassen sich Resultate erzielen, die prima facie recht überraschend klingen. Einige Beispiele: Es wird oft behauptet, daß sich deterministische Systeme vollkommen symmetrisch in bezug auf Prognosen und Retrodiktionen verhalten (Laplacescher Dämon). Dies ist falsch: In jedem endlichen DS-System, das nicht total zyklisch ist, sind bei Realisierung bestimmter Zustände deterministische Retrodiktionen unmöglich. Andererseits gilt für bestimmte indeterministische Systeme, daß in ihnen deterministische Retrodiktionen generell möglich sind. In partiell indeterministischen Systemen sind deterministische Erklärungen unter Umständen generell möglich.

In total indeterministischen Systemen kann der Fall eintreten, daß keine Form von Erklärung, Voraussage und Retrodiktion möglich ist. Unter Benützung einer epistemischen Präzisierung des aristotelischen Begriffs der Akzidentien (S. 269) versucht RESCHER, die aristotelische Idee der Existenz solcher Akzidentien zu rechtfertigen. Er gelangt zu der Schlußfolgerung, daß in indeterministischen DS-Systemen u.U. alle Ereignisse außerhalb der Reichweite der wissenschaftlichen Systematisierung liegen. In einer kurzen kritischen Analyse wird gezeigt, daß diese Überlegung nicht haltbar ist (S. 271 f.), da sie auf der willkürlichen Konvention beruht, daß nur atomare Sätze innerhalb des von RESCHER benützten Formalismus als Explanandum-Sätze zuzulassen sind. Ein Statistiker, der mit dieser Terminologie nicht vertraut ist, würde es z.B. völlig unverständlich finden, warum eine Gleichverteilungsprognose etwas liefert, das „jenseits der Reichweite der Rationalisierung" liegt. Eine genaue Betrachtung lehrt, daß es mehrere Möglichkeiten zur Behebung dieser scheinbaren Schwierigkeit gibt.

Einige interessante Resultate liefert das Studium des Einflusses des Zeitabstandes auf probabilistische Voraussagen. So kann z.B. in einem partiell indeterministischen System die nahe Zukunft streng voraussagbar, die ferne Zukunft dagegen überhaupt nicht voraussagbar sein, aber auch umgekehrt die ferne Zukunft strikt voraussagbar, die nahe Zukunft aber überhaupt nicht voraussagbar.

In einem **Anhang** wird versucht, ein DS-Analogiemodell zur Quantenphysik zu konstruieren. Dabei zeigt es sich, daß man zwischen *zwei verschiedenen Typen von Indeterminismus* unterscheiden muß. Die Modellbeispiele von RESCHER legen die Auffassung nahe, daß Indeterminismus nur dort entstehen kann, wo die grundlegenden Gesetzmäßigkeiten statistische Gesetze sind.

Dies wäre jedoch ein Irrtum. Sowohl die Wellenmechanik als auch die Matrizenmechanik sind streng deterministische Theorien. Der probabilistische Aspekt tritt in die quantenphysikalischen Systeme nicht über die Gesetze, sondern über die *Zustände* ein. Während bei den indeterministischen Systemen von RESCHER stets eindeutig bestimmte Zustände durch probabilistische Gesetze miteinander verknüpft sind, kommt es jetzt darauf an, DS-Systeme zu konstruieren, für die ausnahmslos deterministische Gesetze gelten, in denen jedoch die *Zustände* jeweils *nur bis auf Wahrscheinlichkeiten bestimmt* sind.

In **IV** wird das ontologische Problem des Gegenstandes von Erklärungen diskutiert. Hier wird erstmals der Zusatztitel der Gesamtreihe „... *und Analytischen Philosophie*" von Relevanz. Denn ontologische Fragestellungen werden gewöhnlich nicht zur Wissenschaftstheorie gerechnet. Auf der anderen Seite liefern die Auseinandersetzungen über den Gegenstand wissenschaftlicher Erklärungen interessante Anwendungsbeispiele der modernen Universaliendiskussion. (Einblick in die wichtigsten neueren Schriften darüber gibt W. STEGMÜLLER (Hrsg.), *Das Universalienproblem*, Darmstadt 1978.) Prima facie scheint man genötigt zu sein, eine platonistische (hyperrealistische) Position einzunehmen; denn das Explanandum ist eine Tatsache oder ein Sachverhalt, also eine abstrakte Entität. Bekanntlich halten Nominalisten den Platonismus für eine Pseudotheorie, deren Entstehungsursache die Tatsache ist, daß man die stenographische Funktion der Sprache übersieht. Es hat sich jedoch erwiesen, daß nominalistische Rekonstruktionen platonistisch klingender Texte nicht ohne weiteres möglich sind. Im gegenwärtigen Zusammenhang werden verschiedene nominalistische Rekonstruktionen des Erklärungsbegriffs behandelt (S. 306ff., S. 313ff.). Das Studium dieser Versuche ist zugleich als Einübung im Umgang mit zwar ungewöhnlichen, aber dennoch wichtigen logischen Operatoren nützlich.

Eine der von HEMPEL und OPPENHEIM formulierten Adäquatheitsbedingungen für wissenschaftliche Erklärungen besagt, daß das Explanans mindestens ein allgemeines Gesetz enthalten muß. Das Hauptthema von **V** besteht in der Frage, ob es ein *Kriterium* gibt, welches *die Unterscheidung zwischen Gesetzen und Nichtgesetzen* gestattet. Mit unüberbietbarer Klarheit und Schärfe ist dieses Problem von N. GOODMAN formuliert worden. Zweierlei wird gezeigt: Erstens, daß alle naheliegenden einfachen Antworten auf diese Frage nichts taugen. Zweitens, daß dieses Problem auf drei verschiedenen Gebieten auftritt. Diese Gebiete sind: *Erklärung, Bestätigung* sowie *irreale Konditionalsätze*. Bei Erklärungen gelangen wir, sofern wir nicht-gesetzesartige Generalisierungen zulassen, zu absurden Fällen von Pseudoerklärungen (S. 321f.). Ähnlich würden wir dazu gelangen, absurde irreale Konditionalsätze als richtig ansehen zu müssen (S. 344f.). Am eindrucksvollsten hat GOODMAN die Schwierigkeit in bezug auf das Thema *Bestätigung* (oder, um ein Wort von POPPER zu gebrauchen: *Bewährung*) formuliert (S. 324ff.). Angenommen, die Farbeigenschaft sei kein Definitionsmerkmal von „Smaragd". Irgendeine

Theorie der Bestätigung oder der Bewährung sei vorgegeben. Diese Theorie gestattet die folgende Aussage: „Die Tatsache, daß alle bislang (millionenfach) gefundenen Smaragde grün waren, bestätigt (bewährt) die Vermutung, daß alle künftig gefundenen Smaragde grün sind". Goodman konnte zeigen, daß man mittels eines ganz einfachen Kunstgriffes aufgrund *derselben* Theorie der Bestätigung oder der Bewährung zu folgender Aussage gelangt: „Die Tatsache, daß alle bislang gefundenen Smaragde grün waren, bestätigt (bewährt) die Vermutung, daß alle künftig gefundenen Smaragde rot sind".

Verschiedene Versuche, diese unter dem Namen „Goodman-Paradoxon" bekannt gewordene Schwierigkeit zu bewältigen, werden diskutiert, darunter auch der Versuch von Carnap, zwischen qualitativen und positionalen Prädikaten zu unterscheiden. Goodman konnte zeigen, daß dieser und andere Vorschläge keine wirkliche Lösung bringen (S. 353ff.). Er selbst schlägt einen anderen Weg ein (S. 362ff.). Zunächst zeigt er, daß die Frage der Gesetzesartigkeit von Sätzen auf das „Problem der Projektierbarkeit von Prädikaten" zurückführbar ist. Sodann versucht er, durch eigene Eliminationsregeln sukzessive die nichtprojektierbaren Prädikate auszuschalten.

Die irrealen Konditionalsätze bilden, ganz unabhängig von der Frage der Gesetzesartigkeit, einen eigenen Problembereich. Dies zeigten bereits die Untersuchungen von Goodman, die wegen ihres analytisch überzeugenden Charakters genauer geschildert werden (S. 333ff.). Rescher greift das Thema unter einem neuartigen Gesichtspunkt auf, der durch die beiden Schlagworte „Kontextmehrdeutigkeit" und „Hypothetisches Räsonieren" charakterisiert ist (S. 366ff.). Eine Lösung glaubt er in einer Theorie der Modalschichten unserer Überzeugungen zu finden (S. 374ff.).

Die Neuauflage enthält zwei Anhänge. **Anhang I** schildert die Untersuchungen von P. Gärdenfors über irreale Konditionalsätze. Die Ideen von Gärdenfors haben prima facie eine Ähnlichkeit mit den Gedanken von Rescher. In der Durchführung ergeben sich aber wesentliche Unterschiede. Die Schlüsselbegriffe von Gärdenfors sind die maximale Konsistenz einer Menge von Überzeugungen mit einer Aussage sowie eine über der Menge aller Sätze definierte Ordnungsrelation der epistemischen Wichtigkeit.

Der **Anhang II** geht von einer Überzeugung aus, die sich allgemein durchgesetzt zu haben scheint, nämlich daß eine rationale Lösung des Goodman-Paradoxons (in einem genau präzisierbaren Sinn) nicht möglich ist. Dagegen gibt es eine *naturalistische Auflösung* dieses Paradoxons auf evolutionstheoretischer (Darwinscher) Grundlage. Sie stammt von W. V. Quine und ist in dessen Betrachtungen über natürliche Arten enthalten.

VI ist hauptsächlich der Frage gewidmet, ob sich *historische* und *psychologische Erklärungen* prinzipiell von naturwissenschaftlichen unterscheiden. Sollte die Annahme gelten, daß auch historische Erklärungen auf gesetzesartige Aussagen zurückgreifen müssen, so impliziert dies jedenfalls nicht eine These von der Existenz spezifisch-historischer Gesetzmäßigkeiten (S. 397ff.). Zur

Überprüfung der Annahme werden zunächst die historisch-genetischen Erklärungen anhand eines konkreten Beispiels diskutiert (S. 408 ff.). Wie die genauere Analyse lehrt, bilden diese eine Mischung von echten Erklärungen bzw. Erklärungsskizzen und nicht weiter erklärten, sondern aufgrund von historischen Einzelinformationen eingeschobenen Tatsachenberichten. Ausführlich wird die zu dieser Auffassung in scheinbarem Widerstreit stehende Theorie des Verstehens erörtert, und zwar in der Gestalt der älteren Version dieser Theorie, als deren bekannteste Proponenten W. Dilthey und M. Weber gelten (S. 414 ff.). Es wird gezeigt, daß diese „Methode" erstens in nichts weiter besteht als in der Bildung von Gedankenexperimenten, die bestenfalls anderweitig nachzuprüfende Hypothesen liefern, und daß sie zweitens weder notwendig noch hinreichend ist, um zu adäquaten historischen Erklärungen zu gelangen.

Es wäre allerdings zweckmäßig gewesen, diesen Überlegungen eine detailliertere Untersuchung über die zwei Begriffsfamilien *Verstehen* sowie *Erklären* voranzustellen und die Unterschiede sowie Zusammenhänge zwischen beiden hervorzuheben. Dies ist inzwischen an anderer Stelle geschehen. (Vgl. dazu W. Stegmüller: „Walther von der Vogelweides Lied von der Traumliebe und Quasar 3 C 273. Betrachtungen zum sogenannten Zirkel des Verstehens und zur sogenannten Theorienbeladenheit der Beobachtungen", in: W. Stegmüller, *Rationale Rekonstruktion von Wissenschaft und ihrem Wandel*, Reclam 1979, S. 27–86.)

Eingehend wird in diesem Zusammenhang auch die Theorie von W. Dray diskutiert, wonach Erklärungen geschichtlicher Handlungen *rationale Erklärungen* sind. Die Kritik dieser Theorie stützt sich auf den Einwand, daß Dray nicht zwischen Rationalität als normativem und als deskriptiv-erklärendem Begriff unterscheidet. Retrospektiv läßt sich allerdings feststellen, daß bei wohlwollender Interpretation gewisse Gedanken von Dray (z.B. die auf S. 437 erwähnten) als Vorwegnahme der modernen Theorie des Verstehens von G. H. Wright betrachtet werden könnten.

Die Diskussion der Erklärung menschlichen Handelns durch Berufung auf ein Wollen wird eingeleitet durch die Schilderung einer höchst interessanten Studie von R. Brandt und J. Kim, worin eine (alltagssprachlich fundierte) *Miniaturtheorie über den Zusammenhang von Glauben und Wünschen* entworfen wird (S. 454–456). Hier kommt klar die scheinbare Zirkularität zur Geltung, die darin besteht, daß man, sofern man einem Individuum Überzeugungen zuschreibt, voraussetzt, man kenne die Wünsche dieses Individuums, während umgekehrt die Zuschreibung von Wünschen nur unter der Voraussetzung einer Kenntnis von dessen Überzeugungen möglich ist. Dieser Zirkel verschwindet, wenn man anerkennt, daß diese beiden Schlüsselbegriffe theoretisch relativ zu der skizzierten Miniaturtheorie sind. Trotzdem bleiben noch zahlreiche Schwierigkeiten, die zusammenfassend auf S. 463–466 vorgetragen werden. Für die weiteren Betrachtungen wird methodisch von den beiden

Modellen des *bewußt-rationalen* Verhaltens und des *unbewußt-rationalen* Verhaltens Gebrauch gemacht, die beide an zwei eindrucksvollen geschichtlichen Beispielen überprüft werden (Emser Depesche, S. 469 ff.; und die von W. L. LANGER unter psychoanalytischen Gesichtspunkten studierten Auswirkungen der mittelalterlichen Seuchen auf die psychisch-geistige Verfassung der damaligen Menschen, S. 477 ff.).

In einem in der gegenwärtigen Auflage hinzugekommenen **Anhang** wird ein neuartiger Zugang zum Verhältnis von Verstehen und Erklären durch G. H. VON WRIGHT erörtert. Dem der Galileischen Tradition entsprungenen Subsumtionsmodell der Erklärung stellt VON WRIGHT den der aristotelischen Tradition entspringenden *praktischen Syllogismus* gegenüber. Im Gegensatz zur kausalistischen Deutung, in der eine allgemeine Gesetzeshypothese benützt werden muß (der sog. Ducasse-Satz), benötigt man nach VON WRIGHT für den als *intentionalistisches Erklärungsschema* rekonstruierten praktischen Syllogismus keine gesetzesartige Aussage. Zur Behebung des Streites zwischen VON WRIGHT und seinen Gegnern wird auf die Begriffsfamilie *Erklären* zurückgegriffen und gezeigt, daß es tatsächlich möglich ist, einen Begriff von historischer und psychologischer Erklärung herauszuarbeiten, der sich nicht auf Gesetze stützt, sondern in einer kombinierten Anwendung einer intentionalen Tiefenanalyse und einer hypothetischen Begründung besteht.

VII ist einer Erörterung der *Kausalprobleme* gewidmet. Den Anfang bildet der Versuch, eine vorläufige Ordnung in die verschiedenen Fragestellungen hineinzubringen (vgl. die 11-fache Untergliederung auf S. 505). Es folgen Betrachtungen über die Problematik des Begriffs der Ursache sowie des Begriffs der kausalen Notwendigkeit; ferner werden die Schwierigkeiten aufgezeigt, mit denen eine Theorie der kausalen Modalitäten konfrontiert ist. In der ersten Auflage wurde versuchsweise ein rein funktionalistischer Standpunkt in Bezug auf die Kausalprobleme eingenommen, d. h. der Begriff der kausalen Erklärung sollte auf dem Wege über eine Spezialisierung des Gesetzesbegriffs zu dem des Kausalgesetzes gewonnen werden. Für diesen Zweck wurde an die Gedanken von FEIGL zu diesem Thema angeknüpft (S. 525 ff.). Es folgen verschiedene meta- und objektsprachliche Formulierungen des Determinismusprinzips (Kausalprinzips) sowie eine Diskussion von dessen erkenntnistheoretischem Status (S. 539 ff., 544 ff., 550 ff.). In einem relativ umfangreichen Schlußteil wird der Versuch unternommen, die heutige naturwissenschaftliche Position in der Frage „Determinismus oder Indeterminismus" übersichtlich und in möglichst nichttechnischer Sprech- und Betrachtungsweise zu schildern. (Der in der ersten Auflage auf S. 509–517 enthaltene Teil über diskrete Analogiemodelle zum Indeterminismus der modernen Physik enthielt einen gedanklichen Fehler und wurde daher weggelassen. An seine Stelle ist der Anhang von **III** getreten.)

Die Neuauflage enthält Anhänge über zwei wichtige bahnbrechende Arbeiten zum Thema „Kausalität". Die Schwierigkeit und Komplexität der darin enthaltenen Gedankengänge bildete das Hauptmotiv für die oben erwähnte Abkoppelungsthese. J. L. MACKIE ist darum bemüht, die deterministische Theorie der Kausalität von HUME zu verbessern. Darüber wird im **ersten Anhang** berichtet. Der Schlüsselbegriff für die Analyse des Ursachenbegriffs bildet die Inus-Bedingung. Darunter ist ein nicht hinreichender, aber notwendiger Teil einer Bedingung zu verstehen, die selbst nicht notwendig, jedoch hinreichend für das Ergebnis ist. Darüber hinaus hat MACKIE eine Reihe von interessanten Beobachtungen gemacht, so etwa, daß Kausalbehauptungen zu relativieren sind auf die Umstände, ferner auf ein vorgegebenes kausales Feld, und daß außerdem ein unabhängig zu explizierender Begriff der kausalen Priorität benötigt wird.

Thema des **zweiten Anhanges** bilden die Untersuchungen von P. SUPPES, in denen die Humesche Analyse durch probabilistische Betrachtungen verallgemeinert und erweitert wird, denn nach SUPPES ist die einzige grundlegende Schwäche der Humeschen Theorie der Kausalität die völlige Vernachlässigung von Wahrscheinlichkeitsbetrachtungen. Auf probabilistischer Ebene gelangt man, wie SUPPES zeigt, zu zahlreichen, durch Beispiele aus den verschiedensten empirischen Wissenschaften belegbaren Differenzierungen und Verfeinerungen der Kausalvorstellung. Ausgehend vom Begriff der prima-facie-Ursache werden zwei Varianten des Begriffs der Scheinursache, die Unterscheidung zwischen unmittelbaren und indirekten Ursachen, der Begriff der einander ergänzenden Ursachen etc. eingeführt. Wie W. SPOHN festgestellt hat, ist die Theorie von SUPPES ergänzungsbedürftig und auch ergänzungsfähig, denn es gibt versteckte Ursachen, die bei SUPPES noch nicht berücksichtigt werden.

Die beiden neuartigen Ideen von MACKIE und SUPPES stehen nicht beziehungslos nebeneinander. Vielmehr lassen sich die Gedanken von MACKIE, ganz analog denen der ursprünglichen Regularitätstheorie, probabilistisch verallgemeinern.

Die Probleme der *Teleologie* oder des *Finalismus* werden in **VIII** erörtert. Zunächst wird versucht, in die Diskussionen eine gewisse Systematik hineinzubringen. Unter Bezugnahme auf die in **III** behandelten DS-Systeme von RESCHER wird zunächst der rein formale Aspekt des Teleologieproblems erörtert (S. 655 ff.). Der materiale Aspekt leitet über zu den ontologischen und semantischen Problemen des zielgerichteten Handelns (S. 659 ff.). Die Fragestellungen haben eine formale Ähnlichkeit mit den in **IV** erörterten Problemen; doch treten jetzt zusätzliche Komplikationen auf, die im Rahmen der drei vorgeschlagenen Lösungsversuche (S. 669 ff., 674 ff., 676 ff.) sichtbar werden. Zuvor wurde deutlich gemacht, daß alle Fälle von echter Teleologie Fälle von echter – deterministischer oder statistischer – Kausalität sind.

Ein eigener längerer Abschnitt ist der Logik der *Funktionalanalyse* gewidmet (S. 684 ff.). Es wird zunächst gezeigt, daß funktionalistische Erklärungen Abkömmlinge des Vitalismus sind. Die vielen Beispiele aus zahlreichen Wissensgebieten (S. 692ff.) legen jedoch den Gedanken nahe, daß derartige Erklärungen nicht ohne Erkenntniswert sind. Dies ist auch tatsächlich der Fall. Doch lehrt eine genauere Analyse, daß der tatsächliche Erklärungswert, der empirische Gehalt sowie die prognostische Verwertbarkeit von Funktionalanalysen geringer ist als von den Proponenten beansprucht (S. 695ff.).

Ein letzter Teilabschnitt ist der wissenschaftstheoretischen Betrachtung final gesteuerter Systeme (teleologischer Automatismen) gewidmet, angefangen von primitiven Formen von Selbstregulatoren bis zu lernenden Automaten und den sich selbst reproduzierenden Maschinen von Neumanns.

In einem **Anhang** kommen drei Dinge zur Sprache: erstens eine Stellungnahme zur Kritik an meinem Teleologiekonzept vom Standpunkt der aristotelischen Ethik durch K. von Fritz; zweitens eine Klarstellung meiner Position bezüglich der teleologischen Kritik an der Evolutionstheorie durch R. Spaemann und R. Löw; und drittens zwei mögliche neuartige Ansätze für die Logik der Funktionalanalyse.

Die *statistischen Erklärungen und Prognosen,* die den Gegenstand von **IX** bilden, sind im Rückblick auch vom Standpunkt der Geschichte wissenschaftstheoretischer Fragestellungen und Lösungen von größtem Interesse. In diesem Bereich bahnte sich das an, was wir die *pragmatische* bzw. die *pragmatisch-epistemische Wende* nennen. Schon rein äußerlich ist diese Wende erkennbar an dem Zwang zur Einführung des Begriffs der Wissenssituation einer Person zu einer bestimmten Zeit. Bemerkenswert ist dieser Vorgang deshalb, weil er sich nicht im zentralen Bereich der Erklärungsproblematik: der Explikation des DN-Modells, sondern auf einem Nebengebiet – genauer natürlich: in einem Bereich, *der damals für ein Nebengebiet gehalten wurde –* vollzog. Weiteres soll darüber erst im Vorblick auf das neue Kapitel **XI** gesagt werden. Vorläufig möge die etwas komplizierte Gliederung des neunten Kapitels zur Sprache kommen. Es scheint, daß einige Leser durch die Verzahnung verschiedener Gesichtspunkte für die Gliederung dieses Kapitels verwirrt worden sind. Um hier eindeutige Klarheit zu erzielen, unterscheiden wir zwischen dem philosophischen und dem technischen Gesichtspunkt der Behandlung des Grundproblems dieses Kapitels, *nämlich der Mehrdeutigkeit der induktiv-statistischen Systematisierung,* wie Hempel dies nennt.

Der *philosophische Aspekt* des Problems kann ohne jeglichen technischen Apparat, allein unter Benützung der vorsystematischen, qualitativen Begriffe „wahrscheinlich", „sehr wahrscheinlich" bzw. „sehr unwahrscheinlich", geschildert werden. Dabei überlagern sich allerdings wieder zwei Problemstufen: Auf der ersten Stufe scheint eine logische Inkonsistenz vorzuliegen. Diese wird durch die relationale Deutung der Wendung „beinahe sicher" beseitigt. An ihre Stelle tritt dann aber ein anderes und zwar diesmal echtes Problem, welches die *Anwendung* statistischer Prämissen auf konkrete Wissenssituationen betrifft. Die später diskutierten, verschiedenen Lösungsversuche beziehen sich alle auf dieses echte, zweite Problem.

Unter dem *technischen Aspekt* des Problems verstehen wir die Reproduktion der Schwierigkeit und ihrer Lösungsmöglichkeiten unter Zugrundelegung eines mathematisch präzisierten Wahrscheinlichkeitsbegriffs. Der Grund dafür ist einleuchtend: Analog, wie die erste Schwierigkeit dadurch beseitigt wird, daß man die Wendung „es ist beinahe sicher, daß" statt als einstelliges als zweistelliges Prädikat deutet, wäre es zumindest *denkbar*, daß die noch verbleibende Schwierigkeit der Mehrdeutigkeit bei Zugrundelegung des (durch die Kolmogoroff-Axiome) mathematisch präzisierten Wahrscheinlichkeitsbegriffs sowie der in der mathematischen Statistik benützten Regeln zum Verschwinden gebracht wird. Leider erweist sich diese Hoffnung als Illusion. Dies kann man aber erst am Ende, nach erfolgter Reproduktion der Schwierigkeiten im präzisen Rahmen, einsehen.

Für diejenigen Leser, welche sich nur für den philosophischen Aspekt interessieren, genügt die Lektüre derjenigen Abschnitte bzw. Unterabschnitte, die jetzt angegeben werden sollen. (Für ein volles Verständnis von **IX** und **XI** ist es allerdings erforderlich, den in Mathematik und Statistik verwendeten Wahrscheinlichkeitsbegriff so weit zur Kenntnis zu nehmen, wie er in **IX**, 4.a bis 4.c beschrieben ist. Genauere Kenntnisse, die für gewisse Details erforderlich sind, vermittelt das einleitende Kapitel von Bd. IV, erster Halbband dieser Reihe: *Das ABC der modernen Wahrscheinlichkeitstheorie und Statistik*.) Das Auftreten logischer Widersprüche wird in elementarer Weise in Abschn. 3 anhand des sog. *statistischen Syllogismus* gezeigt: Ein Schluß gemäß diesem Schema, der nur wahre Prämissen enthält, wird durch einen zweiten Schluß nach demselben Schema paralysiert, der ebenfalls nur aus wahren Prämissen besteht. Die „Paralyse" ergibt sich dadurch, daß nach dem ersten Schluß eine bestimmte Aussage als beinahe sicher erwiesen gilt, während nach dem zweiten Schluß auch das Gegenteil eben dieser Aussage als beinahe sicher erwiesen gilt. (In der mathematisch präzisierten Form treten an die Stelle des statistischen Syllogismus die auf S. 802f. angeführten Regeln aus einem Standardwerk der mathematischen Statistik. Das Problem selbst wird diesmal unter Zugrundelegung dieser Regeln in Unterabschn. 4.d anhand von Beispielen erläutert.) Zu Beginn von Abschn. 5 wird in Anknüpfung an HEMPEL gezeigt, daß mit der relationalen Deutung von „es ist beinahe sicher, daß" die Widersprüche aus dem statistischen Syllogismus entfernt werden. (Dasselbe wird in 5.e bis 5.d unter Verwendung einer vereinfachenden Regel *S* für die mathematisch präzisierte Form gezeigt.) In Abschn. 6 wird das eigentliche, nach Beseitigung dieser Konfusion verbleibende Mehrdeutigkeitsdilemma formuliert: Auf welche von zwei miteinander konkurrierenden statistischen Syllogismen (induktiven Relationen) sollen wir uns stützen, wenn die Prämissen in beiden Fällen ausnahmslos wahr sind?

Als sozusagen ideale, aber praktisch kaum zu verwirklichende Lösung wird zunächst CARNAPS Forderung des Gesamtdatums formuliert (Abschn. 7). HEMPEL versucht, diese nicht praktikable Forderung mittels Rückgriff auf einen von Reichenbach gemachten Vorschlag durch ein auch praktisch anwendbares, ebenfalls eine Lösung herbeiführendes Prinzip zu ersetzen (Abschn. 8). Die leitende Grundidee lautet: Gewinne über das in der singulären Prämisse erwähnte Individuum *die schärfste* erreichbare Information, ermittle ferner die einschlägige *statistische Gesetzesaussage* relativ auf die in dieser schärfsten Information bezeichnete Bezugsklasse und stütze dich nur auf diese! Wesentlich für die Formulierung dieser Regel ist *die Relativierung* des Begriffs der statistischen Systematisierung auf *die Wissenssituation* einer (idealisierten) Person. Dies wird sich später als eine einschneidende Maßnahme in der Diskussion der Erklärungsbegriffe erweisen. Denn durch diesen Relativierungsschritt hat HEMPEL bewirkt, daß die beiden Erklärungsbegriffe, der deduktiv-nomologische und der induktiv-statistische, *inkommensurabel* werden.

(Eine verbesserte Behandlung des Mehrdeutigkeitsproblems sowie Maßnahmen zur Behebung weiterer Schwierigkeiten finden sich in Bd. IV, zweiter Halbband, dieser Reihe, Teil IV (Studienausgabe Teil E). Dieser Teil ist ohne Kenntnis der vorangehenden Teile lesbar. Für ein genaues Verständnis von Kap. **XI** des vorliegenden Buches ist die Lektüre jenes Teiles aus Bd. IV zweckmäßig, aber nicht Voraussetzung.)

In den Abschnitten 9 bis 14 von **IX** werden spezielle Fragen erörtert, die im Zusammenhang mit induktiv-statistischen Systematisierungen auftreten; dazu gehört u.a. auch die Anwendung des Hempelschen Problems auf die in **III** behandelten diskreten Zustandssysteme (Abschn. 10) sowie Betrachtungen über die Güte statistischer Begründungen (Abschn. 14). Letzteres ergibt sich daraus, daß nur von deduktiv-nomologischen Erklärungen vorausgesetzt werden kann, daß sie korrekt oder inkorrekt sind, im statistischen Fall hingegen eine Gradabstufung nach „besser" oder „schlechter" vorgenommen werden kann.

X ist den verschiedenen Versuchen gewidmet, den Erklärungsbegriff für eine formale Sprache erster Stufe in präziser Weise einzuführen. Vorausgesetzt wird dabei, daß alle einschlägigen semantischen und syntaktischen Begriffe zur Verfügung stehen. Man kann heute an dieses Kapitel unter einem zweifachen Gesichtspunkt herantreten, einem systematischen und einem historischen.

Bei Lektüre unter *systematischem Gesichtspunkt* wird man mit einer Reihe von Schwierigkeiten vertraut gemacht, mit denen man auf der intuitiven Ebene entweder überhaupt nicht gerechnet hatte oder von denen man zumindest nicht erwartet hätte, daß sie sich als so hartnäckig erweisen würden. Das Detailstudium der aufgezeigten Probleme und der für sie vorgebrachten Lösungsvorschläge hat – ganz unabhängig davon, wie man dieses Projekt als

Ganzes einschätzt – mindestens eine zweifache Funktion: Es schärft das Nachdenken über und das Verständnis für wissenschaftstheoretische Probleme und es ermöglicht die Kenntnisnahme potentieller Lösungsmodelle für Schwierigkeiten ähnlicher Art in anderen wissenschaftstheoretischen Problemgebieten. Bereits beim ersten Explikationsversuch, der von HEMPEL und OPPENHEIM stammt (S. 871), wird deutlich, daß die Ausschaltung zirkulärer Erklärungen keine einfache Sache ist und daß deren vollkommene Elimination überhaupt nicht möglich sein dürfte (Abschn. 2). Die weitere Diskussion war maßgeblich durch den Umstand bestimmt, daß sich einige besonders scharfsinnige Logiker dieser Materie annahmen: Die auf die H-O-Explikation bezogenen Trivialisierungstheoreme von EBERLE, KAPLAN und MONTAGUE machten deutlich, daß diese Explikation mit einem tiefliegenden Defekt behaftet sein müsse (Abschn. 3). Die miteinander konkurrierenden Explikationsversuche von KAPLAN und KIM (Abschn. 4 und 5), in denen zum Teil neue Explikationsversuche zur Diskussion gestellt wurden, machten deutlich, daß es Alternativen für Auswege aus der Schwierigkeit gibt. Der Vorschlag von KIM schien allerdings eindeutig überlegen zu sein.

Wir schalten jetzt auf die *historische* Betrachtungsweise um und erzählen eine Geschichte im „Kuhnschen Stil", in der die nun folgende Entwicklung zur Sprache kommt. Angesichts der seit Jahren anhaltenden weltweiten Diskussion der wissenschaftsphilosophischen Auffassungen von THOMAS S. KUHN können wir hier die Grundbegriffe, mit welchen er operiert, als bekannt voraussetzen. (Eine detaillierte Schilderung und partielle Rekonstruktion der Kuhnschen Wissenschaftsphilosophie findet sich in Bd. II/2 sowie in [Structuralist View].) Bevor wir mit der Geschichte beginnen, sei zwecks Vermeidung von Fehldeutungen eine kurze Motivation vorangestellt: Es geht hier *weder* darum, ein neues Beispiel zur Stützung der Auffassungen von KUHN zu liefern, *noch* um eine Erweiterung des von ihm intendierten Anwendungsbereiches seiner Ideen auf die Wissenschaftstheorie, sondern allein darum, das systematische Verständnis des Inhaltes von **XI** vorzubereiten und zu erleichtern. (Um eine indirekte, aber wegen des Anwendungsbereichs vielleicht problematische Stütze von KUHNS Ansichten handelt es sich höchstens im folgenden Sinn: Den Kuhnschen Thesen wird immer wieder entgegengehalten, daß KUHNS Wissenschaftsphilosophie mit einer systematisch vorgehenden, objektive und nichtrelativistische Resultate erzielenden Wissenschaftstheorie in Konflikt geraten müsse. Im Gegensatz dazu können wir hier eine eindeutige Konvergenz in dem Sinn feststellen, daß sich der Wandel der Erklärungsdiskussion, einschließlich der darin erzielten Fortschritte, vollkommen zwangslos in das sog. Kuhnsche Schema einfügt.)

Wir können die in **X** geschilderten Bemühungen um eine Explikation des deduktiv-nomologischen Erklärungsbegriffs als normalwissenschaftliche bzw. als normale metatheoretische Tätigkeit innerhalb eines Paradigmas auffassen. Die Frage, worin dieses *Paradigma* besteht, läßt sich im vorliegenden

Fall ganz klar beantworten: Es besteht aus allen logischen – und dies heißt heute: *aus allen semantischen und syntaktischen – Hilfsmitteln,* die für die Analyse und Interpretation formaler Modellsprachen und der in ihnen formulierten Theorien zur Verfügung stehen, aber auch *nur* aus diesen. (Die Frage, warum ein Paradigma keine Satzklasse ist, beantwortet sich damit von selbst.)

Anmerkung. Das „heute" wurde eingeführt, weil dies nicht immer so war. Es sei kurz an einige vorangehende Stadien erinnert. Vor Carnaps *Logischem Aufbau der Welt* war die Tätigkeit des Wissenschaftstheoretikers und damit auch die Gesamtheit der ihm zur Verfügung stehenden Hilfsmittel nicht klar umrissen. Man könnte daher die Phase, die mit den englischen Empiristen beginnt und bis zu dem erwähnten Werk Carnaps reicht, im gegenwärtigen Kontext als präparadigmatische Phase betrachten. In dem eben zitierten Werk nahm sich Carnap die Principia Mathematica von Whitehead und Russell zum Vorbild. Damit war bekanntlich auch das ganze empiristische Reduktionsprogramm „alle nichtlogischen Begriffe sind auf unmittelbare Erfahrungen zurückzuführen" erstmals präzise formuliert worden. Ein weiteres wichtiges Stadium bildete Carnaps *Logische Syntax der Sprache.* Darin war die Hilbertsche Metamathematik insofern das Leitbild, als Carnap die Aufgaben der „Wissenschaftslogik" auf *syntaktische Analysen* der zugrunde gelegten formalen wissenschaftlichen Objektsprachen einschränkte. *Wahrheit* war damals noch metaphysisch verdächtig und *Bedeutungen* schienen nur dort Platz zu haben, wo psychologistische Vorurteile herrschten. Dies änderte sich mit Tarskis berühmter Arbeit über den Wahrheitsbegriff. Auf dem Gebiet der reinen Logik stellte die *Tarski-Semantik* eine revolutionäre Leistung dar. Für dasjenige Gebiet, welches Carnap „Wissenschaftslogik" nannte, und damit insbesondere für alle uns im gegenwärtigen Kontext interessierenden Themen, gaben die Untersuchungen von Tarski den Anlaß zu einer neuen *evolutionären* Phase. Wahrheit und Bedeutung hörten auf, metaphysische Scheinbegriffe oder psychologistische Störfaktoren zu sein; beide wurden wissenschaftstheoretisch salonfähig. (Church und Carnap gingen sogar noch weiter und verhalfen den Gedanken Freges über intensionale Gebilde in der Gestalt intensionaler Logiken zu ihrem bis heute umstrittenen Siegeszug.)

Syntax und Semantik bildeten somit den paradigmatischen Rahmen für die Suche nach einer angemessenen Erklärungsdefinition. Deshalb kann man alle in **X** (zumindest bis S. 925) diskutierten Verbesserungsversuche der H-O-Definition *als zu ein und derselben normalwissenschaftlichen Entwicklung gehörend* ansehen. Die Pragmatik blieb lange Zeit ganz aus dem Spiel, vermutlich wegen der nie genauer überprüften, geschweige denn bewiesenen Annahme Carnaps, daß pragmatische Untersuchungen notgedrungen empirisch sein müßten (und daß eine Verwischung der Grenzen zwischen Wissenschaftslogik und empirischer Wissenschaftsforschung nur Verwirrungen stiften könne). Tatsächlich sah es so aus, als ob das Projekt zu einem erfolgreichen Abschluß kommen würde. Kaplans drei zusätzliche Ädäquatheitsbedingungen (S. 896) schienen eine erfolgreiche Barriere gegen die Trivialisierungstheoreme von Kaplan, Eberle und Montague zu bilden. Diese Bedingungen wurden zwar durch die Kritiken von Kim und anderen wieder unterwühlt; doch der verblüffend einfache Gedanke in Kims Vorschlag (S. 907, 913) deutete auf einen sich abrundenden Abschluß hin.

Spätestens nach den gegen Kims Vorschlag vorgebrachten Einwendungen geriet das ganze Programm in eine kritische Phase. Es wurde deutlich, daß die immer und immer wieder auftretenden Schwierigkeiten nicht bloß spezielle logische Rätsel bildeten, die durch raffinierte Kunstgriffe zu lösen waren. Die Rätsel weiteten sich zu Anomalien aus. Daß es sich um eine *handfeste Krise* handelte, wurde auf Grund von solchen formalen Beispielen deutlich, die *bei gewissen Interpretationen* korrekte Erklärungen liefern, *bei anderen Interpretationen* hingegen keine. (Vgl. dazu das Beispiel von Blau auf S. 927. Vermutlich in Unkenntnis dieses Beispiels und davon unabhängig hat Gärdenfors 1976 in [Deductive Explanations] auf S. 421 f. zwei Argumente von derselben logischen Struktur angegeben, deren eines für Erklärungszwecke dienen kann, während dies für das andere nicht gilt.) Darauf gründete sich bereits in der ersten Auflage auf S. 770 die zwingende Vermutung, daß nach einem pragmatischen Explikat Ausschau gehalten werden müsse. Ähnlich äußert sich Gärdenfors, wenn er in dem eben zitierten Aufsatz auf S. 421 sagt, daß das ganze Projekt, logische Kriterien für deduktive Erklärungen zu finden, „unklar sei"; und er schließt seine Betrachtungen auf S. 430 mit dem Satz: „Logic is far from enough...". (In bezug auf das spezielle, von ihm vorgebrachte Beispiel könnte man allerdings vermuten, daß ein zusätzlicher Rückgriff auf die Dichotomie *beobachtbar — theoretisch* genügt; vgl. a.a.O. S. 422.)

Der weitere Verlauf ist, wie vermutlich jede wissenschaftliche Krisenperiode, durch eine gewisse Verworrenheit gekennzeichnet. Die Nebel lichten sich erst, wenn man den Prozeß retrospektiv, nämlich unter Zugrundelegung der bereits vollzogenen pragmatisch-epistemischen Wende, und zwar der darin entwickelten neuen Theorie (Metatheorie) betrachtet. Am zweckmäßigsten verläßt man dafür zunächst den Bereich der DN-Erklärungen und greift zurück auf Hempels Behandlung induktiv-statistischer Systematisierungen. Hier hatte sich der pragmatische Begriff A_t des zu einer Zeit t von einer Person akzeptierten Wissens als unerläßliches Ingrediens der Analyse angeboten. Nur mit seiner Hilfe konnte ja das in **IX** beschriebene und später verbesserte Prinzip der maximalen Bestimmtheit formuliert werden. Um die Relevanz des Begriffs A_t für die späteren Untersuchungen zu erkennen, müssen wir vorgreifen und die Modifikationen und Erweiterungen betrachten, die später an diesem Begriff vorgenommen worden sind (und die in **XI** sehr genau zur Sprache kommen). Es sind nicht weniger als drei wichtige Aspekte, unter denen der Begriff der Wissenssituation einem Wandel unterworfen wurde:

(1) Der Begriff A_t ist ein *starrer Ja-Nein-Begriff*, wie man sagen könnte; d. h. eine in dieser Wissenssituation befindliche Person darf auf die Frage, ob ein ihr vorgelegter Satz S zu dem von ihr akzeptierten Wissen gehöre, nur mit „ja" oder „nein" antworten. Dabei wird nicht dem Umstand Rechnung getragen, daß eine rationale Person in vielen Fällen differenzierter reagieren und etwa antworten wird: „S gehört zwar nicht zu dem, was ich als sicheres Wissen akzeptiere. Doch bedeutet dies nicht, daß ich zu S überhaupt nicht Stellung

nehmen kann. Vielmehr bewerte ich S mit der und der Wahrscheinlichkeit". Für diesen Sachverhalt habe ich die bildhafte Umschreibung benützt, daß ein adäquater Begriff der Wissenssituation *probabilistisch über sich hinausgreifen* oder *sich probabilistisch transzendieren* muß. Es dürfte klar sein, daß ein diese Bedingung erfüllender Begriff der Wissenssituation erheblich komplizierter ist als HEMPELS Begriff A_t.

(2) HEMPELS Begriff der DN-Erklärung ist *nachweislich inkommensurabel* mit seinem Begriff der IS-Erklärung. Dieses Resultat widerspricht der Intuition. So wie es die natürlichste Sache von der Welt ist, deterministische Gesetze als Grenzfälle statistischer Gesetzmäßigkeiten anzusehen, sollte es selbstverständlich sein, „DN-Systematisierungen" als Grenzfälle von „IS-Systematisierungen" zu betrachten. Dies wird in **XI** geschehen. Damit verbunden ist die folgende *Paradigmenverschiebung:* Während nach dem ursprünglichen Vorgehen — nicht nur von HEMPEL, sondern auch zahlreicher anderer Wissenschaftsphilosophen — der DN-Fall das Paradigma für wissenschaftliche Erklärungen bildet, der IS-Fall hingegen eine bloße Abweichung von diesem Normalfall darstellt, werden für uns die probabilistischen Erklärungen *den* umfassenden Rahmen für alle Erklärungen bilden, in den auch die Erklärungen mittels strikter Gesetze als spezielle Grenzfälle hineinfallen.

(3) Wenn der Begriff der Wissenssituation in der in (1) angedeuteten Weise probabilistisch verallgemeinert ist, so stellt sich die naheliegende Frage, *auf welche* Wissenssituation der Erklärungsbegriff zu relativieren ist. Auf die so gestellte Frage gibt es nur eine korrekte Antwort: Die Frage ist falsch gestellt; man muß ihre Voraussetzung revidieren. Und dafür wiederum muß man von der statischen zur dynamischen Betrachtungsweise übergehen. Es wird sich herausstellen, daß eine Relativierung auf *mindestens zwei verschiedene* Wissenssituationen erfolgen muß, deren eine aus der anderen durch „epistemische Bereicherung" hervorgeht. Genauer: Je nach dem Systematisierungstyp — exante-Begründung oder ex-post-Erklärung — muß eine Relativierung auf zwei oder drei Wissenssituationen erfolgen.

An dieser Stelle wollen wir für einen Augenblick pausieren, um eine bemerkenswerte *potentielle* Analogie zu einer Auseinandersetzung zwischen I. LAKATOS und TH. S. KUHN herzustellen. Es handelt sich um die von LAKATOS in [Erkenntnisfortschritt], S. 137–149, gewählte Fallstudie, die den Ursprung des Bohrschen Atommodells betrifft, und die kritische Reaktion von KUHN darauf, die sich im selben Band auf S. 248–251 findet. Von einer bloß potentiellen Analogie sprechen wir deshalb, weil wir dazu voraussetzen müßten, daß die uns gegenwärtig interessierende Entwicklung der Diskussion des Erklärungsbegriffs auf zweifache Weise dargestellt würde. Wir wollen dies hier andeuten. Die erste Darstellungsform entspräche der Schilderung bei LAKATOS, die zweite der bei KUHN. Wenn sich *für unseren Fall* allein die zweite Form als korrekt erweisen wird, so darf daraus keine Bewertung jener Auseinandersetzung abgeleitet werden; denn *so* weit reicht die formale

Analogie natürlich nicht. Für diejenigen Leser jener Stellen, die mit der Wissenschaftsgeschichte nicht hinreichend vertraut sind, um sich ein eigenes Urteil zu erlauben, wird die Analogie dennoch insofern eine Illustration bilden, als an einem Beispiel aus der *Geschichte der Wissenschaftsphilosophie* gezeigt werden soll, was KUHN sagen wollte. Wir deuten nur mit ein paar Worten die dortige Diskussion an:

LAKATOS geht in seiner Schilderung davon aus, daß der Ursprung des Bohr-Atoms in einem „Forschungsprogramm der Lichtemission" zu erblicken sei, welches die a.a.O. S. 137 angegebenen vier, nach LAKATOS für ein Forschungsprogramm charakteristischen Merkmale besessen habe. Das *„Hintergrundproblem"* sei dabei „das Rätsel der Stabilität von RUTHERFORDS Atomen" gewesen (denn nach der damals als wohlbewährt angesehenen Theorie des Elektromagnetismus von MAXWELL und LORENTZ sollten diese Systeme eigentlich in sich zusammenfallen). KUHN widerspricht nicht nur einer Reihe von Details in den mit diesen Überlegungen beginnenden Ausführungen von LAKATOS, sondern vor allem bereits dieser Art und Weise, den Ausgangspunkt zu formulieren. Das fragliche Problem sei nicht erst mit RUTHERFORDS Modell aus dem Jahre 1911 entstanden; „die Strahlungsinstabilität war ja ebenso eine Schwierigkeit auch für die älteren Atommodelle" (die hier angeführt werden); außerdem „ist das ein Problem, das BOHR (in gewissem Sinn) schon in seiner berühmten dreiteiligen Arbeit aus dem Jahre 1913 gelöst hatte..." (a.a.O. S. 248). Und er fährt weiter unten fort: „Den Ausgangspunkt bildet stattdessen *ein ganz gewöhnliches Rätsel* (von mir hervorgehoben). BOHR hatte es sich zur Aufgabe gestellt, bessere physikalische Approximationen zu finden als diejenigen in einer Arbeit von C. G. DARWIN über den Energieverlust der geladenen Partikeln beim Durchgang durch Materie". Danach kommt KUHN auf BOHRS Zwischenentdeckung von der mechanischen Instabilität von RUTHERFORDS Atom zu sprechen, deutet eine Reihe von weiteren, ihm als wesentlich erscheinenden Phasen an und stellt fest: „Darum waren also BOHRS größte Errungenschaften im Jahre 1913... *Ergebnisse eines Forschungsprogramms, das ursprünglich ganz andere Ziele anstrebte als diejenigen, die erreicht wurden"* (a.a.O. S. 249; von mir hervorgehoben).

Angenommen, jemand würde die Entstehung der in **XI**,3 und 4 geschilderten Theorie folgendermaßen beschreiben: „Dieser pragmatische und epistemische Erklärungsbegriff ist das ausgearbeitete Endresultat einer durch HEMPEL eingeleiteten Wende in der Analyse des Erklärungsbegriffs. Anläßlich seiner Beschäftigung mit Erklärungen, die sich statt auf deterministische auf statistische Gesetze stützen, gelangte HEMPEL zu der Einsicht, daß man den durch die semantischen und syntaktischen Hilfsmittel gesteckten Rahmen sprengen und pragmatische Hilfsmittel einbeziehen müsse, insbesondere den auf eine Person sowie auf einen historischen Zeitpunkt relativierten Begriff der Wissenssituation". HEMPEL habe damit die pragmatische Wende herbeigeführt. Und erst dadurch sei es geglückt, einen brauchbaren Rahmen für ein kohärentes Bild (alltäglicher und) wissenschaftlicher Erklärungen zu liefern usw.

Eine solche Schilderung wäre zwar nicht völlig falsch, aber doch außerordentlich irreführend. Es ist zwar richtig, daß HEMPEL durch Einbeziehung eines Begriffs der Wissenssituation in die für den Analytiker zulässigen Hilfsmittel den ersten Anstoß für die „pragmatische Wende" gab. Gänzlich inkorrekt aber wäre es, den Eindruck zu erwecken, daß *dabei* sein *Hintergrundproblem* die „globale Frage" nach der Explikation des Erklärungsbegriffs mit Hilfe von logischen *und pragmatischen* Begriffen gebildet habe. Vielmehr war es *„ein ganz gewöhnliches Rätsel"*, zu dessen Lösung der Begriff der Wissenssituation herangezogen wurde, nämlich die Bewältigung des Phänomens der Mehrdeutigkeit der statistischen Systematisierung. Die eben benützte wörtliche Übernahme der KUHNschen Wendung ist dadurch gerechtfertigt, daß es sich dabei um ein scharf umrissenes konkretes Problem handelt, welches zudem *nur* bei Benützung probabilistischer Prämissen auftreten kann. (Bei logischen Deduktionen aus strikten Gesetzen und singulären Prämissen kann der Fall nicht eintreten, daß sich zwei Schlußsätze widersprechen, es sei denn, daß bei vorausgesetzter Korrektheit der Argumentation eine der Prämissen, normalerweise eine Gesetzeshypothese, falsch ist.) Wenn wir dennoch sagen dürfen, daß die durch HEMPEL eingeleitete Pragmatisierung des Erklärungsbegriffs nach verschiedenen Modifikationen und Verallgemeinerungen später zu einer neuen Theorie führte, so können wir auch hier mit Recht behaupten, daß es sich dabei um *„Ergebnisse eines Forschungsprogramms"* handelt, *„das ursprünglich ganz andere Ziele anstrebte als diejenigen, die erreicht wurden"*. HEMPEL hat zweifellos die pragmatische Wende eingeleitet, aber eigentlich ungewollt und sicherlich nicht aus einer globalen Problemstellung heraus.

Der Leser möge die Parallele zwischen den beiden Fallstudien nicht überdehnen. Insbesondere sollte nicht die Tatsache übersehen werden, daß die Meinungsverschiedenheiten zwischen LAKATOS und KUHN sich auf einen Prozeß bezogen, an dem sie selbst nicht beteiligt waren, während es im vorliegenden Fall um die Interpretation einer Diskussion geht, an welcher der darüber reflektierende Autor selbst teilnimmt. Weiter oben wurde gesagt, daß die im Spätstadium der Auseinandersetzungen über die korrekte Explikation der DN-Erklärung ausgelöste Krise durch eine gewisse Verworrenheit charakterisiert war. Dazu hier nur ein paar Andeutungen: Ein sich anbietender möglicher Ausweg aus den Schwierigkeiten bestand darin, sich auf einen *allgemeineren und abstrakteren Begründungsbegriff* zurückzuziehen, ohne sich in der Frage festzulegen, ob und wie von da aus eine pragmatische Verschärfung erfolgen könne (so z.B. in der ersten Auflage dieses Bandes, vgl. S. 762ff.). Einige Autoren, wie z.B. OMER und TUOMELA, deuteten *neue Gesichtspunkte* an, wie z.B. den Aspekt des Informationsflusses. TUOMELA scheint überdies der einzige Autor gewesen zu sein, der seine formalen Bestimmungen mit einer *ausdrücklichen Vorsichtsklausel* versehen hat. Auf S. 38 in [Deductive Explanation] bemerkt er, daß er sich auf *die rein formalen Aspekte der Erklärung* beschränke und keine philosophischen Einschränkungen bezüglich des „substantiellen Gehaltes" von Erklärungen mache. Dem steht die *rein pragmatische orientierte* Arbeit von BROMBERGER [Why-Questions] gegenüber, die jede wissenschaftstheoretische Systematik vermissen läßt und die potentielle Gefahr rein pragmatischer Untersuchungen aufzeigt: allen Einzelheiten im Gebrauch und in der Beantwortung von Warum-Fragen nachzugehen und sich dadurch entweder im Uferlosen zu verlieren oder ein höchstens linguistisches Interesse zu erwecken.

Eine bemerkenswerte Leistung war die Arbeit von A. COFFA [Ambiguity], in der erstmals auf die *Unvergleichbarkeit der beiden Hempelschen Erklärungsbegriffe* hingewiesen wurde. Die scharfsinnigen Betrachtungen von COFFA, die wir in **XI**,5 ausführlich und kritisch diskutieren werden, haben vermutlich die beiden Autoren, welche die pragmatische Wende explizit vollzogen, entscheidend beeinflußt. Das Interessante dabei ist, daß dies keinesfalls die Intention von COFFA gewesen sein kann! Ihm ging es vielmehr darum, HEMPEL sozusagen auf den wahren Pfad logischer Tugend zurückzuführen und ihn zu überreden, seine nicht logisch zwingend motivierten Extravaganzen — nämlich die epistemische Relativierung des statistischen Erklärungsbegriffs — rückgängig zu machen und einen nicht epistemisch relativierten Begriff der wahren IS-Systematisierung einzuführen. COFFAS Betrachtungen stehen unter der illusionären Leitidee einer erfolgreich durchgeführten Explikation des deduktiv-nomologischen Erklärungsbegriffs. Da wir ihm in dieser Annahme *qua Illusion* nicht folgen können, werden wir auch seine Empfehlung nicht übernehmen, sondern die gegenteilige Schlußfolgerung ziehen.

Wirklich wegweisend aber war die Arbeit von BENGT HANSSON „Explanations – Of What". Er konnte, wie wir in **XI**,2 genauer zeigen werden, den Punkt lokalisieren, an dem die Nichtberücksichtigung pragmatischer Umstände zum Scheitern verurteilt ist: Erklärungen sind Antworten auf Warum-Fragen, aber zwischen Warum-Fragen und Explananda im H-O-Sinn besteht keine injektive (umkehrbar eindeutige) Entsprechung. Sofern man den relevanten Aspekt oder Kontext nicht kennt, kann man daher nicht beurteilen, ob ein Erklärungsvorschlag adäquat ist oder nicht. Obwohl HANSSON keinen definitiven Lösungsvorschlag machte, ging von seinen Überlegungen doch eine stark systematisierende Kraft aus, welche in der Arbeit von GÄRDENFORS zu einem prinzipiellen Erfolg führte.

Allerdings beschränken sich alle diese im Rahmen der pragmatischen Wende verfaßten Abhandlungen auf das, was wir den *informativen Erklärungsbegriff* nennen. Einige der oben erwähnten Einwendungen bleiben hier bestehen, wenn man nicht ausdrücklich alle Kausalfragen aussondert. Gerade dies geschieht durch die bereits angeführte *Abkoppelungsthese*, die alle derartigen Fragen einem anderen Problembereich zuweist. Da wir durch diese rein praktische Maßnahme innerhalb der Erklärungsexplikation einige Probleme zum Verschwinden zu bringen scheinen, liegt der Einwand nahe, daß hinter dieser Maßnahme eine Strategie der Übervereinfachung steht. Doch dies wäre ein Mißverständnis. Die Probleme werden weder verharmlost noch künstlich getilgt. Vielmehr befreien wir uns innerhalb der Erklärungsproblematik von ihnen dadurch, *daß wir sie einer Untersuchung anderer Art zuweisen,* nämlich der Kausalanalyse. Die befriedigende Beantwortung der genannten Einwendungen setzt somit die erfolgreiche Durchführung *beider* Gruppen von Analysen voraus; Erklärungsanalyse und Kausalanalyse sind wechselseitig aufeinander angewiesen.

XI,3 bildet den zentralen Teil dieses Kapitels. Dieser Abschnitt ist der Theorie von GÄRDENFORS gewidmet, die in etwas modifizierter und präzisierter Gestalt formuliert wird. Die sprachliche Ebene bei HANSSON wird durchstoßen zugunsten der den linguistischen Kontexten zugrunde liegenden *Wissenssituation.* Da dies im wesentlichen der einzige zusätzlich benötigte pragmatische Begriff ist, sprechen wir auch von einer *pragmatisch-epistemischen* Explikation des Erklärungsbegriffs. Was eine Person weiß, ist bestimmt durch das, was sie nicht weiß. Dies wiederum kann identifiziert werden mit der Menge der Weltzustände, die mit ihrem Wissen verträglich sind. Eine Wissenssituation enthält neben einem Individuenbereich die Menge der von der betreffenden Person für möglich gehaltenen Weltzustände und ferner zwei Arten von Wahrscheinlichkeit: für jede interpretierte mögliche Welt eine objektive Wahrscheinlichkeit und daneben eine subjektive Glaubenswahrscheinlichkeit, die für Mengen möglicher Welten definiert ist. Ein dritter Typus von Wahrscheinlichkeit, der durch Mischung von Wahrscheinlichkeiten der ersten beiden Typen entsteht, wird durch Definition eingeführt.

Wissenssituationen können auch *dynamisch* betrachtet werden: Es kann genau definiert werden, was es bedeutet, daß eine gegebene Wissenssituation durch neu hinzukommendes Wissen *bereichert* wird. Die Grundidee der Erklärungsexplikation ist dann die folgende: K sei die anfängliche Wissenssituation; K_E *sei die um das Explanandum E* erweiterte Wissenssituation. E hat relativ auf das ursprüngliche Wissen einen bestimmten Überraschungswert. Angestrebt wird eine um Gesetze T und singuläre Sätze C bereicherte Wissenssituation $K_{T \cup C}$, die den Überraschungswert des Explanandums senkt bzw., was auf dasselbe hinausläuft, den Erwartungswert von E erhöht. Der allgemeinere Begründungsfall enthält nur mehr eine Relativierung auf zwei Wissenssituationen: K_E fällt weg, da noch nicht bekannt ist, ob E eintreten wird oder nicht. Gegenüber diesen probabilistischen Minimalfällen lassen sich zwei andere Falltypen auszeichnen, in denen entweder die LEIBNIZ-Bedingung oder die HEMPELsche Bedingung der hohen Wahrscheinlichkeit erfüllt ist.

Die Behandlung der Wahrscheinlichkeit enthält eine Besonderheit: Objektive Wahrscheinlichkeiten werden in der Regel nicht gewußt. Man muß sich mit den *Erwartungswerten solcher Wahrscheinlichkeiten* begnügen. Diese sind als Mischungen von Wahrscheinlichkeiten selbst wieder Wahrscheinlichkeiten.

Es wird also nicht mit zwei, sondern mit drei Typen von Wahrscheinlichkeiten gearbeitet, von denen der dritte Typ der wichtigste ist. HEMPELS *Regel der maximalen Bestimmtheit* wird schließlich so formuliert, daß sie einen Zusammenhang zwischen der subjektiven und der gemischten Wahrscheinlichkeit herstellt: Die *subjektive* Glaubenswahrscheinlichkeit dafür, daß ein Individuum *a* die Eigenschaft *F* hat, wird gleichgesetzt mit der *erwarteten* Wahrscheinlichkeit dafür, daß ein Individuum mit der Eigenschaft *G* auch die Eigenschaft *F* besitzt, wobei *G* die kleinste Menge ist, von welcher in der fraglichen Wissenssituation gewußt wird, daß $a \in G$ ist. Dies kann man auch folgendermaßen ausdrücken: Der Grad des vernünftigen Glaubens daran, daß *a* die Eigenschaft *F* besitzt, wird gleichgesetzt mit der erwarteten Wahrscheinlichkeit von *F* relativ auf diejenige Bezugsklasse *G*, von welcher in der ursprünglichen Wissenssituation *K* bekannt ist, daß sie die engste Bezugsklasse ist, zu der *a* gehört.

Die vorgeschlagenen Explikationen werfen eine Reihe von Fragen auf, die versuchsweise in **XI**, 4 beantwortet werden. Einige Beispiele seien hier erwähnt: (1) Wie sieht jetzt die genaue Analyse des Beispiels von M. SCRIVEN („Der Fall Nietzsche") aus? (2) Was ist insbesondere zu der *These* zu sagen, *daß es Fälle von rationalen Erklärungen gibt, denen keine rationalen Voraussagen entsprechen?* (3) Wie sieht *die Überwindung der* in STEGMÜLLER, [Two Successor Concepts] formulierten *Erklärungsskepsis* aus? (4) In welchem Sinn ist der vorliegende Erklärungsbegriff *argumentativ* (im Unterschied z.B. zu den Erklärungsbegriffen von W. SALMON und VON WRIGHT)? (5) Was läßt sich im Rückblick zu HEMPELS *Wandel in der Auffassung bezüglich der Regel der maximalen Bestimmtheit* sagen? (6) In welchem genauen Sinn verlieren *DN-Erklärungen* ihren Sonderstatus, bleiben aber dennoch ausgezeichnete Grenzfälle? (7) Nach allen hier vorgeschlagenen Explikationen *gibt es für jemanden, der zuviel weiß, keine Erklärungen.* Was kann zu den scheinbar paradoxen Konsequenzen dieses Resultats gesagt werden? (8) Welche *Formen von späterer Entwertung früherer (adäquater) Erklärungen* sind zu unterscheiden? (9) Wie sieht die *Überwindung der Hempelschen Inkommensurabilität der beiden Typen von Erklärungen* aus und wie ist insbesondere der Wegfall der Idee wahrer Erklärungen zu kommentieren? (10) Was steckt hinter der *Unterscheidung zwischen wie-möglich-Erklärungen* und *warum-notwendig-Erklärungen?* (11) Wie stellen sich die grundsätzlichsten *Einwendungen gegen das H-O-Schema* im Licht der pragmatisch-epistemischen Theorie dar?

XI, 6 enthält zunächst einen zusammenfassenden Überblick über die *Familie von Tatsachenerklärungen,* die als eine *prinzipiell offene* Familie gedeutet wird. Im Mittelpunkt steht dabei die *pragmatisch-epistemische Teilfamilie* der informativen Begründungs- und Erklärungsbegriffe von **XI**, 3. Hier ist daran zu erinnern, daß vom kausalistischen Standpunkt an diese Begriffe Anforderungen gestellt werden, die keines der vorgeschlagenen Explikate erfüllt. Sofern dies als Einwendung vorgebracht wird, lautet die Antwort: Bei Annahme der Abkoppelungsthese ist die kausalistische Einheitsforderung durch eine zweifache Forderung zu ersetzen, nämlich daß eine Erklärungsaufgabe erst dann als gelöst anzusehen ist, wenn der Sachverhalt *sowohl* unter dem Aspekt der Kausalanalyse *als auch* unter dem informativen Aspekt befriedigend geklärt worden ist. Von dieser ersten Art von Erklärungen – ohne oder mit Ergänzung durch Kausalanalyse – ist die zweite *Teilfamilie verstehenden Erklärens* im Sinne VON WRIGHTS zu unterscheiden. Im Rahmen der vorgeschlagenen Rekonstruktion (**VI**, Anhang) unterscheiden sich die Glieder dieser Familie in doppelter Hinsicht von denen der ersten: Es wird, im Einklang mit VON WRIGHTS Auffassung, nicht an allgemeine Gesetze appelliert, weder an deterministische noch an statistische. Außerdem sind diese Erklärungsbegriffe, jetzt allerdings im Widerspruch zu der von Wrightschen Auffassung, nicht argumentativ. Nichtargumentativ ist auch der *statistische Erklärungsbegriff von W.* SALMON; dagegen wird darin auf statistische Regularitäten Bezug genommen. Trotz des Letzteren ist die Ähnlichkeit zu den durch VON WRIGHT untersuchten Fällen groß genug, um in Analogie zum funktionalen Gesamtverstehen davon reden zu dürfen, daß die „Erklärungen" im Sinn SALMONS zwar keine Erklärungen von Einzelereignissen sind, aber etwas bilden, das die Gewinnung eines funktionellen, Einzelereignisse betreffenden *statistischen Situationsverständnisses* ermöglicht.

Ein interessantes Zwischengebilde zwischen der Erklärung von Einzeltatsachen und der Erklärung von Theorien stellen die *theoretischen Erklärungen* im Sinn von Bd. II/2, S. 113, dar. Diese Erklärungen bestehen darin, daß man zu den möglichen empirischen Modellen einer Theorie bestimmte theoretische Funktionen hinzufügt, welche die eigentlichen Axiome sowie die Constraints erfüllen, so daß man aus den möglichen empirischen Modellen wirkliche Modelle der Theorie gewinnt.

In den letzten Jahren ist wiederholt die Forderung erhoben worden, die Erklärung von Einzeltatsachen sowie die Erklärung von Theorien (und Gesetzen) unter einem einheitlichen Gesichtspunkt oder sogar nach demselben Schema zu behandeln. Dieser Auffassung wird hier energisch widersprochen. Um nachzuweisen, daß das Thema „Erklärung von Theorien" zu Fragestellungen führt, die *vollkommen verschieden* sind von den in diesem Band diskutierten Problemen, wird in einem ausführlichen Schlußabschnitt die auf SNEED zurückgehende strukturalistische Theorienauffassung vorgestellt. Es ist dies vermutlich die erste rein intuitive, d. h. ohne jeden technischen Apparat arbeitende Einführung in dieses Konzept. Es hat sich nämlich herausgestellt, daß in diesem neuen Denkrahmen die erfolgversprechendsten Ansätze zum Thema „Erklärung von Theorien" gemacht worden sind.

Das Ergebnis der Überlegungen lautet: Es ist zwar sinnvoll und zulässig, den einheitlichen Ausdruck „Erklärung" zu gebrauchen. Doch muß dann sofort hinzugefügt werden, daß die durch dieses Prädikat bezeichnete Großfamilie in *zwei sehr große Teilfamilien* zerfällt. Über die erste Teilfamilie sind bereits ausführliche Andeutungen gemacht worden; der genauen Beschäftigung mit ihren Gliedern dient der vorliegende Band. Die zweite Teilfamilie dagegen umfaßt bestimmte *Arten von intertheoretischen Relationen*, die sich um die beiden Klassen *Intertheoretische Reduktion* und *Intertheoretische Approximation* gruppieren.

Bibliographie

I. Lakatos und A. Musgrave (Hrsg.), [Erkenntnisfortschritt], *Kritik und Erkenntnisfortschritt*, Braunschweig 1974 (engl. Original Cambridge 1970). In diesem Buch befindet sich sowohl der zitierte Aufsatz von Lakatos, „Falsifikation und die Methodologie wissenschaftlicher Forschungsprogramme", S. 89—189, als auch die Erwiderung von Kuhn, „Bemerkungen zu meinen Kritikern", S. 223—269. Alle übrigen Literaturangaben mit Kurztitel finden sich in der neuen Bibliographie zu Kapitel **XI**.

Kapitel 0
Das ABC der modernen Logik und Semantik

1. Aufgaben und Ziele der modernen Logik

Von HEGEL stammt der Ausspruch, daß die Aufforderung, Logik zu studieren, um richtig denken zu lernen, dem weisen Rat jenes Scholastikers gleiche, der empfahl, schwimmen zu lernen, ehe man sich ins Wasser wage. Man erinnert sich dabei an einen in dieselbe Richtung zielenden Ausruf Goethes: „Mein Kind, ich hab es klug gemacht, ich habe nie über das Denken gedacht". Hinter solchen ironischen und offenherzigen Aussprüchen verbirgt sich die Auffassung, daß die Formale Logik eine recht überflüssige Wissenschaft sei. Denn entweder jemand beherrscht die Kunst, richtig zu denken, bevor er Logik studiert hat; dann benötigt er diese Wissenschaft nicht. Oder aber er ist nicht imstande, korrekt zu denken; dann wird er es durch ein Studium der Logik auch nicht mehr erlernen.

Gegen ein solches Argument wäre kaum etwas einzuwenden, handelte es sich bei der Formalen Logik um eine „Lehre vom richtigen Denken", wie es in älteren Begriffsbestimmungen heißt. Es ist daher wichtig, klarzustellen, worin der Gegenstandsbereich der Logik besteht und worin er nicht besteht. Den Untersuchungsgegenstand der Logik bildet jedenfalls *nicht* das menschliche Denken, weder das richtige noch das falsche. Mit dem Denken als einem faktischen Prozeß beschäftigen sich ausschließlich empirische Wissenschaften, in erster Linie also die Psychologie, daneben weitere Disziplinen, wie z. B. die Pädagogik und die Wissenssoziologie. Die Logik ist hingegen keine derartige empirische Wissenschaft.

Man kann trotzdem leicht beobachtbare, also empirische Situationen angeben, welche den *Anlaß* für die Entwicklung der Logik gebildet haben. Diese Situationen bestehen in vorwissenschaftlichen Gesprächen und wissenschaftlichen Diskussionen, deren Teilnehmer ihre Partner durch *Argumente* zu überzeugen versuchen. Nicht alle von Menschen vorgebrachten Argumente sind korrekt. Viele darunter sind fehlerhaft, und die Schlußfolgerungen, zu denen man mit ihrer Hilfe gelangt, sind falsch, selbst wenn die im Argument benützten Voraussetzungen alle richtig waren. Der hier bereits mehrmals verwendete Ausdruck „Argument" ist dabei im speziellen Sinn des *deduktiven* Räsonierens zu verstehen, wie dies *in logischen Ableitungen und Beweisen* seinen Niederschlag findet. Das induktive Räsonieren, welches in Wahrscheinlichkeitsbetrachtungen auf Grund gegebener Daten zum Ausdruck kommt, möge dagegen in dieser Einführung außer Betracht bleiben.

Die deduktive Logik soll uns in die Lage versetzen, zu beurteilen, ob ein vorgeschlagenes oder angebliches Argument *korrekt* ist, gleichgültig, wie es um den Kompliziertheitsgrad des Argumentes steht, ob dieses also eine relativ elementare Begründung bildet, wie wir sie im Alltag antreffen, oder ob es sich um eine langwierige und komplizierte mathematische Beweisführung handelt. Wir verlangen also von der Logik *die Bereitstellung von Kriterien zur Beurteilung der Gültigkeit beliebiger angeblicher Argumente*. Insoweit scheint die Logik eine *normative* Wissenschaft zu sein. Dies ist sie auch in einem gewissen Sinn, aber nur, wenn man an die Logik als an eine *angewandte* und nicht als an eine *reine* Wissenschaft denkt. Wer ein konkret vorgebrachtes Argument an dem Ideal eines exakten Argumentes mißt, für den ist das letztere eine Norm für das erstere. Wer hingegen die Prinzipien des korrekten Argumentierens studiert, kann von dieser normativen Verwendung gänzlich absehen. Die Logik kann daher in einer ersten Annäherung als *die Lehre von den Prinzipien des korrekten Argumentierens* definiert werden.

Als zentraler logischer Grundbegriff, um dessen Explikation und Präzisierung es der Logik geht, kann der Begriff der *logischen Folgerung* angesehen werden. Dieser Begriff muß so weit gefaßt sein, daß die Behauptung, ein Satz folge logisch aus gewissen anderen Sätzen, einen Sinn ergibt und überprüfbar ist, und zwar unabhängig davon, wie groß die Anzahl der als Prämissen vorausgesetzten Sätze ist und einen wie hohen Grad an Komplexität die im Argument beteiligten Sätze haben.

Andere Wissenschaften charakterisiert man gewöhnlich durch die Art der von ihnen angestrebten *Wahrheiten*. Obzwar in den empirischen Realwissenschaften jede gewonnene Theorie prinzipiell hypothetisch bleibt, ist es doch das Ziel und die Hoffnung jedes Forschers, zu einem System von wahren Aussagen über einen bestimmten Gegenstandsbereich zu gelangen. So geht es der Physik um physikalische Wahrheiten, der Biologie um biologische Wahrheiten, der Geschichtswissenschaft um historische Wahrheiten. Analog läßt sich fragen: Welche Wahrheiten trachtet die Logik zu gewinnen? Die Antwort liegt auf der Hand. Es muß sich bei den Wahrheiten, welche die Logik als Wissenschaft produziert, um *logische Wahrheiten* handeln. Tatsächlich kann die oben skizzierte Aufgabe der Logik, den Folgerungsbegriff zu explizieren, in dieser Form ausgedrückt werden. Wenn nämlich — um den Sachverhalt am einfachsten Fall einer Folgerung aus einer einzigen Prämisse zu illustrieren — der Satz *B* logisch aus dem Satz *A* folgt, so muß die Behauptung „wenn *A*, dann *B*" logisch wahr sein und umgekehrt.

Der Hinweis auf diese Transformationsmöglichkeit zeigt zwar, daß man auch logische Forschung als Wahrheitssuche von bestimmter Art definieren kann. Er ist aber so lange nicht sehr illustrativ, als man den Begriff der logischen Wahrheit nicht näher bestimmt hat. Diese Bestimmung ist nicht leicht, und sie wird uns später noch näher beschäftigen. Wir können jedoch im Anschluß an v. QUINE eine provisorische Charakterisierung geben, die uns einen vorläufigen Einblick in die Natur logischer Wahrheiten verschafft.

Dazu sind einige Präliminarien erforderlich. Wir teilen alle Ausdrücke der Sprache in zwei große Klassen ein. Zur einen Klasse gehören Wörter wie „nicht", „und", „oder". Wir nennen solche Ausdrücke *logische Zeichen*. Zur anderen Klasse gehören die sogenannten *deskriptiven Zeichen* (Namen i. w. S.), d. h. Bezeichnungen individueller Dinge, wie Eigennamen (z. B. „Napoleon"), sowie Prädikate, also Bezeichnungen von Eigenschaften (z. B. „rot") oder von Beziehungen (z. B. „Vater von", „südlich von"). Die Wichtigkeit dieser Unterscheidung wird in den folgenden Abschnitten allmählich deutlicher werden. *Wahr* und *falsch* nennen wir die beiden *Wahrheitswerte* von Sätzen. Jedem sinnvollen Satz kommt genau einer dieser beiden Wahrheitswerte zu. Ferner setzen wir voraus, daß durch die Grammatik festgelegt ist, welche Kombinationen von Wörtern syntaktisch zulässig sind und welche nicht. Zum Zwecke der Abkürzung führen wir jetzt zwei Nominaldefinitionen ein. Wir sagen, daß ein Wort X in einem Satz *wesentlich* vorkommt, wenn es ein Wort Y gibt, so daß die Ersetzung von X durch Y aus dem Satz wieder einen syntaktisch zulässigen Satz erzeugt, jedoch dessen Wahrheitswert ändert. In „Aristoteles ist ein Grieche" kommt sowohl der Eigenname wie das Prädikat wesentlich vor. Ersteres ersieht man daraus, daß aus diesem wahren Satz ein falscher entsteht, wenn man „Aristoteles" durch „Julius Cäsar" ersetzt; letzteres daraus, daß die Wahrheit auch dann in eine Falschheit verwandelt wird, wenn man in dem Satz „Grieche" z. B. durch „Isländer" ersetzt. Kommt ein Wort in einem Satz nicht wesentlich vor, so wollen wir sagen, daß es darin *unwesentlich* vorkommt.

Man ist zunächst geneigt zu sagen: Ein unwesentliches Vorkommen eines Wortes in einem Satz kann es nicht geben. Es ist doch immer möglich, durch Vertauschung dieses Wortes mit einem geeigneten anderen einen syntaktisch zulässigen Satz zu erzeugen, der einen anderen Wahrheitswert hat als der ursprüngliche (der also wahr ist, wenn jener falsch war, und der falsch ist, wenn jener wahr gewesen ist)! Dies wäre jedoch ein Irrtum. Betrachten wir hierzu das Beispiel:

(1) „Aristoteles ist weise oder Aristoteles ist nicht weise".

Dieser Satz ist wahr. Der Name „Aristoteles" kommt darin unwesentlich vor. Denn jede Ersetzung dieses Namens durch ein anderes Wort erzeugt entweder ein grammatikalisch unsinniges Gebilde (wenn man z. B. „Aristoteles"

durch „grün" ersetzt) oder einen sinnvollen Satz, der dann auch wieder
wahr ist. Mit dem Prädikat „weise" verhält es sich genauso. „Aristoteles"
und „weise" aber sind die einzigen deskriptiven Ausdrücke in (1). Ersetzt
man hingegen in (1) das logische Zeichen „oder" durch „und", so entsteht
aus der wahren Aussage eine widerspruchsvolle und damit falsche Behauptung.

(1) Ist ein triviales Beispiel einer logischen Wahrheit. Dies äußert sich,
wie die eben angestellte Analyse zeigt, darin, daß in (1) alle deskriptiven
Ausdrücke und nur diese unwesentlich vorkommen. Jedes sprachliche
Gebilde, welches aus dem logischen Skelett „. . . ist - - - oder . . . ist
nicht - - -" dadurch hervorgeht, daß für „. . ." sowie für „- - -" ein Ausdruck eingesetzt wird (in beiden Fällen für das gleichbezeichnete Schema
dasselbe Wort), ist ein wahrer Satz, sofern es nicht ein syntaktisch unsinniges Wortgebilde darstellt.

Diese Analyse bietet sich unmittelbar für eine Verallgemeinerung und
damit für die angekündigte vorläufige Charakterisierung der logischen
Wahrheiten als des Forschungsgegenstandes der Logik an: *Eine Aussage ist
logisch wahr (oder wahr „aus rein logischen Gründen") soll heißen, daß diese
Aussage wahr ist und daß in ihr genau die deskriptiven Zeichen unwesentlich vorkommen bzw., was auf dasselbe hinausläuft, daß darin alle und nur die logischen
Zeichen wesentlich vorkommen.*

Es ist eine bekannte didaktische Wahrheit, daß sich für Illustrations-
zwecke einfache Beispiele besser eignen als komplizierte. So war das Beispiel (1) gewählt worden. In bezug auf den Grad an Komplexität ist (1) ein
Grenzfall einer logischen Wahrheit von primitivster Struktur. Die Logik
als *systematische* Wissenschaft muß dagegen mit logischen Folgerelationen
bzw. logischen Wahrheiten fertig werden, die zwischen Sätzen bzw. für
Sätze von beliebigem Grad an Komplexität bestehen. Um diese Aufgabe
bewältigen zu können, war es notwendig, einen eigenen Symbolismus
einzuführen.

Der Lehrende kann immer wieder die Furcht seiner Schüler vor diesem
Symbolismus beobachten. Sie ist völlig unbegründet und daher leicht über-
windbar. Denn worum es sich dabei handelt, ist nichts weiter als eine
sprachliche *Stenografie*, die sich in der Anwendung als äußerst zweckmäßig
erweist. Sie ist außerdem viel leichter zu erlernen als z. B. die deutsche
Einheitskurzschrift; denn sie enthält viel weniger abkürzende Symbole und
Phrasen als diese. Der Grund dafür liegt darin, daß der für die moderne
Logik verwendete Symbolismus über die außerordentlich zahlreichen
rhetorischen Varianten eines und desselben sprachlichen Gebildes hinwegsieht
und diese auf einen gemeinsamen logischen Kern reduziert. Wir werden
dafür eine Reihe von Beispielen kennenlernen. Im Augenblick begnügen
wir uns mit einem Analogiebild aus einer dem Leser vertrauten Disziplin,
nämlich der elementaren Algebra. Wie man von der Schule her weiß, gilt

generell die Formel: $(a + b)^2 = a^2 + 2 a b + b^2$. Diese Formel ist in der abkürzenden Sprache der Algebra abgefaßt, die bereits vor vielen Jahrhunderten erfunden wurde. Stünde uns diese Sprache nicht zur Verfügung, so müßten wir diese Formel in unserer Alltagssprache auszudrücken versuchen, also etwa so: Das Quadrat der Summe zweier beliebiger Größen ist gleich der Summe, gebildet aus dem Quadrat der ersten Größe, ferner dem doppelten Produkt der ersten und zweiten Größe sowie dem Quadrat der zweiten Größe. Dieser Satz ist offenbar unvergleichlich undurchsichtiger und schwerer zu handhaben als die obige Formel. Der Leser ersetze auf der linken Seite der Formel den Exponenten 2 durch den Exponenten 5. Er erhält dann auf der rechten Seite noch immer ein leicht überschaubares und nach einer einfachen Regel zu erzeugendes Gebilde. Man versuche dagegen, auch diese neue Formel alltagssprachlich wiederzugeben. Man erkennt leicht, daß dadurch ein für keinen normalen Menschen mehr verständliches Satzungetüm erzeugt wird. In ähnlicher Weise vereinfachend wie die Sprache der Algebra funktioniert der Symbolismus der modernen Logik.

Zu der abkürzenden tritt die *präzisierende* Funktion der symbolischen Kurzschrift. Diese ist allerdings unbequem für alle jene, die das Wesen der Philosophie im Dunkeln und Funkeln erblicken und nicht im Streben nach Klarheit und im Bemühen um die Gewinnung überprüfbarer und intersubjektiv mitteilbarer Forschungsresultate. Auch für die präzisierende Funktion der Symbolsprache werden wir später Beispiele kennenlernen. An dieser Stelle sei nur eines erwähnt: die Vieldeutigkeit des Hilfszeitwortes „sein" (für eine detailliertere Erörterung vgl. W. STEGMÜLLER [Sprache]). Es wird bisweilen im Sinn der Existenz verwendet („Gott ist"), bisweilen im Sinn der Identität („München ist die Hauptstadt von Bayern"); in anderen Fällen dient es als Hilfszeichen für die Prädikation oder Elementschaftsbeziehung („München ist eine Stadt"), in wieder anderen als Mittel zur Beschreibung der Einschlußrelation („der Löwe ist ein Raubtier"); häufig wird es bei hinweisenden Erläuterungen des Gebrauchs von Ausdrücken verwendet („dies ist das Matterhorn"), ebenso häufig als Definitionszeichen („ein bit ist die Zähleinheit für Entscheidungen mit zwei möglichen Ausgängen"). Nichtbeachtung dieser Vieldeutigkeit und gedankenloser substantivischer Gebrauch dieses Hilfszeitwortes haben eine Krankheit erzeugt, die sich bereits vor über hundert Jahren in der mitteleuropäischen Philosophie seuchenartig auszubreiten begann und deren Kulminationspunkt möglicherweise bereits überschritten ist: die Seinspest („das Sein des Seienden" usw.).

Die symbolische Sprache bildet aber für die moderne Logik nur ein Hilfsmittel. Worauf es in ihr entscheidend ankommt, ist die Entwicklung von *Deduktionstechniken*, mit deren Hilfe sich das Bestehen oder Nichtbestehen logischer Folgebeziehungen, logischer Wahrheiten und logischer

Falschheiten feststellen läßt. Wichtig ist dabei, daß für jeden einzelnen Schritt einer längeren Ableitung die Überprüfung der Korrektheit dieses Ableitungsschrittes *auf rein mechanische Weise* vollzogen werden kann. Dies ist nur möglich, wenn ein präziser Symbolismus zur Verfügung steht. Ansonsten besteht die Gefahr, daß unvermerkt neue Voraussetzungen in die logische Ableitung eingeschmuggelt werden. Diese Gefahr ist paradoxerweise um so größer, je mehr man von dem Gegenstandsbereich, auf den sich die Argumentationen beziehen, weiß. Ein historisches Beispiel dafür bildet das von Euklid errichtete System der Axiome und Lehrsätze der Geometrie. Euklid wußte bereits *zu viel* von der Materie und glaubte öfter, einen Lehrsatz aus gewissen Axiomen abgeleitet zu haben, während er in Wahrheit *zusätzliches anderes Wissen* benützte. Ein anderes, ebenfalls auf Euklids Axiomensystem bezogenes Beispiel bilden die mehr als zweitausendjährigen Versuche, das Parallelenpostulat aus den übrigen Axiomen abzuleiten — Versuche, von denen man heute nicht nur weiß, daß sie de facto mißglückt sind, sondern daß sie wegen der Unableitbarkeit dieses Postulates mißglücken mußten.

In den weiteren Abschnitten werden wir uns hauptsächlich darauf konzentrieren, die logische Symbolsprache kennenzulernen und eine Reihe von wichtigen logischen Begriffen zu erläutern. Bezüglich der Deduktionstechnik werden wir uns dagegen auf einige elementare Bemerkungen beschränken, da wir davon in den ersten neun Kapiteln überhaupt keinen und auch in X nur einen minimalen Gebrauch machen werden.

2. Sätze, schematische Buchstaben und logische Zeichen

2.a Schematische Satzbuchstaben und Junktoren. Es ist zweckmäßiger, *Sätze* und nicht Wörter als die ursprünglichen sinnvollen Einheiten der Sprache aufzufassen. Denn Sätze oder Aussagen[1] und nicht Wörter sind es, die wir im alltäglichen und wissenschaftlichen Gespräch behaupten und bestreiten; und nur Sätzen kommt einer der Wahrheitswerte *wahr* oder *falsch* zu. Sätze bilden komplexe Aussagen, wenn sie sich selbst wieder in Teilaussagen zerlegen lassen. Andernfalls nennen wir sie einfache Aussagen. Wie wir später sehen werden, können auch einfache Aussagen eine komplizierte innere Struktur besitzen; doch soll uns dies im Augenblick nicht berühren.

---

[1] An bestimmten späteren Stellen, die ausdrücklich gekennzeichnet sind (vor allem in IV), werden wir Aussagen nicht als Sätze in abstracto, sondern als konkrete Satzäußerungen bestimmter Personen zu bestimmten Zeiten und an bestimmten Stellen auffassen. Im gegenwärtigen Kontext und auch sonst hingegen verwenden wir die Worte „Satz" und „Aussage" als bedeutungsgleich.

Der Satz „Hans ist blauäugig" ist einfach; ebenso der Satz „es gibt Frösche". Der Satz hingegen „entweder die englische Exportindustrie wird verbilligte Kredite erhalten oder die englische Handelsbilanz wird weiterhin passiv bleiben" ist komplex: er ist aus zwei Teilsätzen mittels des „entweder . . . oder –––" aufgebaut. Auch der Satz „der Himmel ist blau und die Wiese ist grün" ist komplex. Diesmal sind zwei Teilsätze mittels des „und" zu einer sogenannten Konjunktion zusammengefaßt worden. Auch die Negation eines Satzes fassen wir als Grenzfall eines komplexen Satzes auf, wie z. B. „Hans ist nicht dumm".

Wir führen drei abkürzende *logische Symbole* ein: „¬" für das Wort „nicht", „∧" für „und" sowie „∨" für „oder". Um nicht immer wieder konkrete Beispiele von einfachen Sätzen anführen zu müssen, verwenden wir außerdem sogenannte *schematische Buchstaben* „p", „q", „r" usw., die für beliebige Aussagen stehen. Einige Autoren sprechen auch von *Aussagenvariablen*. Im Abschnitt 6 werden die Gründe dafür angedeutet, warum diese Bezeichnungsweise manchen Logikern als unzweckmäßig erscheint. Mittels unserer schematischen Buchstaben können wir Komplexe bilden, wie „¬p", „$p \wedge q$", „$p \vee q$", aber z. B. auch „¬($p \vee$ ¬q)", „$r \vee (p \wedge q)$". Klammern müssen in solchen Fällen wie in den letzten beiden verwendet werden, damit keine Konfusion über die Reichweite der benützten logischen Symbole entsteht. Im vorletzten Beispiel wird dadurch zum Ausdruck gebracht, daß der ganze komplexe Ausdruck „$p \vee$ ¬q" zu negieren ist; und im letzten Beispiel wird durch die Klammer verdeutlicht, daß „r" durch ein „oder" mit der ganzen Konjunktion „$p \wedge q$" zu verknüpfen ist, nicht hingegen der Oder-Satz „$r \vee p$" durch ein Konjunktionszeichen mit „q" verbunden werden soll. Letzteres müßte „($r \vee p) \wedge q$" geschrieben werden.

Ein mittels unserer drei logischen Symbole aus Teilsätzen aufgebauter komplexer Satz wird ein *wahrheitsfunktioneller komplexer Satz* genannt. Damit ist gemeint, daß der Wahrheitswert des komplexen Satzes eindeutig bestimmt ist, sofern die Wahrheitswerte der einfachen Teilsätze, aus denen er besteht, bekannt sind. Der spezielle Sinn dieser einfachen Teilsätze braucht hingegen bei der Bestimmung des Wahrheitswertes des komplexen Satzes nicht bekannt zu sein. Dies bildet auch den Rechtfertigungsgrund dafür, schematische Buchstaben anstelle konkreter einfacher Teilsätze zu verwenden.

In der soeben gegebenen Erläuterung des Begriffs des wahrheitsfunktionellen Komplexes steckt implizit eine Behauptung, die wir noch begründen müssen. Unsere drei logischen Symbole drücken nämlich sogenannte *Wahrheitsfunktionen* aus: Sie legen den Wahrheitswert eines mit ihrer Hilfe gebildeten komplexen Satzes fest, sofern die Wahrheitswerte der Teilsätze bekannt sind. Am unmittelbarsten erkennt man dies bei der Negation; denn hier liegt überhaupt nur ein einziger Teilsatz vor. Ist „p"

wahr, so ist „$\neg p$" falsch; und ist „p" falsch, so ist „$\neg p$" wahr. Das *Negationszeichen* hat somit in Anwendung auf einen Satz die Funktion, den Wahrheitswert dieses Satzes umzukehren. Darin erschöpft sich auch die ganze logische Funktion dieses Zeichens. Verwenden wir für „wahr" das Kurzzeichen „$\top$" (erster Buchstabe des englischen Wortes „true") und für „falsch" ein auf den Kopf gestelltes „$\top$", also „$\bot$", so können wir die wahrheitsfunktionelle Charakterisierung des „nicht" durch die folgende *Wahrheitstabelle* festlegen:

p	$\neg p$
$\top$	$\bot$
$\bot$	$\top$

Diese Tabelle ist so zu lesen: In der ersten Spalte sind in den beiden Zeilen unterhalb von „p" die beiden Möglichkeiten von Wahrheitswerten dieses Satzes angegeben: $\top$ (wahr) bzw. $\bot$ (falsch). Die zweite Spalte enthält auf der jeweils gleichen Zeile den zugehörigen Wahrheitswert von „$\neg p$". Die erste Zeile der Tabelle ist also eine Abkürzung für die folgende Behauptung: „wenn ‚p' wahr ist, so ist ‚$\neg p$' falsch". Analog ist die zweite Zeile zu lesen.

Im Fall der *Konjunktion* „$p \wedge q$" haben wir es mit zwei Teilsätzen „p" und „q" zu tun. Hier gibt es vier mögliche Zuteilungen von Wahrheitswerten zu „p" und „q", da jeder dieser Sätze unabhängig vom anderen entweder wahr oder falsch sein kann. Aus der Verwendung des alltagssprachlichen „und" ergibt sich, daß eine Konjunktion genau dann wahr ist, wenn beide Teilsätze wahr sind, in allen übrigen Fällen hingegen falsch. Die Wahrheitstabelle für die Konjunktion besteht daher aus vier Zeilen und sieht so aus:

p	q	$p \wedge q$
$\top$	$\top$	$\top$
$\top$	$\bot$	$\bot$
$\bot$	$\top$	$\bot$
$\bot$	$\bot$	$\bot$

Die vier Zeilen der ersten beiden Spalten bilden die vier möglichen *Wahrheitswerteverteilungen* auf die beiden Teilsätze ab. In der entsprechenden Zeile der dritten Spalte ist dann jeweils der zugehörige Wahrheitswert der Konjunktion eingetragen. Die erste Zeile besagt also: „wenn ‚p' wahr ist und auch ‚q' wahr ist, so ist auch ‚$p \wedge q$' wahr". In den übrigen drei Fällen – also wenn „p" wahr, „q" jedoch falsch ist (zweite Zeile); oder wenn

„p" falsch und „q" wahr ist (dritte Zeile); oder schließlich wenn sowohl „p" als auch „q" falsch ist — ist die Konjunktion hingegen stets falsch.

Mit dem „oder" verhält es sich ähnlich, nur daß man hier zuvor eine Unterscheidung treffen muß, da dieses Wort in der Alltagssprache doppeldeutig ist. Es wird bisweilen im *ausschließenden* Sinn verwendet, so daß „p oder q" falsch ist, wenn beide Teilsätze wahr sind. Diesen Sinn des „oder" kann man dadurch explizit machen, daß man ausdrücklich sagt: „p oder q, aber nicht beide". Der andere ist der *nicht-ausschließende* Sinn. Hier ist „p oder q" im Falle der Richtigkeit beider Teilsätze wahr. Das nicht-ausschließende „oder" nennen wir Adjunktionszeichen und kürzen es durch „∨" ab. Die Wahrheitstabelle für die *Adjunktion* lautet somit:

p	q	$p \lor q$
⊤	⊤	⊤
⊤	⊥	⊤
⊥	⊤	⊤
⊥	⊥	⊥

Das ausschließende „oder" wird keineswegs so oft verwendet, wie bisweilen angenommen wird. Wenn der Mathematiker z. B. „$x \leq y$" definiert als „$x < y$ oder $x = y$", so würde die Annahme, es läge hier der Fall der Verwendung des ausschließenden „oder" vor, auf einer Verwechslung mit einem anderen Sachverhalt beruhen. Was sich (sogar logisch) ausschließt, sind die beiden Fälle, daß $x < y$ und daß $x = y$. Es braucht daher hier kein ausschließendes „oder" benützt zu werden. Vielmehr liegt ein, wie man sagen könnte, „indifferentes oder" vor, bei dem es offen bleiben kann, ob es im ausschließenden Sinn oder im Sinn einer Adjunktion verstanden werden soll. Der Unterschied zwischen den zwei Arten des „oder" tritt überhaupt erst dann zutage, wenn beide dadurch verknüpften Teilsätze richtig sein können. Das ausschließende „oder" wird daher im folgenden Fall benützt: Ein Kind bittet seinen Vater, nachmittags ins Schwimmbad und am Abend ins Kino gehen zu dürfen. Der Vater erklärt im abweisenden Ton: „du gehst entweder ins Schwimmbad oder ins Kino".

Nach Einführung der Adjunktion erübrigt es sich, ein eigenes Symbol für das ausschließende „oder" einzuführen. Denn „p oder q" im ausschließenden Sinn kann mittels der bereits eingeführten Symbole wahlweise ausgedrückt werden durch „$(p \lor q) \land \neg (p \land q)$" oder durch „$(p \land \neg q) \lor (\neg p \land q)$".

Ein weiteres wichtiges logisches Verknüpfungszeichen zur Bildung komplexer Aussagen ist das „wenn ... dann - - -". Wir nennen eine Aussage von der Gestalt „wenn p, dann q" eine *Konditionalaussage* (kurz: ein

Konditional) und kürzen sie ab durch „$p \to q$" mit dem Konditional-
zeichen „$\to$". Häufig wird auch von materialer Implikation gesprochen.
Aus später angegebenen Gründen empfiehlt sich diese Terminologie jedoch
nicht. Den Vordersatz eines Konditionals bezeichnen wir als das Antecedens[2], während wir den Dann-Satz das Konsequens nennen.

Die Konstruktion von „$\to$" als Zeichen für eine Wahrheitsfunktion
zwingt uns das erstemal, einen gewissen willkürlichen Eingriff in die
Alltagssprache vorzunehmen. Der Grund dafür liegt darin, daß wir unter
normalen Umständen eine Behauptung von „wenn p, dann q" meist nicht
als die Behauptung eines Konditionals auffassen, sondern als eine bedingte
Behauptung des Konsequens „q": Sollte sich, nachdem wir eine derartige
Behauptung aufstellten, ergeben, daß das Antecedens zutrifft, so wird
unsere Behauptung wahr oder falsch sein, je nachdem, ob das Konsequens
wahr oder falsch ist. Erweist sich das Antecedens hingegen als falsch, so
betrachten wir die Behauptung als nicht vollzogen. Eine solche „Lücke"
in der Zuteilung eines Wahrheitswertes kann der Logiker jedoch nicht
gebrauchen. Eine Wahrheitsfunktion muß für *sämtliche* Verteilungen von
Wahrheitswerten auf die Teilsätze als Argumente definiert sein. Es liegt
nahe, die Schließung der Lücke so vorzunehmen, daß man „$p \to q$" als
gleichbedeutend verwendet mit „$\neg p \lor q$".

Eine andere Betrachtung, die das Symbol „$\to$" auf früher eingeführte
zurückzuführen gestattet, ist die folgende: Wir vergleichen die beiden Sätze:
(a) $\neg(p \land q)$, und: (b) $p \to \neg q$, wobei wir „$\to$" zunächst nur in der alltäglichen Bedeutung verwenden. Dann haben diese beiden Sätze, soweit wir
feststellen können, denselben Wahrheitswert. Wir unterschieden zwei Fälle:
1. Fall: (a) ist richtig. Dann wird darin die gleichzeitige Wahrheit von
„p" und „q" geleugnet. Es muß daher die Aussage (b), nämlich „wenn p, so
nicht q" wahr sein. 2. Fall: (a) sei falsch. Dann ist nach der Wahrheitstabelle für die Negation „$p \land q$" richtig; und dies wieder bedeutet die
Richtigkeit von „p" wie von „q". Insbesondere ist dann „p" wahr und „$\neg q$"
falsch. Es muß also auch „wenn p, so nicht q", d. h. die Aussage (b), falsch
sein. Es erscheint somit als vernünftig, die Wahrheitswerte von (a) und (b)
miteinander zu identifizieren. Da „q" eine beliebige Aussage ist, muß diese
Gleichheit der Wahrheitswerte auch erhalten bleiben, wenn man beidemal
„q" durch „$\neg q$" ersetzt. Wir erhalten dann einmal „$\neg(p \land \neg q)$", das
anderemal „$p \to \neg\neg q$". Nun ergibt die Wahrheitstabelle für „$\neg$" unmittelbar, daß „q" und „$\neg\neg q$" denselben Wahrheitswert besitzen (Prinzip
der doppelten Verneinung). Die letzte komplexe Aussage (im vorletzten
Satz) ist also wahrheitsfunktionell gleichwertig mit „$p \to q$".

---

[2] Im späteren Text werden wir unter den Antecedensdaten einen Teil der
Prämissen eines erklärenden Argumentes verstehen. Diese doppelte Verwendung
von „Antecedens" kann jedoch keine Konfusion hervorrufen, da aus dem
Zusammenhang stets klar hervorgeht, welche der beiden Bedeutungen gemeint ist.

Die Wahrheitswerte komplexer Aussagen, in denen nur durch Wahrheitstabellen definierte Symbole vorkommen, können stets bestimmt werden, sofern alle in der komplexen Aussage enthaltenen einfachen Aussagen Wahrheitswerte zugeteilt erhalten. Eine solche Wahrheitswertezuteilung wird auch *Interpretation* genannt. Die Bestimmung des Wahrheitswertes der Gesamtaussage für eine Interpretation geschieht so, daß man, mit den einfachen Aussagen beginnend, sukzessive die Wahrheitswerte größerer und größerer Teilkomplexe bestimmt, bis man bei der ganzen Aussage angelangt ist. Auf diese Weise überzeugt man sich leicht, daß die in den beiden letzten Absätzen vorgeschlagenen Deutungen von „$p \rightarrow q$“, nämlich „$\neg p \vee q$“ und „$\neg(p \wedge \neg q)$“, für alle vier Fälle von Wahrheitswertezuteilungen auf „p“ und „q“ zu denselben Wahrheitswerten führen und somit die folgende Wahrheitstabelle liefern:

p	q	$p \rightarrow q$
$\top$	$\top$	$\top$
$\top$	$\bot$	$\bot$
$\bot$	$\top$	$\top$
$\bot$	$\bot$	$\top$

Als letzte aussagenlogische Verknüpfung führen wir das „genau dann wenn“ bzw. „dann und nur dann wenn“ ein, wofür wir das Symbol „$\leftrightarrow$“ wählen. Die Aussage „$p \leftrightarrow q$“ *(Bikonditional)* muß offenbar gleichbedeutend sein mit „$(p \rightarrow q) \wedge (q \rightarrow p)$“, weshalb die zugehörige Wahrheitstabelle so aussieht:

p	q	$p \leftrightarrow q$
$\top$	$\top$	$\top$
$\top$	$\bot$	$\bot$
$\bot$	$\top$	$\bot$
$\bot$	$\bot$	$\top$

Verknüpfungszeichen von der bisher betrachteten Art, welche Aussagen wieder zu komplexeren Aussagen aufzubauen gestatten, nennen wir auch *aussagenlogische Verknüpfungszeichen* oder *Junktoren*. Mit der Einführung der Wahrheitstabellen für die Junktoren wurde der Grundstein gelegt für die sogenannte *Aussagen-* oder *Junktorenlogik*.

Wir haben wiederholt festgestellt, daß gewisse logische Zeichen entbehrlich sind; denn „$\leftrightarrow$“ ist auf „$\rightarrow$“ sowie „$\wedge$“ zurückführbar und „$\rightarrow$“ wegen der Gleichwertigkeit von „$\neg(p \wedge \neg q)$“ und „$p \rightarrow q$“ auf „$\neg$“ und

„∧". Schließlich ist sogar „∨" auf „¬" und „∧" reduzierbar, da „$p \vee q$" gleichwertig ist mit „$\neg(\neg p \wedge \neg q)$". Zum Beweis benützen wir wieder die entsprechenden Wahrheitstabellen und stellen in allen vier Fällen von Wahrheitswertezuteilungen zu „p" und „q" fest, daß die beiden komplexen Aussagen denselben Wahrheitswert erhalten. Wir können also, wenn wir wollen, „∧" und „¬" als die einzigen aussagenlogischen Grundsymbole auffassen, auf welche die übrigen Junktoren in der geschilderten Weise durch Definition zurückführbar sind.

Einen Ausdruck, der nur aus Satzbuchstaben, Junktoren und Klammern gebildet ist, nennen wir ein (aussagenlogisches) *Formelschema* oder kurz: eine *Formel*. So wie aus einfachen Sätzen durch iterierte Anwendung von Junktoren immer komplexere Aussagen geformt werden können, so lassen sich analog Formelschemata von beliebiger Komplexität aufbauen. Wird dann eine bestimmte Wahrheitswertezuteilung zu den einzelnen Satzbuchstaben vorgegeben, so kann man unter Benützung der definierenden Wahrheitstabellen für die einzelnen Junktoren auf rein mechanische Weise den Wahrheitswert ermitteln, welcher der Gesamtformel zukommt. Man bezeichnet dieses Verfahren als *Wahrheitswertanalyse* der komplexen Formel. In einigen obigen Fällen haben wir von einer solchen Analyse bereits stillschweigend Gebrauch gemacht. Am Beispiel einer etwas komplexeren Formel soll die allgemeine Prozedur erläutert werden.

Die Aufgabe laute, den Wahrheitswert von „$((p \wedge r) \vee (\neg q \wedge \neg r)) \rightarrow (p \leftrightarrow r)$" unter der Voraussetzung zu bestimmen, daß „p" und „q" wahr sind, „r" hingegen falsch ist. Die Wahrheitswertanalyse, für welche wir sofort eine genauere Erläuterung geben, sieht so aus:

$$[(p \wedge r) \vee (\neg q \wedge \neg r)] \rightarrow (p \leftrightarrow r),$$
$$\top \bot \bot \quad \bot \top \bot \quad \top \bot \quad \top \quad \top \bot \bot .$$

Zunächst müssen wir uns über die Struktur dieser Formel klar werden. Die verwendeten Klammern geben darüber unzweideutig Auskunft[3]: Es handelt sich um ein Konditional mit den Teilformeln „$(p \wedge r) \vee (\neg q \wedge \neg r)$" als Antecedens und „$p \leftrightarrow r$" als Konsequens. Demgemäß nennen wir „→" das *Hauptzeichen* dieser Formel; denn dieses Zeichen regiert die ganze Formel.

In einem ersten Schritt machen wir von den uns bekannten Daten Gebrauch: Unter alle Vorkommnisse von „p" und „q" tragen wir „⊤" (Symbol für „wahr") und unter alle Vorkommnisse von „r" tragen wir „⊥" (Symbol für „falsch") ein. In einem zweiten Schritt berechnen wir unter Benützung der früheren Wahrheitstabellen den Wahrheitswert jener Teil-

---

[3] Bei komplexeren Formeln empfiehlt es sich, zum Zwecke leichterer Erfaßbarkeit der Formelstruktur verschiedene Arten von Klammern zu benützen: runde, eckige und evtl. noch geschlungene Klammern.

formeln, die nur ein einziges logisches Symbol enthalten. Es sind dies deren vier: „$p \wedge r$", „$\neg q$", „$\neg r$", „$p \leftrightarrow r$". Da eine Konjunktion falsch ist, wenn sie ein falsches Glied enthält, ist „$p \wedge r$" falsch, da „r" nach Voraussetzung falsch ist. Wir halten dieses Ergebnis dadurch fest, daß wir unter das Vorkommnis des Zeichens „$\wedge$" von „$p \wedge r$" das Falschheitssymbol „$\bot$" eintragen. Unter Benützung der Wahrheitstabelle für die Negation gelangen wir zu „$\bot$" bzw. „$\top$" für die beiden Negationen und tragen diese Symbole jeweils unterhalb des Negationszeichens ein. Schließlich erhalten wir im vierten Fall den Wert „falsch", also „$\bot$", da ein Bikonditional falsch ist, wenn das linke Glied richtig, das rechte hingegen falsch ist. In einem dritten Schritt können wir den Wahrheitswert von „$(\neg q \wedge \neg r)$" als „falsch" bestimmen und unter das „$\wedge$" ein „$\bot$" schreiben, da das erste Glied dieser Konjunktion bereits als falsch bestimmt wurde und dieses Glied die ganze Konjunktion falsch macht. Im vierten Schritt bestimmen wir den Wahrheitswert des ganzen Antecedens der Formel. Dieses ist eine Adjunktion, bestehend aus zwei Konjunktionen, so daß die Tabelle für „$\vee$" zu benützen ist. Die beiden Glieder dieser Adjunktion aber sind im bisherigen Verlauf (zweiter und dritter Schritt) bereits als falsch erkannt worden, so daß auch die Adjunktion den Wert „falsch" erhalten muß. Wir schreiben daher „$\bot$" unter das „$\vee$". Nun sind wir in der Lage, den Wahrheitswert der gesamten Formel anzugeben. Da Antecedens und Konsequens beide als falsch erkannt worden sind (Schritt 4 bzw. Schritt 2), erhalten wir durch Heranziehung der vierten Zeile der Wahrheitstabelle für „$\rightarrow$" den Wert „wahr" für die Gesamtformel. Das unterhalb von „$\rightarrow$" stehende Symbol „$\top$" zeigt somit an, daß die ganze Formel den Wert „wahr" zugeteilt bekommt, wenn die drei darin vorkommenden Satzbuchstaben die eingangs angegebenen Wahrheitswerte erhalten.

Je komplizierter die zu beurteilenden Formeln sind, desto mühsamer und langwieriger wird die Wahrheitswertanalyse. Es empfiehlt sich daher, nach Regeln zu suchen, die das Verfahren beschleunigen. In unserem Beispiel etwa hätte es genügt, das Antecedens wahrheitsfunktionell zu analysieren: In dem Augenblick, da wir das Symbol „$\bot$" unter das „$\vee$" eintrugen, hätten wir bereits sagen können, daß die ganze Formel wahr ist; denn ein Konditional mit falschem Antecedens ist stets richtig, ganz unabhängig davon, wie es um den Wahrheitswert des Konsequens steht. Einfache Regeln von der gewünschten Art sind etwa die folgenden: (1) Eine Konjunktion von beliebig vielen Gliedern, in der ein Glied „$\bot$" zugeordnet erhält, kann ganz auf „$\bot$" reduziert werden; (2) eine Adjunktion von beliebig vielen Gliedern, in welcher einem Glied „$\top$" zugeordnet wurde, ist auf „$\top$" reduzierbar; (3) wenn in einem Konditional „$\top$" dem Antecedens oder Konsequens zugeteilt wurde, kann das Antecedens zur Gänze gestrichen werden; und im übrig bleibenden Fall kann dem Konditional der Wert „$\top$" zugeordnet werden.

Die Begründung für die Regeln (1) und (2) ergibt sich daraus, daß eine Konjunktion mit nur einem falschen Glied stets falsch und eine Adjunktion mit nur einem wahren Glied stets wahr ist. (3) ist so zu begründen: (a) ein Konditional mit wahrem Antecedens hat genau denselben Wahrheitswert wie das Konsequens; (b) ein Konditional mit wahrem Konsequens ist stets wahr; (c) übrig bleibt nur der Fall, wo Antecedens und Konsequens beide falsch sind; hier ist das Konditional wahr. (Für weitere Vereinfachungen für die Wahrheitswertanalyse vgl. v. Quine [Methods], § 5.)

Damit bei der Anschreibung von komplizierteren Formeln nicht ein schwer durchschaubares Gewirr von Klammern entsteht, hat man *Klammerersparungsregeln* eingeführt. Sie zerfallen in zwei Klassen. Die erste Klasse enthält die folgenden drei Regeln: Ein die ganze Formel beherrschendes Klammernpaar kann weggelassen werden. Das Negationssymbol ist stets so zu verwenden, daß es sich auf den kleinstmöglichen darauffolgenden Formelteil bezieht. Die drei Zeichen „∨", „→" und „↔" sind so zu benützen daß sie einen größeren Formelteil regieren als „∧" bzw., was dasselbe besagt, daß das Konjunktionszeichen enger bindet als diese drei übrigen Symbole [statt "$(p \land q) \to q$" kann man also z. B. einfach schreiben: „$p \land q \to q$"]. Von den ersten beiden Regeln haben wir bereits stillschweigend Gebrauch gemacht, So z. B. haben wir in der obigen Teilformel „$(\neg q \land \neg r)$" als selbstverständlich vorausgesetzt, daß sich das Negationszeichen jeweils auf den unmittelbar dahinter stehenden Satzbuchstaben bezieht. Die zweite Klasse von Regeln betrifft die sogenannte Punktkonvention. Danach kann man einen von der Negation verschiedenen Junktor dadurch „verstärken", daß man an der gewünschten Seite einen oder evtl. bei Iterierung mehrere Punkte einsetzt. So hätten wir uns z. B. bei der obigen Formel, welche wir der Wahrheitswertanalyse zugrunde legten, die beiden äußeren Klammernpaare rechts und links von „→" dadurch ersparen können, daß wir dieses Symbol zu „.→." verstärkten. Doch werden wir im folgenden von dieser Konvention keinen Gebrauch machen.

2.b Schematische Prädikatbuchstaben, Individuenvariable und Quantoren. Wir gehen aus von der Konjunktion „Isis ist eine Katze ∧ Isis ist schwarz". Wir streichen das zweimalige Vorkommen von „Isis" und ersetzen es durch Vorkommnisse der *Individuenvariablen* „x", so daß wir erhalten: „x ist eine Katze ∧ x ist schwarz". Dieser Ausdruck ist ein satzähnliches Gebilde, welches sich von einem solchen nur dadurch unterscheidet, daß ein Eigenname durch eine Variable ersetzt wurde. Man nennt einen solchen Ausdruck auch eine *Aussageform* oder einen *offenen Satz*. Eine Aussageform kann nicht wahr oder falsch genannt werden; vielmehr ist sie nur wahr oder falsch *von* gewissen Dingen (oder *für* gewisse Dinge). Sie kann aber durch geeignete Maßnahmen zu einem vollständigen Satz ergänzt werden. Wir lesen den Symbolkomplex „∨x" als „es gibt ein x

(in der Welt), so daß" (im Sinn von: „es gibt *mindestens ein Ding x*, so daß"). Voranstellung dieses Ausdruckes, auch *Existenzquantor* genannt, vor unseren offenen Satz ergibt:

(2) $\vee x$ (x ist eine Katze $\wedge$ x ist schwarz) .

Dies ist nun eine Aussage, die in ausführlicher alltagssprachlicher Übersetzung lautet: „Es gibt mindestens ein Ding x in der Welt, so daß x eine Katze und schwarz ist" oder: „es gibt etwas, von dem gilt, daß es eine Katze und schwarz ist" (in der zweiten Fassung entspricht das „es" der Variablen „x" der ersten Fassung: es ist *eine* der möglichen Funktionen der *Pronomina*, als alltagssprachliches Korrelat von Variablen zu dienen!). Kürzer könnte man dies noch so ausdrücken: „etwas ist eine Katze und schwarz" oder: „einige Katzen sind schwarz". Während aber das alltagssprachliche „einige" in bezug auf die verlangte Anzahl vage ist, hat der in (2) benützte Existenzquantor durch die erläuternde Zusatzklausel „mindestens ein" eine präzise Bedeutung erhalten. Satz (2) *folgt logisch* aus der ursprünglichen Konjunktion. *Daraus wird ersichtlich, daß es nicht nur logische Beziehungen gibt, die auf der wahrheitsfunktionellen Deutung der Junktoren beruhen, sondern auch solche, für welche die Bedeutung von Quantoren wesentlich ist.* Eine Aussage von der Gestalt (2) nennen wir auch eine *Existenzgeneralisation* (des hinter dem Quantor stehenden offenen Satzes).

Neben dem Existenzquantor müssen wir noch den *Allquantor* betrachten. Es handelt sich dabei um das komplexe Symbol „$\wedge x$", welches etwa so zu lesen ist: „für alle Dinge x (in der Welt) gilt, daß" bzw. „für jedes Ding x gilt, daß". Wenn wir der Aussageform von der Gestalt eines Konditionals „x ist ein Smaragd $\rightarrow$ x ist grün" den Allquantor voranstellen, so gewinnen wir den Satz:

(3) $\wedge x$ (x ist ein Smaragd $\rightarrow$ x ist grün) .

In Worten besagt dies: „Für jedes Ding x gilt: wenn x ein Smaragd ist, so ist x grün". Dies ist nichts weiter als eine etwas umständliche Formulierung des Satzes, daß alle Smaragde grün sind. Ein Satz von der Gestalt (3) heiße *Allgeneralisation* (des hinter dem Allquantor stehenden offenen Satzes). All- und Existenzgeneralisation sind die beiden möglichen Arten von *Quantifikationen* offener Sätze.

Jener Teil der Logik, welcher neben aussagenlogischen Komplexen auch die beiden eben erwähnten Quantifikationen berücksichtigt, heißt *Quantorenlogik*.

Sätze von der Art (2) und (3) sind bloß *halbsymbolische* Formulierungen. Die darin vorkommenden elementaren Aussageformen wurden mit Hilfe alltagssprachlicher Ausdrücke gebildet. Wir beschließen, einfache Prädikate, wie „ist ein Smaragd", „ist grün", ... durch lateinische Großbuchstaben

abzukürzen, wie z. B. durch „F", „G", ... Die Individuenvariable
wird dann unmittelbar rechts von diesem Großbuchstaben angefügt (zum
Unterschied von der alltagssprachlichen Wendung, in der diese Variable
immer ganz links am Beginn steht). Wenn wir also etwa für „x ist ein
Smaragd" schreiben „Fx" und für „x ist grün" die Abkürzung „Gx"
wählen, so geht der Satz (3) *in die vollständig symbolisierte Form* über:

$$(4) \qquad\qquad\qquad \wedge x\, (Fx \rightarrow Gx)\,.$$

Analog ist (2) ein Satz von der Form: $\vee x\, (Fx \wedge Gx)\,.$

Wenn man die üblichen alltagssprachlichen Analoga zu (2) und (3)
betrachtet, so gewinnt man die beiden Sätze „einige F sind G" sowie
„alle F sind G". Da hier im zweiten Fall das Wort „alle" genau dort
steht, wo im ersten Fall das Wort „einige" zu finden ist und im übrigen
die beiden Aussagen einander vollkommen gleichen, *wird durch diese Wen-*
dungen die Meinung nahegelegt, es handle sich um Sätze von analoger Struktur.
Erst die pedantische quantorenlogische Analyse enthüllt, daß es sich bei (3)
um die Allgeneralisation eines offenen Satzes *von Konditionalform* handelt,
bei (2) hingegen um die Existenzgeneralisation eines offenen Satzes *von*
der Form einer Konjunktion. Alltagssprachlich könnte man den Unterschied
dadurch präzise zum Ausdruck bringen, daß man Aussagen von der
Gestalt (2) nach dem Schema bildet: „es gibt Dinge, die *sowohl F als auch G*
sind" und Aussagen von der Gestalt (3) nach dem Schema: „jedes Ding ist,
wenn (sofern, falls) es ein F ist, auch ein G".

Die Buchstaben „F", „G" . . . sind bisher als Abkürzun'gen für *be-*
stimmte Prädikate aufgefaßt worden. Um vollkommene Allgemeinheit
zu erreichen, müssen wir auch davon noch abstrahieren. Dazu gehen
wir ähnlich vor wie im vorigen Abschnitt. So wie wir dort „p', „q", . . .
als schematische Satzbuchstaben deuteten, welche die Stelle, an der sie
stehen, für beliebige Sätze freihalten, so deuten wir „F", „G", . . . als
schematische Prädikatbuchstaben. Dies sind sozusagen „Strohpuppen" für
Prädikate, leere Buchstaben, die keine andere Funktion haben als die, die
fragliche Stelle für irgendwelche Prädikate freizuhalten. Auch hier bedienen
sich zahlreiche Logiker des an dieser Stelle irreführenden Ausdrucks
„Variable" und sprechen von *Prädikatenvariablen.* Formelschemata (Formeln), die nur aus schematischen Prädikatbuchstaben, Individuenvariablen,
Junktoren und Quantoren bestehen, werden *quantorenlogische Formel-*
schemata (kurz: „*quantorenlogische Formeln*") genannt. Eine Formel von dieser
Art ist z. B. (4), sofern darin die Buchstaben „F" und „G" nicht mehr als
feste Prädikate, sondern als schematische Buchstaben gedeutet werden.
Die Ausdrücke „Fx", „Gx", . . . heißen *atomare Formeln.*

Bevor wir fortsetzen, muß noch ein technischer Hilfsbegriff eingeführt werden. Als Individuenvariable verwenden wir nicht nur den

Buchstaben „x", sondern beliebige lateinische Kleinbuchstaben aus dem
Ende des Alphabetes: „u", „v", „w", „x", „y", „z". Wie wir gesehen
haben, ist es für die Bildung quantorenlogischer Sätze wichtig, daß sich
die innerhalb eines offenen Teiles des Satzes vorkommenden Variablen
auf Quantoren zurückbeziehen. Wir sagen in einem solchen Fall, daß die
Variable durch den fraglichen Quantor *gebunden* werde. In (3) z. B. werden
die zwei innerhalb des Klammerausdrucks stehenden Vorkommnisse von
„x" durch den vorangestellten Allquantor gebunden. Bei komplizierteren
Formeln muß gewährleistet werden, daß absolute Klarheit darüber herrscht,
welche Variable durch *welchen* Quantor gebunden wird. Betrachten wir
etwa die folgende Formel:

(5) $\qquad\qquad\qquad \wedge x\,(Fx \vee \vee x\,(Gx \wedge Hx) \wedge Kx)\,.$

(Man beachte, daß auf Grund der Konvention zur Ersparung von Klammern
das „$\vee$" rechts bis über die letzte Formel innerhalb des *äußeren* Klammer-
paares hinwegreicht.)

Hier ist die Bindung so zu verstehen, daß sowohl das „x" von „Fx"
als auch das von „Kx" durch den zu Beginn stehenden Allquantor
gebunden werden, das „x" von „Gx" und von „Hx" hingegen durch
den innerhalb der Formel stehenden Existenzquantor.

Wir müssen ferner den Umstand berücksichtigen, daß in einer komplexen Formel verschieden benannte Variable vorkommen können (die
Notwendigkeit dafür wird weiter unten ersichtlich werden). Dann bezeichnen wir eine Variable als *gleichnamig* mit einem Quantor, wenn diese Variable
ein Beispiel desselben Buchstabens bildet wie die im Quantor als zweites
Symbol vorkommende Variable. Die Variable „z" z. B. ist gleichnamig mit
dem Allquantor „$\wedge z$". Unter der *Reichweite* eines Quantors verstehen wir
jenen Formelteil, welcher mit der unmittelbar hinter dem Quantor stehenden linken Klammer beginnt und mit der dieser linken Klammer korrespon-
dierenden rechten Klammer schließt (es sei denn, daß hinter dem Quantor
überhaupt kein Klammerausdruck steht; in diesem Fall muß auf ihn eine
Atomformel folgen, die dann die Reichweite des Quantors ausmacht, z. B.
„Fx" in „$\wedge x\, Fx$"). Die Reichweite des Allquantors in (5) z. B. ist der
ganze auf diesen Quantor folgende Formelteil; die Reichweite des Existenzquantors hingegen besteht aus der Teilformel „$(Gx \wedge Hx)$". Wir sagen
nun, daß eine in einer quantorenlogischen Formel vorkommende Variable
durch denjenigen *gleichnamigen* Quantor *gebunden* wird, *innerhalb dessen Reichweite* sie liegt und der unter allen in Frage kommenden Quantoren *am
wenigsten weit von ihr* steht. Der Vollständigkeit halber sagen wir auch von
der in einem Quantor selbst vorkommenden Variablen (also vom zweiten
Symbol dieses Quantors), daß sie durch diesen Quantor gebunden wird.

Diese Bestimmung führt in (5) zu den obigen Feststellungen. „Hx"
z. B. steht zwar in der Reichweite zweier Quantoren. Doch wird das darin
vorkommende „x" nur durch den Existenzquantor gebunden, da der
letztere von dem „x" weniger weit entfernt ist als der Allquantor. Das
„x" von „Kx" wird dagegen durch den äußeren Allquantor gebunden.
Denn zwar liegt der Existenzquantor näher; doch kommt dieser von vornherein nicht in Frage, da das „x" nicht in seiner Reichweite liegt. Von den
sechs in (5) enthaltenen Vorkommnissen von „x" werden drei durch den
Allquantor und drei durch den Existenzquantor gebunden.

Wir sagen, daß eine Variable in einer Formel *gebunden* vorkommt,
wenn es einen Quantor gibt, durch den diese Variable in der Formel
gebunden wird. Ansonsten sagen wir, daß die Variable darin *frei* vorkommt. Formeln mit freien Variablenvorkommnissen heißen *offene* Formeln; Formeln ohne freie Variablenvorkommnisse werden *geschlossene*
Formeln genannt. (5) ist eine geschlossene Formel. Läßt man den äußeren
Allquantor fort, so entsteht eine offene Formel, die aber noch die geschlossene Teilformel „$\vee x\,(Gx \wedge Hx)$" enthält. Den offenen und geschlossenen
Formeln entsprechen offene und geschlossene *Sätze*, sobald die Prädikatbuchstaben durch Prädikate ersetzt werden.

Da Junktoren und Quantoren mit festen Bedeutungen ausgestattet
sind, kann eine geschlossene quantorenlogische Formel in der Weise
als Satz interpretiert werden, daß man alle darin vorkommenden schematischen Prädikatbuchstaben durch alltagssprachliche Prädikate ersetzt.
Wenn man von einer offenen Formel ausgeht, erhält man dagegen auf
diese Weise nur einen offenen Satz (ein Aussageform) im früheren Sinn,
es sei denn, man ersetzt außerdem noch alle freien Variablen durch Eigennamen. Eine solche Deutung, die durch geeignete Einfügungen alltagssprachlicher Ausdrücke entsteht, kann man eine *semiotische Interpretation*
der fraglichen Formel nennen. Bei einer semiotischen Interpretation ist zu
beachten, daß für eine atomare Formel „Fx" nicht nur einfache Wendungen wie „x ist rot" substituiert werden dürfen, sondern *beliebige* offene Sätze
mit genau einer freien Variablen (die dort aber mehrfach vorkommen
darf). So etwa darf an die Stelle von „Fx" innerhalb einer Formel die
Wendung treten: „x ist verliebt in die Lehrerin des Sohnes des jüngeren
Bruders von x".

Vom systematischen logischen Standpunkt wichtiger sind die sogenannten *semantischen Interpretationen*, denen wir uns jetzt zuwenden. Gegenüber
dem aussagenlogischen Fall ergeben sich hier gewisse Komplikationen.
Wir kommen nämlich jetzt nicht mehr damit aus, einfach den atomaren
Teilformeln Wahrheitswerte zuzuordnen. Denn die atomaren Formel-
bestandteile halten jetzt nicht mehr den Platz offen für geschlossene Sätze,
sondern für beliebige Aussageformen, die selbst nicht schlechthin wahr oder
falsch sind, sondern nur wahr oder falsch *von* gewissen Dingen. Von einer

Aussageform mit der freien Variablen „x" zu sagen, daß sie *von* einem Ding wahr bzw. falsch ist, soll dabei bedeuten: diese Aussageform geht in eine wahre (bzw. falsche) Aussage über, wenn „x" durch einen Namen dieses Dinges ersetzt wird.

In einem ersten Schritt ist es daher notwendig, einen solchen Bereich von Dingen, auch *Individuenbereich (Gegenstandsbereich)* genannt, festzulegen. Bisweilen erscheint es als zweckmäßig, diesen Bereich so umfassend wie möglich zu wählen, also sozusagen das ganze Universum mit einzubeziehen. Eine derartige Vorstellung war auch für uns z. B. bei der Interpretation von (2) und (3) leitend. Es ist aber keineswegs erforderlich, den Individuenbereich auf solche Weise als einen möglichst *universalen* Bereich festzulegen. Dieser Bereich kann vielmehr je nach dem gerade interessierenden Forschungsgebiet neu gewählt werden. In physikalischen Kontexten kann es sich z. B. als zweckmäßig erweisen, den zugrundegelegten Individuenbereich mit der Gesamtheit aller Raum-Zeit-Punkte zu identifizieren, in biologischen Kontexten, als solchen Bereich alle organischen Wesen oder alle organischen Wesen einer bestimmten Art, z. B. die Einzeller, zugrundezulegen; ein Primzahlforscher wiederum wird die natürlichen Zahlen als Elemente seines Individuenbereichs nehmen.

Der Leser möge an dieser Stelle nicht in den Fehler verfallen, zu glauben, daß im Fall eines konditionalen Allsatzes, wie etwa des Satzes (3), der Individuenbereich durch das Antecedens festgelegt ist. Bei der Deutung von (3) gingen wir keineswegs davon aus, daß der Individuenbereich von (3) aus der Klasse aller Smaragde besteht. Vielmehr wählten wir (stillschweigend) als Bereich die Klasse aller physischen Dinge. (3) spricht dann *über alle diese Dinge* und zwar enthält (3) über jedes dieser Dinge die wahre Behauptung: „*falls* es ein Smaragd ist, *dann* ist es grün". In analoger Weise können wir „alle Menschen sind sterblich" als einen wahren Satz über alle physischen Dinge in der Welt auffassen: Entweder ist ein vorgegebenes physisches Objekt kein Mensch; dann ist die Behauptung über dieses Ding auf Grund der Wahrheitstabellendefinition von „$\rightarrow$" wegen der Falschheit des Antecedens richtig. Oder dieses Objekt ist ein Mensch und somit sterblich; also ist die Behauptung über dieses Objekt abermals zutreffend. Der Satz ist somit wahr, weil die Aussageform „x ist ein Mensch $\rightarrow x$ ist sterblich" von allen physischen Objekten im All gilt.

Ist der Individuenbereich fixiert, so kann zur Interpretation der atomaren Formeln übergegangen werden. Welche Möglichkeiten der Deutung einer atomaren Formel „Fx" stehen uns hier offen? Antwort: Sämtliche Möglichkeiten zwischen den folgenden beiden Extremen. Der eine Extremfall ist der, daß wir „Fx" als wahr für *alle* Objekte des Individuenbereiches erklären; wir sagen dann, diese Atomformel erhalte als Interpretation die *universale Extension*. Der andere Extremfall ist der, daß wir beschließen, „Fx" so zu deuten, daß es von nichts wahr wird: diese Atomformel erhält die *leere Extension* oder die *leere Klasse* zugewiesen, d. h. die überhaupt nichts enthaltende Klasse⁴. Sämtliche übrigen Interpretationsmöglichkeiten bestehen darin, daß man dem „*Fx*" irgendeine beliebige Teilklasse des zugrundeliegenden Bereiches als Extension zuordnet. In der Wahl der Interpretation sind wir dabei vollkommen frei; und wir müssen auch gänzlich frei sein für den später zu definierenden Folgerungs- und Gültigkeitsbegriff. Der gesamte Individuenbereich wird dabei selbst als eine *Klasse* von Objekten aufgefaßt.

Deutungen, bei denen den atomaren Formeln Klassen von Individuen zugeordnet werden, heißen auch *extensionale* Interpretationen. Zum Unterschied davon würde es sich um *intensionale* Interpretationen handeln, wenn wir alle Eigenschaften berücksichtigen wollten. Daß beides nicht zu demselben zu führen braucht, sei an dem folgenden Beispiel erläutert: Es möge eine empirische Tatsache sein, daß ein Ding genau dann ein lebender Paarhufer ist, wenn es ein lebender Wiederkäuer ist. Wenn wir einer Atomformel „*Fx*" in einer Interpretation einmal die Klasse der lebenden Paarhufer und ein anderes Mal die Klasse der lebenden Wiederkäuer zuordnen, so gelangen wir bei unserer extensionalen Deutung zu demselben Resultat, da diese beiden Klassen identisch sind. Dagegen ist die *Eigenschaft*, ein lebender Wiederkäuer zu sein, nicht identisch mit der *Eigenschaft*, ein lebender Paarhufer zu sein. In der hier betrachteten formalen Logik wird *nur der extensionale Gesichtspunkt* berücksichtigt. Über alle Unterschiede von Eigenschaften, die sich nicht in einem entsprechenden Unterschied der zugehörigen Klassen widerspiegeln, wird dabei hinweggesehen.

Die Frage kann aufgeworfen werden, warum überhaupt dieses komplizierte klassentheoretische Verfahren der Interpretation benützt wird. Genügt es denn nicht, so wie bei der semiotischen Interpretation einfach alle Ersetzungen von atomaren Formeln durch offene Sätze zu berücksichtigen? Nein; dies würde nicht genügen. Und zwar deshalb nicht, *weil* im allgemeinen Fall aus einem elementaren mathematischen Grund *unsere Sprache nicht ausreichen würde*: wir würden häufig der Situation gegenüberstehen, daß nicht alle Klassen von Individuen die Extensionen offener Sätze sind. Die Zahl der Ausdrücke, die man in einer Sprache bilden kann, ist nämlich immer *abzählbar* (d. h. es kann eine umkehrbar eindeutige Korrelation zwischen diesen Ausdrücken und den natürlichen Zahlen hergestellt werden). Wie wir wissen, müssen wir aber auch die Möglichkeit unendlicher Individuenbereiche zulassen. Als Interpretationen kommen in einem solchen Fall alle Teilklassen dieses Bereichs in Frage. Auf Grund einer Überlegung, die auf den Mathematiker CANTOR zurückgeht,

----

⁴ Diese Klasse ist durch jede widerspruchsvolle Aussageform definierbar, also z. B. als die Klasse der Dinge, die nicht mit sich selbst identisch sind.

weiß man jedoch, daß die Anzahl dieser Teilklassen nicht mehr abzählbar, sondern *überabzählbar* unendlich ist.

Jetzt können wir auch die *Bedeutungen der Quantoren* genauer festlegen als früher. Betrachten wir nochmals den inneren Formelteil „$\lor x$ (Gx $\lor Hx$)" von (5). Den atomaren Bestandteilen „Gx" und „Hx" seien bereits Teilklassen des Individuenbereiches zugeordnet worden. Diese beiden Klassen haben entweder mindestens ein gemeinsames Element, das *sowohl* zur einen Klasse *als auch* zur anderen gehört, oder aber die beiden Klassen sind elementefremd. Auf Grund der Bedeutung von „$\land$" muß dieser Klassendurchschnitt dem ganzen Bereich des Existenzquantors als Extension zugeordnet werden. Und unsere *Existenzformel* wird bei dieser Interpretation wahr oder falsch, je nachdem, ob diese Extension mindestens ein gemeinsames Element enthält oder leer ist. Analog ist eine *Allgeneralisation* wahr oder falsch, je nachdem ob die Extension der generalisierten offenen Formel mit dem ganzen Individuenbereich übereinstimmt oder nicht.

Bislang sind wir davon ausgegangen, daß die Formel geschlossen ist. Sollte es sich dagegen um eine offene Formel handeln, so sind auch die darin vorkommenden freien Variablen „x", „y", ... zu interpretieren. Das geschieht in der Weise, daß diesen Variablen Objekte des Individuenbereiches zugeordnet werden.

Da eine quantorenlogische Formel schematische Buchstaben enthält, hat es also keinen Sinn, schlechthin zu fragen, ob sie wahr ist oder nicht, sondern nur, ob sie *bei Wahl eines bestimmten Individuenbereiches U* (Abkürzung für „Universum") *sowie einer geeigneten Interpretation über diesem Bereich* wahr ist. Man kann, wenn man will, den Begriff der Interpretation von der Relativierung auf eine bestimmte Formel dadurch befreien, daß man gleichzeitig *alle* (unendlich vielen) atomaren Formeln und *alle* Variablen in der geschilderten Weise als interpretiert ansieht. Was dann von Fall zu Fall interessiert, sind aber natürlich nur die Interpretationen der in den jeweils untersuchten Formeln vorkommenden atomaren Bestandteile und Variablen. Sind diese gegeben, so kann man auf Grund der Bedeutungen der Junktoren und Quantoren sukzessive den Wahrheitswert immer komplexerer Teilformeln bestimmen, bis man bei der Ermittlung des Wahrheitswertes der Gesamtformel angelangt ist.

Da wir den Begriff des *geordneten Paares* (a;b) zweier Objekte ohnehin sogleich in einem anderen Zusammenhang benötigen werden, soll dieser Begriff bereits an dieser Stelle eingeführt werden, um das bisher Gesagte eleganter ausdrücken zu können (den weiter unten definierten Begriff der möglichen Realisierung werden wir in diesem Buch aber erst in X benötigen). Der Unterschied zwischen einer bloßen Klasse {a,b}, welche diese beiden Objekte enthält, und einem geordneten Paar dieser Objekte besteht nur darin, daß im letzteren Fall die Reihenfolge eine Rolle spielt, im ersteren dagegen nicht. Die Klasse {Hans, Peter}, bestehend aus den beiden

Personen Hans und Peter, ist identisch mit der Klasse {Peter, Hans}. Bei einem geordneten Paar gilt diese Vertauschungsrelation nicht generell. Das geordnete Paar $(a;b)$ ist nicht identisch mit dem geordneten Paar $(b;a)$. Die obige etwas unklare Formulierung, daß wir ein Universum U *und* eine Interpretation J über diesem Universum wählen, kann jetzt kürzer und prägnanter so ausgedrückt werden, daß ein geordnetes Paar $(U; J)$ gewählt werde. J ist dabei als eine „Funktion" zu verstehen, welche in der beschriebenen Weise für alle atomaren Komponenten und Variablen eine Interpretation liefert. Ein solches geordnetes Paar $(U; J)$ nennen wir eine *mögliche Realisierung*. Ist eine Formel für eine mögliche Realisierung wahr, so sagen wir auch, daß die letztere *ein Modell für die Formel* bilde[5].

Wir müssen uns noch kurz einer sehr starken Verallgemeinerung der Quantorenlogik zuwenden. Bisher haben wir uns nämlich nur mit sogenannten *einstelligen Prädikaten* bzw. einstelligen Prädikatschemata beschäftigt. Wichtig für die Logik ist es jedoch, auch die Handhabung von zwei- und mehrstelligen *Relationen* zu ermöglichen. Die Einbeziehung von Relationen ist die bei weitem mächtigste Erweiterung, welche die moderne Logik gegenüber der traditionellen aristotelischen Logik liefert. Wir können uns dabei deshalb kürzer fassen als bisher, weil sich viele der bisher eingeführten Begriffe auf den allgemeineren Fall nach geringfügigen Modifikationen übertragen lassen.

Der offene Satz „x ist Vater von y" hat die zweistellige Vaterrelation zum Inhalt, „x gibt dem y den Gegenstand z" eine dreistellige Relation. Den ersten Fall kann man symbolisch abkürzen durch „Rxy" — manchmal auch der größeren Anschaulichkeit halber durch „xRy" wiedergegeben—; dementsprechend den zweiten Fall durch „$Gxyz$". Allgemein wird eine n-stellige Relation wiedergegeben durch „$Rx_1 \ldots x_n$". Hier ist die *Reihenfolge* der Variablen wichtig. Dies läßt sich schon am ersten Beispiel unmittelbar ersichtlich machen: Wenn a Vater von b ist, so ist natürlich *nicht* b Vater von a. Beim Übergang zu quantorenlogischen *Formeln* sind die lateinischen Großbuchstaben so wie früher nicht mehr Abkürzungen *bestimmter* Prädikate, sondern leere „Strohpuppen", *schematische Prädikatbuchstaben*, die in beliebiger Weise interpretiert werden können. Auf den dabei benützten Interpretationsbegriff, der offenbar eine Erweiterung des früheren darstellen muß, kommen wir sofort zurück.

Zuvor sei jedoch ein einfaches Beispiel angeführt. Wie G. BOOLE bereits vor weit über hundert Jahren erkannt hatte, läßt sich mit den Hilfsmitteln der aristotelischen Logik nicht einmal ein so trivialer Schluß rechtfertigen wie der, daß aus der Prämisse „alle Pferde sind Tiere" die Conclusio folge „alle Köpfe von Pferden sind Köpfe von Tieren". Man müßte

---

[5] Ich habe bisher kein Logik-Lehrbuch gefunden, in dessen semantischem Teil von diesem auf A. TARSKI zurückgehenden Begriff der möglichen Realisierung ein bis in alle Einzelheiten korrekter Gebrauch gemacht wird.

sich in einem Fall wie diesem mit der Anwort begnügen, dieser Übergang sei „unmittelbar evident", was natürlich nur eine Flucht vor der Aufgabe darstellt, eine *logische Rechtfertigung* für den Übergang zu geben. Man kann leicht sehen, warum in der traditionellen Logik, die nur einstellige Prädikate, aber keine Relationen berücksichtigt, diese Aufgabe nicht zu bewältigen ist. Es stehe „Px" für „x ist ein Pferd" und „Tx" für „x ist ein Tier". Die vorgegebene Prämisse lautet somit:

(6) $\qquad\qquad\qquad \bigwedge x \, (Px \to Tx) \, .$

Dies ist eine einfache Allaussage von Konditionalform, wie wir sie bereits kennengelernt haben. Anders steht es mit der Conclusio. Für ihre präzise Formulierung benötigen wir ein Relationsprädikat. Es sei „Kyx" eine Abkürzung für „y ist ein Kopf von x". „y ist Kopf eines Pferdes" besagt dann in genauer Formulierung: $\bigvee x (Px \wedge Kyx)$ („es gibt ein Ding x, so daß x ein Pferd und y Kopf von x ist"). Analog lautet die symbolische Übersetzung von „y ist Kopf eines Tieres" so: $\bigvee x (Tx \wedge Kyx)$. Die aus (6) zu erschließende Aussage hat also die folgende komplexe Gestalt:

(7) $\qquad\quad \bigwedge y \, (\bigvee x \, (Px \wedge Kyx) \to \bigvee x \, (Tx \wedge Kyx)) \, .$

Damit haben wir die Conclusio in der symbolischen Sprache natürlich nur *formuliert*. Was nun erst gezeigt werden müßte, ist dies, daß (7) tatsächlich aus (6) logisch folgt. Der Folgerungsbegriff muß dazu so weit gefaßt werden, daß er auch Sätze als Prämissen oder Konklusionen zuläßt, in denen Relationsausdrücke vorkommen, wie z. B. eben in (7). Unsere früher gewonnenen Begriffe der quantorenlogischen Formel und der Interpretation waren noch immer viel zu eng, um die Einführung eines auch solche Fälle deckenden Folgerungsbegriffs zuzulassen.

Daß eine Logik, die keine Relationsbegriffe berücksichtigt, selbst mit diesem überaus einfachen Problem nicht fertig werden kann, sieht man noch klarer, wenn man einen möglichen Einwand gegen die obige Analyse diskutiert. Es könnte nämlich behauptet werden, die Einführung des zweistelligen Relationsausdruckes „Kyx" sei unnötig. Wie doch die alltagssprachliche Fassung „y ist Kopf eines Pferdes", in der *nur eine einzige Variable* vorkommt, nahelege, könne dieser Ausdruck als *einstelliges* Prädikat „My" wiedergegeben werden! Ebenso verhalte es sich mit „y ist Kopf eines Tieres", wofür man etwa „Ny" schreiben könnte. Die Antwort darauf muß so lauten: Sicherlich können die beiden Prädikate als einstellige Prädikate rekonstruiert werden. Wenn man aber diese Fassung wählt, so erhält man die gewünschte Conclusio statt (7) die Gestalt:

(8) $\qquad\qquad\qquad \bigwedge y \, (My \to Ny) \, .$

Und diese Aussage steht sicherlich in keinerlei logischer Beziehung zu (6), kann daher daraus auch nicht gefolgert werden. Was man hieraus nebenbei ersieht, ist dies: Welche Analyse für eine alltagssprachliche Wendung vorzunehmen ist, kann *von der logischen Aufgabe* abhängen, die uns gestellt wurde (für weitere ähnliche einfache Beispiele vgl. v. Quine, [Methods], § 22).

Kehren wir nun zum allgemeinen Fall zurück. Neben atomaren Formeln von der Gestalt „Fx", „Gx", . . . müssen wir jetzt auch solche von der Gestalt „Hxy", „$Lxyz$" usw. berücksichtigen. Dementsprechend muß auch der Interpretationsbegriff erweitert werden. Auch diesmal genügt es, ausschließlich *Extensionen* zu betrachten. Wenn wir „Vxy" als Vaterrelation deuten wollen, so dürfen wir „V" somit *nicht* als die Beziehung, Vater zu sein, deuten; denn dies würde einen Rückfall in die *intensionale* Betrachtungsweise darstellen. Vielmehr müssen wir die entsprechende Extension wählen. Wie ist dies einzuführen? Es sei (a; b) ein geordnetes Paar von Personen, so daß a Vater von b ist. Wir betrachten nun *sämtliche* geordneten Paare (a_i; b_i), so daß a_i Vater von b_i ist. Diese gesamte Klasse wählen wir als Extension des zweistelligen Prädikates „Vater von". Der Unterschied zum intensionalen Fall ist derselbe wie früher: Es könnte sich ja ergeben, daß zwischen den beiden Gliedern dieser geordneten Paare noch eine andere Beziehung besteht (z. B. daß jedes a_i einen höheren Blutdruck hat als das dazugehörige b_i). Vom *extensionalen* Standpunkt aus ist zwischen den beiden Fällen kein Unterschied zu machen.

Wenn also der Individuenbereich U vorgegeben ist, so können wir als Interpretation einer atomaren Formel „Fxy" irgendeine Klasse von geordneten Paaren von Elementen aus U wählen (in den Grenzfällen wieder die leere Klasse dieser Paare oder die Klasse der Paare beliebiger Elemente aus U). Für das dreistellige „$Lxyz$" ist als Interpretation eine Klasse geordneter Tripel zu wählen. Allgemein: Für eine n-stellige atomare Formel darf als Interpretation irgendeine Klasse von geordneten n-Tupeln genommen werden.

Im übrigen ändert sich an den früheren Bestimmungen nichts. Der neue Begriff der *möglichen Realisierung* (U; J) unterscheidet sich vom früheren nur dadurch, daß die Interpretation J eben nicht nur einstelligen atomaren Formelschemata Extensionen zuordnet, sondern darüber hinaus beliebigen n-stelligen atomaren Formelschemata.

Es seien nun noch einige Bemerkungen über das Verhältnis von Quantoren und Negation eingefügt. In 2.a haben wir gesehen, daß sich alle Junktoren z. B. auf „$\neg$" und „$\wedge$" zurückführen lassen. Die Verwendung der Negation ermöglicht es, auch jeweils einen Quantor (All-, Existenz-) auf den anderen (Existenz-, All-) zurückzuführen. Zu sagen, daß es kein x von der Art F gibt, heißt eine Behauptung aussprechen, die in symbolischer Abkürzung lautet: $\neg \vee x\, Fx$. Aber dies bedeutet dasselbe wie zu sagen, daß alle x von der Art non-F sind, d. h.: $\wedge x\, \neg Fx$. Diese beiden Formeln besagen also dasselbe. Setzen wir in beiden Fällen für „Fx" die Formel „$\neg Fx$" ein und berücksichtigen wir im zweiten Fall wieder das Prinzip der doppelten Negation, so erhalten wir die Gleichwertigkeit von „$\neg \vee x \ \neg Fx$" und „$\wedge x \ Fx$". Dies würde es erlauben, die zweite Formel als Abkürzung der ersten aufzufassen, also den Allquantor per definitionem auf die Negation und den Existenzquantor zurückzuführen. Der Leser überlege sich selbst, daß auch das Umgekehrte gilt, nämlich eine Gleichwertigkeit von „$\neg \wedge x \ \neg Fx$" und „$\vee x \ Fx$".

Wir hätten jetzt das erforderliche Material beisammen, um die für uns entscheidenden Begriffe der logischen Folgerung und der logischen Wahrheit einzuführen. Bevor dies geschieht, erscheint es jedoch als sinnvoll, zwecks Behebung etwaiger Mißverständnisse einen Abschnitt über das Verhältnis von Umgangssprache und symbolischer Sprache einzuführen.

3. Umgangssprache und symbolische Sprache

Die Aufgabe des Logikers ist eine doppelte. Zunächst mag es scheinen, als habe er nur *eine* Art von Problemen zu lösen, nämlich festzustellen, ob zwischen vorgegebenen Aussagen bestimmte logische Beziehungen bestehen, wie z. B. die logische Folgebeziehung, oder ob eine vorgegebene Aussage eine bestimmte Eigenschaft aufweist, wie z. B. das Merkmal der logischen Wahrheit. Falls diese logischen Grundbegriffe hinreichend expliziert wurden — wie dies etwa in Abschn. 1 angedeutet wurde und in den nächsten beiden Abschnitten in präziserer Form geschehen soll —, kann er sich der Bewältigung einer derartigen Aufgabe widmen, *sofern* das ihm zur Verfügung stehende Material in einer hinreichend präzisen symbolischen Sprache abgefaßt ist. Diese eben erwähnte Voraussetzung ist aber meist nicht erfüllt. Nicht nur alltägliche, sondern auch wissenschaftliche Argumente werden heute gewöhnlich in umgangssprachlicher Formulierung dargeboten. Sie müssen aus dieser Formulierung erst in die symbolische *übersetzt* werden. Hier gibt es zahlreiche Gefahren von Fehldeutungen, von denen einige aufgezeigt werden mögen.

Was die Junktoren betrifft, so ist es wichtig, den Unterschied zwischen dem, was wir früher den *logischen Kern* nannten, und dessen *rhetorischen Varianten* zu erkennen. Wenn wir z. B. „$\wedge$" als Konjunktionssymbol einführten, so heißt das nicht, daß dieses Symbol *nur* dort zu verwenden sei, wo im umgangssprachlichen Text das Wort „und" anzutreffen ist, wie in „Fritz kam und Peter ging". In „er hat gewonnen; ich *jedoch* habe verloren" entspricht dem „jedoch" ebenfalls das Symbol „$\wedge$". Für die Aussage „Hans kam, *obzwar* seine Frau krank war" gilt dasselbe bezüglich des „obzwar". Im vorletzten Satz drücke ich zusätzlich einen Kontrast aus, im letzten eine Überraschung. Daß wir die Ausdrücke „jedoch" sowie „obzwar" bloß als rhetorische Varianten des „und" auffassen, hat seinen

Grund darin, *daß vom extensionalen wahrheitsfunktionellen Standpunkt kein Unterschied besteht:* der Wahrheitswert des mit Hilfe des Wortes gebildeten komplexen Satzes hängt allein von den Wahrheitswerten der beiden Teilsätze ab, und zwar in allen drei Fällen in genau derselben Weise.

Größeres Kopfzerbrechen bereitet gelegentlich das „wenn *p* dann *q*". Die Formel „*p → q*" entspricht nicht nur *dieser* Wendung. Alltagssprachlich kehren wir die Reihenfolge oft um und sagen: „*q* wenn (falls; sofern; im Fall, daß; unter der Voraussetzung daß) *p*". Bezüglich der Wendung „*q* wenn *p*" ist vor allem zu beachten, daß die Einschiebung des Wörtchens „nur" vor dem „wenn" die Reihenfolge umdreht: „*q* wenn *p*" ist durch „*p → q*" wiederzugeben; „*q* nur wenn *p*" hingegen durch „*q → p*". Das „wenn" steht vor dem Antecedens, das „nur wenn" hingegen vor dem Konsequens! „Er wird zugelassen, nur wenn er einen Smoking an hat" bedeutet nicht: „wenn er einen Smoking an hat, so wird er zugelassen"; sondern „wenn er zugelassen wird, so hat er einen Smoking an". Weiter ist zu beachten, daß wir Wenn-Dann-Sätze häufig gar nicht dazu verwenden, um eine *Wahrheitsfunktion* auszudrücken, sondern dazu, um etwas viel Stärkeres zu behaupten, nämlich das Bestehen einer kausalen oder sonstigen gesetzmäßigen Beziehung zwischen Antecedens und Konsequens. Mit Aussagen von dieser letzteren Art werden wir uns ausführlich in V beschäftigen.

Diese zwei Beispiele mögen genügen. Eine weitere notwendige Vorarbeit des Logikers besteht darin, *Mehrdeutigkeiten zu beheben* und Klarheit darüber zu gewinnen, in welcher Weise *die Bedeutung* sprachlicher Ausdrücke vom *Kontext* abhängt. Solche Kontextabhängigkeit liegt z. B. bei sogenannten *Indikatorwörtern* vor, wie bei „ich", „du", „jetzt" „morgen" , „hier": Diese ändern ihre Bedeutung je nachdem, von wem, wann, an welcher Stelle und bei welcher Gelegenheit sie geäußert wurden. Im nicht argumentierenden alltäglichen Gespräch sowie bei rein referierenden Äußerungen geben sie selten Anlaß zu Mißverständnissen. Ihre Benützung innerhalb von *Argumentationen* hingegen führt leicht zu Fehlern, da es für logische Argumente wesentlich ist, daß dieselben Wendungen *mehrfach* gebraucht werden, und dabei die Bedeutungsänderung unbemerkt bleiben kann, die im Verlauf des Textes zustande kam. Achtet man auf so etwas nicht, so könnte man z. B. geneigt sein, die beiden möglicherweise *wahren* Sätze „er beendete die Teilnahme an der Bridgepartie und ich spielte weiter" sowie „er nahm weiterhin am Tischtennis-Turnier teil und ich spielte nicht weiter" durch „$r \wedge p$" sowie „$s \wedge \neg p$" wiederzugeben, deren konjunktive Zusammenfassung wegen des Gliedes „$p \wedge \neg p$" widerspruchsvoll wäre. Aber selbstverständlich läge hier eine Fehlübersetzung vor, da das „ich spielte weiter" im ersten Satz nicht gleichbedeutend ist mit derselben Wendung, die im zweiten Satz negiert vorkommt.

Als dritte Aufgabe der Vorarbeit des Logikers kann man die Bestimmung der *Struktur* einer Aussage anführen. In dieser Hinsicht gibt eine

symbolische Sprache niemals zu Fehldeutungen Anlaß, weil sie über
Klammern als Gruppierungssymbole verfügt. Auch bei noch so komplizierten
Formeln können wir die Struktur genau bestimmen, indem wir, irgendwo
innerhalb der Formel beginnend, sukzessive zu jedem linken Klammer-
zeichen das zugehörige rechte suchen. (Klammerersparungsregeln
werden sich in solchen Fällen außerdem als vorteilhaft erweisen.) Weder
die geschriebene noch die gesprochene Alltagssprache hingegen verfügen
über Analoga zu den Klammern als Gruppierungssymbolen. Man muß sich
hier auf andere Hilfsmittel stützen, die aber oft keine eindeutige Auskunft
geben. Eines dieser Hilfsmittel besteht z. B. darin, daß der Junktor nicht
durch *ein* Wort wiedergegeben, sondern sozusagen in zwei Wörter „zer-
brochen" wird. So entspricht dem „$\rightarrow$" die Wendung „wenn..., dann
- - -" (mit den erwähnten Einschränkungen, die hier nicht zur Debatte
stehen). Dadurch erfährt man, daß das Konditional mit dem „wenn"
beginnt, daß das Antecedens unmittelbar vor dem „dann" aufhört und daß
das Konsequens aus dem Dann-Satz besteht. Dagegen ist schon eine so
einfache Aussage wie:

(9)   „Der Tisch war gedeckt und der Wein war da oder das Brot fehlte"
in bezug auf die Gruppierung der Teilsätze zweideutig: Handelt
es sich um eine Aussage von der Form „$(p \wedge q) \vee r$" oder von der Form
„$p \wedge (q \vee r)$"? Zerbricht man das Adjunktionszeichen ähnlich wie das
Konditionalsymbol in zwei Wörter, indem man zusätzlich zum „oder"
ein „entweder" verwendet, so wird Klarheit geschaffen: Einschiebung des
„entweder" vor „der Tisch" zeigt, daß (9) von der Form „$(p \wedge q) \vee r$"
ist, also daß das „oder" über das „und" hinwegreicht. Einschiebung des
„entweder" vor „der Wein" macht deutlich, daß dem Satz (9) die zweite
der beiden möglichen Formen zukommt. Nebenbei bemerkt zeigt sich hier
ein Motiv für den Irrtum, durch „entweder... oder - - -" werde das nicht-
einschließende „oder" wiedergegeben. Die zusätzliche Verwendung von
„entweder" braucht ihren Grund nicht darin zu haben, die Adjunktion
in das ausschließende „oder" überzuführen; sondern dieser kann bloß
darin bestehen, daß dadurch eine Mehrdeutigkeit bezüglich der Struktur
der Aussage beseitigt wird.

Ein anderes sprachliches Hilfsmittel kommt in der folgenden längeren
Aussage zur Geltung:

(10)   „Wenn die Organisatoren künftiger Philosophiekongresse nicht
das leere Geschwätz unterbinden und die Rückkehr der Teilnehmer
zu sachlicher Diskussion erreichen, dann werden vernünftige Leute
an solchen Kongressen nicht mehr teilnehmen und sich darüber
höchstens durch die Zeitung informieren".

Durch die Verwendung des „wenn ... dann - - -" wird angezeigt,
daß die gesamte Aussage die Form eines Konditionals hat. Daß die Dann-

Komponente nicht nur bis an das „und" reicht (und damit das „und" nicht bis an den Anfang), sondern daß das Konsequens selbst die Form einer Konjunktion hat, erschließt man (praktisch ganz ohne Reflexion) so: Die konjunktive Zusammenfassung von „vernünftige Leute werden an solchen Kongressen nicht mehr teilnehmen" und „vernünftige Leute werden sich darüber höchstens durch die Zeitung informieren " ist dadurch vereinfacht worden, daß man das doppelte Vorkommen von „vernünftige Leute werden" vermied, indem man diese Wendung über das „und" nach links hinweg schob und zu einem einzigen Vorkommen in „vernünftige Leute werden an solchen Kongressen nicht mehr teilnehmen und sich darüber höchstens durch die Zeitung informieren" in (10) verschmelzen ließ.

Als vierten Punkt erwähnen wir, daß der Logiker lernen muß, sich über gewisse scheinbar fundamentale grammatikalische Unterschiede hinwegzusetzen. Dies gilt insbesondere in der Quantorenlogik. Während wir einheitlich von „Prädikaten" sprechen, korrespondieren dem in der Alltagssprache recht unterschiedliche Wortkategorien, wie Substantiva, Eigenschaftswörter und Verben. Vom logischen Standpunkt aus spielt es keine Rolle, ob z. B. ein einstelliges Prädikat durch ein Hauptwort („Mensch"), durch ein Adjektivum („rot") oder durch ein intransitives Zeitwort („atmen") wiedergegeben wird. Es kann daher eine *einheitliche* Symbolik dafür gewählt werden. Wichtiger ist die Feststellung, daß die Entscheidung über die Wiedergabe eines einstelligen Prädikates durch „Fx" oder durch eine kompliziertere Formel vom *logischen Zusammenhang* abhängt, in welchen der Text eingeordnet ist. Wir haben an einem früheren Beispiel gesehen, warum „y ist Kopf eines Pferdes" *innerhalb des dortigen Argumentationszusammenhanges* nicht durch „Fy", sondern durch eine längere Formel mit einem Quantor wiedergegeben werden mußte.

An letzter Stelle seien *die Quantoren und deren Negationen* angeführt, die sich im Verlauf der Philosophiegeschichte besonders häufig als metaphysische Fallstricke erwiesen haben. Dies hängt damit zusammen, daß sie umgangssprachlich durch Wörter wie „alles", „etwas", „nichts" (bei auf Menschen beschränktem Variablenbereich: „jedermann", „jemand", „niemand") wiedergegeben werden. Diese Ausdrücke stehen in der Alltagssprache an grammatikalischer Subjektstelle, was die Auffassung begünstigt, es handle sich dabei um Gegenstandsbezeichnungen. Daß eine solche Deutung inadäquat wäre, kann man nachweisen, indem man zeigt, *daß sich diese Ausdrücke bei logischen Transformationen ganz anders verhalten als Gegenstandsnamen.*

Gehen wir etwa zurück zum Beispiel (2). Für die unmittelbar unter (2) stehende umständliche alltagssprachliche Formulierung erhielten wir als eine mögliche Kurzfassung die Aussage: „etwas ist eine Katze und schwarz". An diese Fassung anknüpfend, könnte man versucht sein, „etwas" durch das Symbol „e" abzukürzen und die ganze Aussage, statt

sie in der langwierigen Form mittels Existenzquantor und Variablen anzu-
schreiben, einfach so zu formulieren:

(11) *e* ist eine Katze und *e* ist schwarz.

Dies würde zu Ungereimtheiten führen. Denn wir könnten aus (11)
selbst nicht entnehmen, ob es im Sinn von (2) oder im Sinn der ganz
anderen Aussage zu interpretieren wäre:

(12) Etwas ist eine Katze und etwas ist schwarz (symbolisch: $\lor x$ (x ist
      eine Katze) $\land \lor x$ (x ist schwarz)).

(12) ist offenbar eine viel schwächere Behauptung als (2); denn (12) folgt
aus (2), aber nicht vice versa. In (2) wird ja behauptet, daß es etwas
gäbe, daß *sowohl* eine Katze *als auch* schwarz sei. (12) hingegen besagt nur,
daß es Katzen gibt und daß auch schwarze Dinge existieren, aber nicht,
daß auch etwas existiert, worauf *beide* Prädikate zutreffen.

Im Fall eines Eigennamens hingegen wäre die entsprechende Umformung durchaus zulässig. Die Kurzbehauptung:

(13) Alfred ist klug und fleißig

läuft auf dasselbe hinaus wie die ausführlichere Fassung:

(14) Alfred ist klug und Alfred ist fleißig.

Eigennamen, aber nicht das „etwas" lassen sich über das „und" hinweg-
ziehen und zu einem einzigen Ausdruck verschmelzen. Der Leser überlegt
sich leicht, daß das analoge Verhältnis zwischen Eigennamen und „alles"
bezüglich des „oder" besteht.

Mit dem Ausdruck „nichts" verhält es sich ähnlich wie mit dem „etwas".
Zieht man das „nichts" über das „und" hinweg und verdoppelt es, so
kann man aus der Wahrheit:

(15) Nichts ist rund und viereckig

die Falschheit erzeugen:

(16) Nichts ist rund und nichts ist viereckig,

wohingegen der Wahrheitswert beim Übergang von (13) zu (14) natürlich
nicht geändert werden konnte[6].

Abschließend sei noch ein praktisches Beispiel angeführt, in dessen
alltagssprachlicher Fassung sowohl „alles" wie „etwas" vorkommt und

---

[6] Die Vergegenständlichung des „nichts" findet sich nicht erst in HEIDEGGERs
Schrift „Was ist Metaphysik", auf die R. CARNAP hinweist. Ebenso wurde z. B.
in der ganzen rationalistischen Schule CHRISTIAN WOLFFs diese Vergegenständlichung dazu benützt, um den sogenannten Satz vom zureichenden Grunde
und das Kausalprinzip logisch zu „beweisen". Für das erstere vgl. W. STEG-
MÜLLER [Hauptströmungen], S. 192; für das letztere vgl. W. STEGMÜLLER [KANTs
Metaphysik der Erfahrung], Teil I, S. 16.

welches besonders deutlich zeigt, zu welchen Absurditäten man gelangt, wenn man diese Worte wie Subjektbezeichnungen behandelt. Es gilt die Wahrheit:

(17) Alles ist mit etwas identisch;

denn zu jedem Ding gibt es ein mit ihm identisches (nämlich dieses Ding selbst). Handelte es sich um Gegenstandsnamen, so könnten die beiden Ausdrücke „alles" und „etwas" miteinander vertauscht werden, ohne den Wahrheitswert von (17) zu ändern, da für die Identität das sogenannte kommutative Gesetz gilt („Cicero ist identisch mit Marcus Tullius" ist logisch gleichwertig mit „Marcus Tullius ist identisch mit Cicero"):

(18) Etwas ist mit allem identisch.

(18) ist offenbar falsch in unserer Welt, da es besagt, daß ein Ding existiere, welches mit allen übrigen Dingen identisch ist. Nur in einem Universum, in welchem nichts weiter existierte als ein einziger Gegenstand, wäre (18) richtig.

Mit diesen Hinweisen dürfte der Leser auf einige der wichtigsten Probleme aufmerksam gemacht worden sein, die das Verhältnis von Symbolsprache der modernen Logik und Alltagssprache betreffen.

4. Objektsprache und Metasprache. Pragmatik, Semantik, Syntax

Eine der häufigsten Konfusionen, die in der früheren logischen Literatur anzutreffen war, ist die Verwechslung zwischen Namen und Namensträger, d. h. zwischen sprachlichen Ausdrücken und dem, was diese sprachlichen Ausdrücke benennen. Wenn in einem Satz über ein Ding gesprochen wird, so muß der Satz einen *Namen dieses Dinges* enthalten; aber selbstverständlich kommt *nicht dieses Ding selbst* im Satz vor. In der Aussage „Sokrates ist sterblich" kommt der Name „Sokrates" vor, nicht jedoch der Mensch Sokrates. Diese Feststellung scheint so trivial zu sein, daß man sich zunächst gar nicht vorstellen kann, wie es möglich ist, daß die im ersten Satz dieses Abschnittes erwähnte Verwirrung entsteht. Die Sache wird sofort verständlicher, wenn man bedenkt, daß man nicht nur über außersprachliche Gegenstände, sondern *über sprachliche Gebilde selbst* reden kann. Vergleichen wir die drei Sätze:

(19) Wien ist eine Stadt;

(20) Wien ist einsilbig;

(21) „Wien" ist einsilbig.

(19) ist eine *wahre* Aussage über die Stadt Wien. (20) ist eine *falsche* Aussage über dasselbe; denn nur ein Wort, nicht aber eine Stadt, kann einsilbig sein. (21) ist wiederum eine *wahre* Aussage, aber nicht über die Stadt Wien, sondern über den *Namen* „Wien".

Man kann den Unterschied zwischen (19) und (21) so ausdrücken: In (19) wird das Wort „Wien" *gebraucht* (um über das durch es Benannte zu sprechen), in (21) wird dieses Wort „Wien" *erwähnt*. Die zu vermeidende Verwechslung ist die zwischen *Gebrauch und Erwähnung* von Ausdrücken. Wer die Aussage (20) als wahre Aussage zu formulieren beabsichtigte, beging diese Verwechslung: was er *meinte*, war nicht (20), sondern (21).

Die in (21) verwendete Methode zur Erwähnung des Wortes „Wien" ist die *Methode der Anführungszeichen*. Sie ist praktisch die einzige Methode, die in der geschriebenen Alltagssprache verwendet wird (in der gesprochenen, akustischen Lautsprache verfügen wir überhaupt über kein derartiges Verfahren). Worin besteht diese Methode? Eigentlich darin, daß zu einer der ursprünglichsten und primitivsten Schriftsprachen zurückgegangen wird: zur *Bilderschrift*. Darin bildet man das, worüber man sprechen will, selbst ab, also diesmal das Wort „Wien". Da es sich dabei um einen Namen handelt, muß man klarstellen, daß man dieses Wort nicht verwendet, sondern über es spricht. Dies geschieht dadurch, daß man es unter Anführungsstriche setzt. Es ist also im Grunde dasselbe Vorgehen, als wenn man im Satz „Sokrates ist sterblich" das Wort „Sokrates" durch ein Bild dieses Menschen ersetzen wollte. Die Verwendung von Anführungszeichen ist in diesem Fall überflüssig. Denn niemand wird das auf dem Papier gedruckte Bild des Sokrates mit diesem Menschen selbst, der vor über 2000 Jahren gelebt hat, verwechseln. Prinzipiell könnte man bei der Erwähnung sprachlicher Ausdrücke ebenso vorgehen, wie bei der Erwähnung nichtsprachlicher Objekte: Man könnte eigene Namen für sie einführen. Ein solches Vorgehen läge etwa vor, wenn jemand beschlösse, dem *Wort* „Wien" den Namen „Peter" zu geben. Anstelle von (21) könnte dann die ebenfalls richtige Aussage verwendet werden:

(22) Peter ist einsilbig.

Das Verfahren der Erwähnung von Ausdrücken kann iteriert werden. Hier ist besondere Sorgfalt vonnöten. Dies zeigt das folgende Beispiel aus CARNAPs Buch „Logische Syntax der Sprache". Ausgehend von der Tatsache, daß in der Mathematik „ω" als Name der kleinsten Ordnungszahl verwendet wird, erhalten wir die folgenden fünf richtigen Feststellungen:

(23) ω ist eine Ordnungszahl;

(24) „ω" ist keine Ordnungszahl, sondern ein griechischer Buchstabe;

(25) Omega ist ein griechischer Buchstabe;

(26) „Omega" ist kein griechischer Buchstabe, sondern ein Wort, welches
      aus fünf Buchstaben besteht;

(27) Im Satz (26) wird nicht über Omega gesprochen, also nicht über „ω",
      sondern über „Omega". An Subjektstelle steht in (26) also nicht
      „Omega" wie in Satz (25), sondern vielmehr „„Omega"".

Auch wem die Notwendigkeit einer scharfen Unterscheidung zwischen
Gebrauch und Erwähnung von Ausdrücken sofort einleuchtete, der
wird vielleicht bezüglich der letzten Teilfeststellung von (27) für einen
Augenblick stocken. Wenn das der Fall sein sollte, so wäre dies ein Symptom für die weiterhin bestehende Neigung in ihm, Gebrauch und Erwähnung miteinander zu verwechseln. Tatsächlich muß ja hier *über* den
in (26) an erster Stelle stehenden Ausdruck gesprochen werden, und dies
ist das *mit Anführungszeichen versehene* Wort „Omega". Um diesen ganzen
Ausdruck zu *erwähnen*, muß er selbst unter Anführungszeichen gesetzt
werden.

Eine Sprache, welche den *Gegenstand* einer Untersuchung ausmacht, heißt
Objektsprache. Jene Sprache, die man *gebraucht*, um über die Objektsprache
Aussagen zu machen, heißt *Metasprache*. Bei empirischen sprachwissen-
schaftlichen Untersuchungen sind diese beiden Sprachen häufig dieselben:
Man kann z. B. in französischer Sprache ein Werk über die französische
Grammatik verfassen. In diesem Fall muß, wo die Gefahr einer Verwechslung von Gebrauch und Erwähnung von Ausdrücken auftritt, das
Verfahren der Anführung benützt werden. Im Fall logischer Untersuchungen hingegen ist die symbolische Sprache, über die gesprochen
werden soll, zu Beginn noch gar nicht vorhanden. Diese Objektsprache
wird erst künstlich geschaffen. Die beim Aufbau dieser Sprache sowie bei
den späteren auf diese Sprache bezogenen logischen Untersuchungen
benützte Metasprache ist *die Sprache des Alltags*, ergänzt durch gewisse
logisch präzisierte Symbole oder Ausdrücke. Formeln, welche objektsprachliche Wahrheiten beinhalten, heißen *Theoreme;* metasprachliche
richtige Feststellungen über die Objektsprache heißen *Metatheoreme*.
Innerhalb von Untersuchungen über die Grundlagen der Logik und
Mathematik ist eine sehr scharfe und pedantisch eingehaltene Unterscheidung dieser beiden Sprachstufen von größter Wichtigkeit, da sonst
die Gefahr des Auftretens *logischer Paradoxien* entsteht (z. B. die sogenannte
„Antinomie des Lügners"; für Einzelheiten vgl. W. Stegmüller, [Seman-
tik]). Im vorliegenden Buch wird diese Unterscheidung praktisch nur für
die Analysen in X von Relevanz sein. Und auch dort wird der Unterschied
etwas lässiger gehandhabt werden, als es von einem streng logischen
Standpunkt zu verantworten wäre. Die Rechtfertigung dafür liegt darin,
daß in allen in diesem Buch behandelten Problemkomplexen die Gefahr
von Mißverständnissen und Paradoxien nicht auftritt. Vor allem werden

wir als Namen für objektsprachliche Symbole und Formeln *diese Ausdrücke selbst* verwenden. Man spricht in einem solchen Fall auch von der *autonymen* Verwendung der betreffenden Ausdrücke. Ob diese gebraucht oder erwähnt werden, muß dann jeweils aus dem Kontext erschlossen werden. In metamathematischen Untersuchungen werden ferner häufig für die Metasprache eigene, von den entsprechenden objektsprachlichen Symbolen verschiedene logische Zeichen eingeführt. Wir werden in X ein eigenes Symbol nur für die metasprachliche Negation einführen, nämlich einen *Querstrich*, der unmittelbar oberhalb des zu negierenden Ausdrucks zu stehen kommt; im übrigen werden alltagssprachliche Worte verwendet.

Wir kommen nun kurz auf den Unterschied zwischen Pragmatik, Semantik und Syntax zu sprechen. Wir gehen davon aus, daß wir an einer Sprache vier Hauptfaktoren unterscheiden können: (1) den *Sprachbenützer;* (2) die von ihm verwendeten *sprachlichen Ausdrücke* (d. h. die von ihm hervorgebrachten Laute oder Schreibfiguren); (3) die *Bedeutungen* der vorkommenden Wörter und den *Sinn* der in der Sprache zu bildenden Sätze; (4) die Dinge, Klassen, Relationen usw., auf die sich der Sprecher mit den von ihm geäußerten Ausdrücken bezieht. Wir sprechen hier von den *Designata* der Ausdrücke.

Die gesamten Untersuchungen einer Objektsprache werden unter dem Oberbegriff *Semiotik* zusammengefaßt. Die Semiotik ist stets in der Metasprache formuliert. Je nachdem, welche der soeben angeführten Faktoren in Betracht gezogen bzw. vernachlässigt werden, unterscheidet man innerhalb der Semiotik drei bzw. vier Teilgebiete. Wird in die Untersuchung der Sprachbenützer einbezogen, so spricht man von *Pragmatik.* Eine pragmatische Untersuchung wird, sofern sie sich auf reale und nicht bloß auf fiktive Sprecher bezieht, stets empirisch sein. Eine Untersuchung, welche sowohl vom Sprachbenützer wie vom Sinn und den Bedeutungen sprachlicher Ausdrücke wie von deren Designata abstrahiert, wird der *Syntax* zugerechnet. Die sprachlichen Ausdrücke und deren Formen bilden hier den alleinigen Forschungsgegenstand. Die Syntax kann sowohl als *empirische* wie als *reine Syntax* betrieben werden. Ersteres ist der Fall, wenn eine historisch vorliegende Sprache syntaktisch untersucht wird; letzteres liegt vor, wenn die Metatheorie einer künstlich aufgebauten Symbolsprache nur deren syntaktischen Aspekt berücksichtigt. Kommt genau das zur Sprache, was unter (2) und (4) angeführt wurde (Ausdrücke plus deren Designata), so haben wir es mit einem Forschungsgebiet zu tun, welches wir als *extensionale Semantik* bezeichnen. (Im Englischen wird dieses Gebiet bisweilen als "theory of reference" bezeichnet und nicht mehr zur Semantik gerechnet.) Untersuchungen, die vom Sprachbenützer und den Designata abstrahieren, im übrigen aber sämtliche unter (2) und (3) angeführten Faktoren einbeziehen, rechnen wir zur *intensionalen Semantik* oder *Semantik i. e. S.* Semantische Untersuchungen im allgemeinen abstrahieren

nur von den Sprachbenützern und berücksichtigen im übrigen alle unter
(2) bis (4) erwähnten Aspekte der Sprache. Analog wie im Fall der Syntax
kann man auch die semantischen Untersuchungen in *empirische* und *reine*
unterscheiden, je nachdem, ob historisch gewachsene oder erst aufzu-
bauende Kunstsprachen das Forschungsobjekt bilden.

Pragmatik, empirische Semantik und empirische Syntax gehören zur
Sprach- und Verhaltensforschung. *Reine Semantik und reine Syntax hingegen
bilden die Domäne des Logikers.* Wir skizzieren kurz den Unterschied zwischen
einem semantischen und einem syntaktischen Sprachaufbau. (Für genauere
technische Einzelheiten vgl. W. Stegmüller, [Semantik]. Die Errichtung
logischer Systeme unter dem Gesichtspunkt des korrekten Aufbaues
formaler Sprachen findet sich in der deutschsprachigen Literatur vor allem
bei R. Carnap, [Einführung].)

In bezug auf die ersten beiden vorzunehmenden Schritte laufen semantischer und syntaktischer Sprachaufbau parallel. In einem ersten Schritt ist
die *Tabelle aller Zeichen* anzuführen, aus denen die Ausdrücke der Objektsprache gebildet werden. In einem zweiten Schritt muß man die *Formregeln*
angeben, in denen festgelegt wird, welche Zusammenstellungen von Zeichen
zulässige Ausdrücke der Objektsprache bilden. Beim dritten Schritt
beginnt die Differenzierung. In der intensionalen Semantik werden hier
mittels eigener *intensionaler Interpretationsregeln* den deskriptiven Ausdrücken
Bedeutungen im Sinn von Intensionen zugeordnet. Über Natur und
philosophische Problematik des Intensionsbegriffs soll im übernächsten
Abschnitt einiges gesagt werden. In der extensionalen Semantik werden im
dritten Schritt *Designationsregeln* formuliert, durch welche an Stelle der
Zuordnung von Bedeutungen (im intensionalen Sinn) eine Zuordnung von
Extensionen vorgenommen wird. Bei Vorkommen von Variablen ist
außerdem der Wertbereich dieser Variablen festzulegen. Im Fall der
Aussagenlogik z. B. werden in der intensionalen Semantik den Satz-
buchstaben Propositionen zugeordnet, in der extensionalen Semantik
hingegen nur Wahrheitswerte. Wenn es sich um ein quantorenlogisches
System handelt, so werden z. B. als Intensionen von Prädikatausdrücken
Eigenschaften und Beziehungen gewählt (wir fassen beide unter dem
Oberbegriff *Attribut* zusammen). Bei extensionaler Deutung des Systems
beschränkt man sich dagegen darauf, Prädikatausdrücken je nach Stellen-
zahl Klassen von Individuen (aus dem Wertbereich der Variablen) bzw.
Klassen von geordneten n-Tupeln von Individuen zuzuordnen. Entscheidend ist der beiden semantischen Systemkonstruktionen gemeinsame
vierte Schritt, in welchem grundlegende Begriffe, wie der Begriff der *wahren
Aussage*, der *logischen Wahrheit* und der *logischen Folgerung*, eingeführt werden.
In der intensionalen Semantik werden zusätzlich weitere Begriffe, wie
der Begriff der Synonymität und der Begriff des analytischen Satzes,
definiert.

Beim *rein syntaktischen Sprachaufbau* müssen zunächst ebenfalls Zeichentabelle und Formregeln angegeben werden. Dagegen gibt es hier kein Analogon zu den Interpretations- und Designationsregeln beim semantischen Aufbau. Vielmehr erfolgt der weitere Sprachaufbau „more geometrico" auf der Grundlage von *Deduktionsregeln*. Auch hierfür existieren verschiedene Varianten. Das gebräuchlichste Verfahren ist das *axiomatische*. Ähnlich dem Aufbau der euklidischen Geometrie werden gewisse auf Grund der Formregeln zulässige Formeln (Sätze) ausgezeichnet und als *Axiome* oder *Grundsätze* vorangestellt. Daneben werden eigene *Ableitungsregeln* formuliert, welche angeben, wie man aus bereits gewonnenen Formeln neue Formeln erhalten kann. Die Ableitungsregeln müssen so abgefaßt sein, daß dabei von jeder inhaltlichen Deutung der Symbole abstrahiert wird. Sie dürfen nur an die äußere Form der Sätze anknüpfen. Sie sind also von der Gestalt: „Aus Sätzen von der und der Form ist ein Satz von solcher und solcher Form ableitbar". Eine derartige Ableitungsregel, in welcher nur die aussagenlogische Struktur benützt wird, ist z. B. der *modus (ponendo) ponens*, wonach aus zwei Sätzen von der Gestalt „p" und „$p \rightarrow q$" auf „q" geschlossen werden darf. Formeln (Sätze), die durch endlich oftmalige Anwendung der Ableitungsregeln aus den Axiomen allein gewonnen wurden, heißen *Theoreme (beweisbare Sätze, Lehrsätze)*.

Andere Varianten des syntaktischen Aufbaues sind: Erstens Systeme, welche neben Ableitungsregeln auch *Widerlegungsregeln* enthalten. Zweitens die sogenannten Theorien des *natürlichen Schließens*, in denen die Axiome dadurch eliminiert werden, daß an ihre Stelle *ausnahmslos* Ableitungsregeln treten. Drittens die sogenannten *Sequenzenkalküle*, die auf einer unmittelbaren Formalisierung des semantischen Folgerungsbegriffs beruhen. Viertens die Theorie der *Positiv- und Negativteile*, welche in gewisser Weise axiomatisches Vorgehen mit der Sequenzenlogik verbindet. (Zum ersten vgl. R. CARNAP, [Semantics] und W. STEGMÜLLER, [Semantik]; zum zweiten W. ESSLER, [Einführung]; zum dritten H. HERMES, [Einführung] und ST. C. KLEENE, [Metamathematics]; zum vieren K. SCHÜTTE, Beweistheorie.) Bedauerlicherweise existiert bis zum heutigen Tage trotz der zahlreichen Logik-Lehrbücher kein einziges Werk, in welchem alle diese Varianten des syntaktischen Logikaufbaues systematisch dargestellt und miteinander verglichen werden.

Eine nach rein syntaktischen Gesichtspunkten aufgebaute Objektsprache wird auch Kalkül genannt. Es hat sich herausgestellt, *daß man die gesamte Logik kalkülisieren kann*. Dies war eine wichtige Entdeckung; denn z. B. in der Quantorenlogik ist die kalkülmäßige Behandlung in vielen Fällen wesentlich einfacher als die semantische. Da in dieser Einleitung kein kalkülmäßiger Aufbau der Logik gegeben werden kann, soll das syntaktische Vorghen wenigstens an einem Analogiebild illustriert werden. Man kann Kalküle nämlich mit komplizierten Spielen, so etwa dem Schachspiel, vergleichen. Den Zeichen des Kalküls entsprechen die Figuren des Schachspiels, unter Einschluß der beiden Elemente, aus denen das Schachbrett zusammengesetzt ist (ein kleines weißes und ein kleines schwarzes Quadrat). Den Formregeln entsprechen die Bestimmungen über die Struktur des Schachbrettes sowie über die Anzahl der Figuren jeder Art und Farbe (je ein schwarzer und ein weißer König, je zwei schwarze und zwei weiße Läufer, je acht Bauern usw.). Den *Axiomen* entspricht die genau festgelegte Ausgangskonstellation beim Schachspiel. Den verschiedenen *Ableitungsregeln* entsprechen die Zugregeln des Spiels. Den *Theoremen* schließlich korrespondieren die auf die Ausgangskonstellation folgenden Konstellationen am Schachbrett. (Selbstverständlich darf dieses Analogiebild nicht überdehnt werden. Ein Kalkül ist ja kein Wettspiel zwischen zwei Partnern; daher scheiden auch niemals später Symbole oder Formeln aus, so wie Figuren ausscheiden usw.)

Von wissenschaftstheoretischer Bedeutung ist der Unterschied zwischen dem Begriff des *Beweises* und dem des *beweisbaren Satzes (Theorems)*. Ein Beweis kann auf zweierlei Arten konstruiert werden: Erstens (zweidimensional) in der Form eines sogenannten *Formelbaumes*, dessen obere Spitzen mit bestimmten Axiomen beginnen, um von da aus durch weitere und weitere formale Zwischenschritte zum Theorem, d. h. zu jener Formel zu führen, die das Endstück des Beweises bildet. Zweitens kann ein Beweis (eindimensional) als eine *lineare* Folge von Formeln angeschrieben werden, wobei jedes Glied der Folge entweder ein Axiom ist oder aus früheren Gliedern der Folge mittels eines durch die Ableitungsregeln zugelassenen formalen Deduktionsschrittes hervorgeht. Das Theorem bildet hier das letzte Glied der Folge. *Der Begriff des Beweises muß stets ein effektiv entscheidbarer Begriff* in dem Sinn *sein*, als es möglich sein muß, in endlich vielen Schritten rein mechanisch festzustellen, ob ein vorgelegtes Gebilde einen Beweis in einem Kalkül darstellt oder nicht. *Demgegenüber braucht der Begriff der beweisbaren Formel nicht entscheidbar zu sein*. Zu behaupten, daß eine bestimmte Formel beweisbar sei, besagt ja dasselbe wie daß ein Beweis für diese Formel existiere. Dieser Beweis muß erst entdeckt werden, und es ist keineswegs selbstverständlich, daß das Glück und die Intuition, die für eine solche schöpferische Entdeckerleistung erforderlich sind, durch ein mechanisches Verfahren ersetzt werden können.

Ein für sich abgeschlossener, gleichsam in der Luft hängender Kalkül ist meist uninteressant. Wenn man von einer Kalkülisierung *der Logik* spricht, so setzt man dabei implizit bereits semantische und syntaktische Systeme miteinander in Beziehung, wobei die semantische Betrachtungsweise als die grundlegendere angesehen wird, an der man die entsprechende syntaktische beurteilt. Im Fall der Aussagenlogik handelt es sich z. B. darum, einen Kalkül aufzubauen, der genau die aussagenlogischen Wahrheiten als Theoreme liefert.

Im Fall der Quantorenlogik erwarten wir von einem Kalkül, daß er gerade die quantorenlogisch gültigen Formeln als Theoreme erzeugt. Dabei haben wir vorausgesetzt, daß der semantische Begriff der logischen Wahrheit bzw. der Gültigkeit bereits zur Verfügung steht. In Abschn. 1 haben wir nur in intuitiver Weise angedeutet, was mit diesem Begriff intendiert wird. Eine Präzisierung für den aussagen- und quantorenlogischen Fall, unter Benützung der in Abschn. 2 eingeführten Begriffe, soll im nächsten Abschnitt geliefert werden. Erfassen die Theoreme eines Logikkalküls *alle* logischen Wahrheiten, so wird der Kalkül *vollständig* genannt; erfassen sie auch *nur* solche Wahrheiten, so nennt man den Kalkül *korrekt*. Ein sowohl vollständiger wie korrekter Kalkül wird gelegentlich auch als *gesättigt* bezeichnet[7].

Der Leser wird bereits bemerkt haben, daß die in Abschn. 2 gegebenen Schilderungen auf eine Skizze — genauer eigentlich: auf das Anfangsstück einer Skizze — des *semantischen Aufbaues der Aussagen- und Quantorenlogik* hinauslaufen, wenn man die jetzige Terminologie auf das dortige Material anwendet. Zwei qualifizierende Zusatzbemerkungen sind dabei anzufügen. Erstens handelt es sich, strenggenommen, bei diesen zwei Systemen nicht um bestimmte Sprachen, sondern nur um *Skelette* von solchen. Erst wenn die schematischen Buchstaben durch bestimmte deskriptive Zeichen ersetzt werden (die schematischen Satzbuchstaben durch bestimmte Sätze, die Prädikatbuchstaben durch bestimmte Prädikate), entsteht eine konkrete symbolische Sprache. Zweitens ist die dort begonnene Semantik *rein extensionaler Natur:* Wir stellten fest, daß die Junktoren (und analog die Quantoren als „verallgemeinerte Konjunktion" und „verallgemeinerte Adjunktion") *extensionale Operatoren* sind; ferner werden den Satzbuchstaben der Aussagenlogik nicht Propositionen, sondern *Wahrheitswerte* zugeordnet; schließlich werden als mögliche Deutungen von Atomformeln der Quantorenlogik ausschließlich *Klassen*, also wieder etwas rein Extensionales, verwendet.

Von einer bloßen Skizze in Abschn. 2 sprechen wir deshalb, weil wir die Semantik nicht nach den oben angeführten strengen Prinzipien (Zeichentabelle, Formregeln, Designationsregeln usw.) aufbauten. Vielmehr haben wir, sozusagen „im Plauderton", den Leser allmählich mit gewissen Grundbegriffen und Symbolen der modernen Logik vertraut gemacht und an den

---

[7] Die Ausführungen dieses letzten Absatzes dürfen nicht dahingehend mißverstanden werden, als bestehe die einzige Aufgabe von Kalkülen darin, *logische* Beziehungen syntaktisch nachzuzeichnen. Kalküle können auch ganz andere Funktionen erfüllen. In der Theorie der Berechenbarkeit z. B. spielen die sogenannten Thue-Systeme eine wichtige Rolle. Dabei handelt es sich um Kalküle, die überhaupt nicht die Aufgabe haben, logische Übergänge syntaktisch zu spiegeln. Vielmehr besteht ihre Funktion darin, das schrittweise Vorgehen bestimmter Rechenmaschinen syntaktisch zu simulieren. Für Einzelheiten vgl. H. HERMES [Berechenbarkeit].

entsprechenden Stellen die erforderlichen Begriffe der extensionalen Semantik eingeführt. Dies muß nun fortgesetzt werden.

5. Logische Wahrheit (L-Wahrheit) und logische Folgerung (L-Implikation)

5.a Junktorenlogik. Entsprechend dem Vorgehen in Abschn. 2 empfiehlt es sich, die wichtigsten metalogischen Begriffe, wie den der logischen Wahrheit, der logischen Folgerung und einige weitere, zunächst für die Aussagen- oder Junktorenlogik und erst getrennt davon in einem zweiten Schritt für die Quantorenlogik zu explizieren. Von *metalogischen* Begriffen sprechen wir hier deshalb, weil alle diese Begriffe in die Metasprache eingeführt werden müssen, da in ihnen *über* Sätze bzw. Formeln der symbolischen Objektsprache gesprochen wird. So etwa ist die logische Wahrheit eine Eigenschaft von objektsprachlichen Sätzen. Um daher einem derartigen Satz diese Eigenschaft zusprechen zu können, muß man ihn mittels eines Namens *erwähnen* und diese Eigenschaft von ihm prädizieren. Ähnlich wenn ich sage: „Die Aussage B folgt logisch aus der Aussage A". In diesem Satz wird *über* zwei Sätze A und B der Objektsprache, welche also die Namen „A" und „B" erhalten haben, geredet und behauptet, daß zwischen ihnen in der angegebenen Ordnung die Beziehung der logischen Folgerung besteht.

Dies muß streng unterschieden werden von jenem Fall, wo die Buchstaben „A" und „B" nicht *Namen von*, sondern *Abkürzungen für* Sätze der Objektsprache (und damit selbst objektsprachliche Symbole) sind und diese so abgekürzten Sätze zu einem komplexeren Satz zusammengefügt werden, etwa mittels des Konditionalzeichens „$\rightarrow$". „$A \rightarrow B$" wäre dann eine objektsprachliche Wenn-Dann-Aussage, deren Wenn-Komponente aus dem durch „A" und deren Dann-Komponente aus dem durch „B" abgekürzten Satz besteht. Die Aussage „aus A folgt logisch B" dagegen enthält drei metasprachliche Ausdrücke: die beiden Satz*namen* „A" und „B" und den Relationsausdruck „aus . . . folgt logisch - - -". Für den letzteren werden wir die Abkürzung „$\Vdash$" verwenden und die metasprachliche Aussage „aus A folgt logisch B" durch „$A \Vdash B$" wiedergeben. Die Verwechslung von Sätzen der Gestalt „$A \rightarrow B$" mit solchen von der Gestalt „$A \Vdash B$" war einer der folgenschwersten Fehler bei Beginn der modernen logischen Forschung. Der Leser mache sich nochmals die vollkommen verschiedene Funktion der beiden Buchstaben „A" und „B" in diesen zwei Fällen klar. [Wem dies noch immer nicht gelingt, für den bildet vielleicht die folgende Bemerkung eine psychologische Hilfe: In „$A \rightarrow B$" sieht man die beiden Teilsätze, bzw. genauer: deren symbolische

Abkürzungen, *selbst anschaulich vor sich auf dem Papier* gedruckt stehen. In „*A* ⊢ *B*" *sieht* man dagegen nur die beiden *Namen* von Sätzen „*A*" und „*B*" vor sich; die zwei benannten Sätze selbst bleiben völlig unsichtbar und treten nicht in Erscheinung, genauso wenig wie der Gott Apollo (oder das Raumschiff Apollo) selbst in Erscheinung tritt, wenn ich das Wort „Apollo" ausspreche.]

Gemäß den vorbereitenden Bemerkungen in Abschn. 1 ist eine komplexe Aussage, die aus elementaren (d. h. junktorenlogisch nicht weiter zerlegbaren) Teilaussagen mit Hilfe von Junktoren zusammengesetzt worden ist, *logisch wahr* (kurz: *L-wahr*) genau dann, wenn ihre Wahrheit bereits aus der Bedeutung der in ihr vorkommenden Junktoren ermittelt werden kann. Auf den speziellen Sinn der Teilaussagen kommt es nicht an. Wir können also von diesem abstrahieren, was wir in der Weise tun, daß wir diese Teilaussagen durch Satzbuchstaben ersetzen (natürlich gleiche elementare Teilaussagen durch gleiche Buchstaben und verschiedene durch verschiedene). Die so entstehende Formel muß sich dann als wahr erweisen, unabhängig davon, welche Wahrheitswerte man den in ihr vorkommenden Satzbuchstaben zuteilt.

Wie man den Wahrheitswert einer komplexen Formel mittels der Wahrheitstabellenmethode für eine *bestimmte* Zuteilung von Wahrheitswerten auf die Satzbuchstaben (also für eine bestimmte extensionale Interpretation) ermittelt, haben wir uns gegen Ende von 2.a an einem Beispiel verdeutlicht. Eine solche Ermittlung nennen wir auch *Auswertung* der Formel (für eine bestimmte Wahrheitswertezuteilung auf ihre Satzbuchstaben). Jetzt kommt es auf die Auswertungen für *sämtliche* überhaupt möglichen derartigen Wahrheitswertezuteilungen an. Dazu muß man sich zunächst überlegen, wie groß die Anzahl solcher Wahrheitswertezuteilungen ist. Sollte die Formel die n Satzbuchstaben „p_1", „p_2", ..., „p_n" enthalten, so kann jeder Buchstabe unabhängig von allen übrigen entweder den Wert „⊤" oder „⊥" zugeteilt erhalten. Da dies für jeden Buchstaben zwei Möglichkeiten liefert, ergibt sich insgesamt ein Produkt $2 \times 2 \times ... \times 2$, bestehend aus n Faktoren, also 2^n Möglichkeiten. Für alle diese 2^n Fälle muß die Formel, um mit Recht als L-wahr behauptet werden zu können, bei der Auswertung den Wahrheitswert „⊤" liefern.

Als Beispiel betrachten wir etwa die Formel „$[(p \rightarrow q) \wedge (q \rightarrow r)]$ $\vee (r \rightarrow p)$" (wir haben es hier mit einem in dem Sinn nichttrivialen Beispiel zu tun, als man nicht unmittelbar ersieht, ob diese Formel L-wahr ist oder nicht). Sie enthält drei Satzbuchstaben, so daß sich $2^3 = 8$ verschiedene Wahrheitswertezuteilungen ergeben. Wir schreiben diese analog zu dem Beispiel in 2.a unterhalb der Formel an, wobei wir aber diesmal acht Zeilen erhalten, in denen wir die Zuteilungen nach irgendeinem Prinzip ordnen, z. B. so: Wir greifen zunächst den alphabetisch letzten Buchstaben, also „r", heraus und schreiben unter beide Vorkommnisse achtmal untereinander abwechselnd „⊤" und „⊥". Dann gehen wir zum alphabetisch vorletzten Buchstaben „q" über und schreiben unter dessen zwei Vorkommnisse in den acht Zeilen je zweimal „⊤" und zweimal „⊥". Das Analoge tun wir mit „p", wobei wir aber viermal „⊤" und viermal „⊥" untereinander schreiben. So gewinnen wir alle acht Zeilen.

Im folgenden Diagramm, auch *Wahrheitstafel für diese Formel* genannt, haben wir dabei für jede Zeile bereits die Auswertung gemäß den in 2.a erläuterten Vorschriften vorgenommen. (Der Leser nehme die Eintragungen sukzessive vor und überprüfe, ob seine Auswertungen Zeile für Zeile mit den in dieser Tabelle enthaltenen übereinstimmen.)

(28) $[(p \to q) \land (q \to r)] \lor (r \to p)$

```
⊤ ⊤ ⊤  ⊤ ⊤ ⊤  ⊤ ⊤ ⊤ ⊤
⊤ ⊤ ⊤  ⊥ ⊤ ⊥ ⊥  ⊤ ⊥ ⊤ ⊤
⊤ ⊥ ⊥  ⊥ ⊥ ⊤ ⊤  ⊤ ⊤ ⊤ ⊤
⊤ ⊥ ⊥  ⊥ ⊥ ⊤ ⊥  ⊤ ⊥ ⊤ ⊤
⊥ ⊤ ⊤  ⊤ ⊤ ⊤ ⊤  ⊤ ⊤ ⊥ ⊥
⊥ ⊤ ⊤  ⊥ ⊤ ⊥ ⊥  ⊤ ⊥ ⊤ ⊥
⊥ ⊤ ⊥  ⊤ ⊥ ⊤ ⊤  ⊤ ⊤ ⊥ ⊥
⊥ ⊤ ⊥  ⊤ ⊥ ⊤ ⊥  ⊤ ⊥ ⊥ ⊥
```

Die unter dem Hauptzeichen „∨" dieser Formel stehende Spalte wird die *Hauptspalte* der Wahrheitstafel dieser Formel genannt. Sie enthält in allen acht Zeilen die Eintragung „⊤", welche für „wahr" steht. Also ist unsere Formel tatsächlich L-wahr. Aussagenlogische Formeln, die L-wahr sind, werden auch häufig *tautologisch* oder *Tautologien* genannt. Das ganze in (28) abgebildete Diagramm bildet eine *Auswertung* der Formel für *alle* Wahrheitswertezuteilungen auf die Satzbuchstaben.

Das durch die Eintragungen in (28) im Detail geschilderte Verfahren der Wahrheitstafeln, welches etwas mühsam und zeitraubend ist, kann meist in verschiedener Hinsicht wesentlich vereinfacht und damit auch zeitersparender gestaltet werden. So kann man z. B. bei der Auswertung der einzelnen Zeilen dieser Wahrheitstafel von den in 2.a angedeuteten Regeln Gebrauch machen und dadurch diese Auswertungen beschleunigen. Weiter kann man im vorliegenden Fall die Tatsache benützen, daß das die ganze Formel regierende Hauptzeichen das Adjunktionssymbol „∨" ist und daß eine Adjunktion bereits dann den Wert „wahr" erhält, wenn man bloß von einem Teilglied weiß, daß es wahr ist. Es ist daher zweckmäßiger, mit der Auswertung der jeweils kleineren Teilformel zu beginnen: dies ist die Formel „$r \to p$". Diese erweist sich in den ersten vier Zeilen, ferner in der sechsten und achten Zeile als wahr. Damit aber erhält in diesen sechs Fällen auf Grund der Wahrheitstabelle für „∨" die ganze Formel bereits den Wert „wahr" zugeteilt, wobei es ganz gleichgültig ist, welchen

Wert die linke komplexere Teilformel dieser Adjunktion erhält. Man kann sich also in diesen sechs Fällen die Auswertung der linken Teilformel der Adjunktion ersparen. Lediglich in der fünften und siebenten Zeile, wo sich rechts der Wert „falsch" ergibt, muß man auf die Auswertung des linken Adjunktionsgliedes zurückgreifen, welches in beiden Fällen den Wert „wahr" liefert. Diese beiden Auswertungen wieder kann man durch die folgenden Überlegungen beschleunigen: Bei diesem linken Glied handelt es sich um eine Konjunktion, die wahr ist, wenn beide Glieder wahr sind. Diese beiden Glieder sind Konditionale. In der fünften Zeile ist das erste Glied wahr, weil das Vorderglied „p" falsch ist (und ein Konditional mit falschem Antecedens stets wahr ist); das zweite Glied ist hier wahr, weil dessen Konsequens „r" wahr ist. In der siebenten Zeile schließlich sind beide Konditionale aus demselben Grunde richtig: ihre beiden Vorderglieder „p" und „q" sind nämlich falsch.

Ergibt die Wahrheitstafel einer vorgelegten Formel für sämtliche Wahrheitswertezuteilungen auf ihre Satzbuchstaben den Wert „falsch", so wird sie als *logisch falsch* bzw. als *L-falsch* oder als *inkonsistent* bezeichnet. Häufig wird dafür auch die Bezeichnung „*kontradiktorisch*" verwendet. Doch ist zu beachten, daß dieser letzte Ausdruck bisweilen nicht als Gegenbegriff zu „tautologisch", sondern als Gegenbegriff zu dem wesentlich weiteren und im nächsten Abschnitt diskutierten Begriff „analytisch" benützt wird. Die Formel „$p \land \neg p$" bildet sozusagen den Prototyp einer aussagenlogisch L-falschen Formel. Die L-Falschheit dieser Formel kann man ohne Konstruktion einer Wahrheitstafel durch die folgende Überlegung rasch erkennen: Entweder ist bereits „p" falsch, dann auch die ganze Konjunktion; oder „p" ist wahr, dann ist „$\neg p$" falsch und damit abermals die ganze Konjunktion falsch.

Eine Formel, die nicht L-falsch ist, heißt *erfüllbar* oder *konsistent*. Sie ist also bei gewissen Wahrheitswertezuteilungen wahr. Beispiel: die Formel „$(p \land \neg q) \lor r$". (Der Leser gebe eine Wahrheitswertezuteilung an, bei der diese Formel wahr wird, und eine andere, bei der sie falsch wird.) Alle tautologischen Formeln sind a fortiori konsistent.

Entsprechend den früheren inhaltlichen Andeutungen kann der Begriff der *logischen Folgerung* oder *logischen Implikation* (kurz: *L-Implikation*) auf den Begriff der logischen Wahrheit zurückgeführt werden. Gehen wir dazu von einem einfachen logischen Argument aus, dessen Gültigkeit nur auf der Bedeutung der darin vorkommenden Junktoren beruht, und versuchen wir, aus diesem Argument durch Abstraktion eine allgemeine Argumentform zu gewinnen. Die erste Prämisse laute: „Entweder die Importe werden stärker zunehmen als die Exporte oder es wird eine Inflation geben". Die zweite Prämisse besage: „Die Importe werden nicht stärker zunehmen als die Exporte". Daraus läßt sich die Conclusio gewinnen: „Es wird eine Inflation geben". Wenn wir den Satz „die Importe

werden stärker zunehmen als die Exporte" durch „Z" und „es wird eine
Inflation geben" durch „J" abkürzen, so hat der Schluß die folgende
Gestalt:

$$Z \vee J$$
$$\neg Z$$
$$\therefore J$$

Die drei Punkte vor der Conclusio sollen angeben, daß diese aus den
zuvor angeführten Prämissen folgt. Ersetzen wir die Abkürzungen für
konkrete Sätze durch schematische Satzbuchstaben, so erhalten wir die
Argumentform:

(29) $p \vee q$
$$\neg p$$
$$\therefore q$$

Die Gültigkeit eines Argumentes muß von der faktischen Wahrheit
oder Unwahrheit der daran beteiligten Sätze unabhängig sein. Denn auch
aus falschen Prämissen lassen sich richtige Schlußfolgerungen ziehen.
Ein Argument ist ungültig, wenn es eine Interpretation gibt, welche alle
Prämissen wahr und die Conclusio falsch macht. Die These, daß (29) die
Form eines gültigen Argumentes hat, ist somit verifiziert, sobald gezeigt
ist, *daß sämtliche Interpretationen, welche die Prämissen wahr machen, auch die
Conclusio wahr machen;* denn dies bedeutet ja dasselbe wie zu sagen, *daß es
keine Interpretation gibt, welche die Prämissen wahr und die Conclusio falsch macht.*
Gehen wir nun auf die Bedeutungen von „$\wedge$" sowie „$\rightarrow$" zurück, so läuft
die Behauptung der Gültigkeit einer Argumentform auf dasselbe hinaus
wie die Behauptung, daß die Formel von Konditionalform tautologisch ist,
deren Konsequens mit der Conclusio identisch ist und deren Antecedens
in der Konjunktion der Prämissenformeln besteht. In unserem Beispiel:
Die Behauptung der Gültigkeit eines Argumentes von der Form (29) kann
transformiert werden in die andere Behauptung, daß die Formel:

(30) $[(p \vee q) \wedge \neg p] \rightarrow q$

tautologisch ist. Diese zweite Behauptung läßt sich sofort durch Konstruktion der Wahrheitstafel von (30) verifizieren. Wir sagen in einem
solchen Fall auch, daß „$p \vee q$" und „$\neg p$" zusammen „q" *L-implizieren.*
Unter Benützung von „$\Vdash$" läßt sich dies auch so ausdrücken:

(31)   „$p \vee q$", „$\neg p$" $\Vdash$ „q"
(Frage: warum verwenden wir hier Anführungszeichen?)

Neben dem Begriff der logischen Folgerung ist der Begriff der *logischen
Äquivalenz* (kurz: *L-Äquivalenz*) von Wichtigkeit. Zwei aussagenlogische

Formeln werden L-äquivalent genannt, wenn sie bei jeder Interpretation ihrer Satzbuchstaben denselben Wahrheitswert liefern. Auf Grund der Definition liegt dieser Fall genau dann vor, wenn die Bikonditionalformel, welche die beiden vorgegebenen Formeln durch „↔" verknüpft, tautologisch ist. So wie der Begriff der logischen Folgerung auf den der logischen Wahrheit eines Konditionals zurückführbar ist, so ist also der Begriff der logischen Äquivalenz auf den der logischen Wahrheit eines Bikonditionals reduzierbar. Da L-äquivalente Formeln logisch gleichwertig und daher füreinander ersetzbar sind, ist es zweckmäßig, die wichtigsten Fälle von L-Äquivalenzen zusammenzustellen. Sie finden sich in der folgenden Liste (wir schreiben jeweils L-äquivalente Formeln, durch Beistriche voneinander getrennt, in eine Zeile; die Anführungszeichen, unter die sie eigentlich gesetzt werden müßten, lassen wir fort):

(I)   (a) $p, p \wedge p$
      (b) $p, p \vee p$
      (c) $p, \neg \neg p$
      (d) $p \wedge q, q \wedge p$
      (e) $p \vee q, q \vee p$
      (f) $p \vee (q \vee r), (p \vee q) \vee r$
      (g) $p \wedge (q \wedge r), (p \wedge q) \wedge r$
      (h) $p \wedge q, \neg(\neg p \vee \neg q)$
      (i) $p \vee q, \neg(\neg p \wedge \neg q)$
      (j) $p \wedge (q \vee r), (p \wedge q) \vee (p \wedge r)$
      (k) $p \vee (q \wedge r), (p \vee q) \wedge (p \vee r)$
      (l) $p \rightarrow q, \neg p \vee q, \neg(p \wedge \neg q)$
      (m) $p \leftrightarrow q, (p \rightarrow q) \wedge (q \rightarrow p), \neg(p \wedge \neg q) \wedge \neg(q \wedge \neg p),$
           $(p \wedge q) \vee (\neg p \wedge \neg q)$

(Die letzten beiden Zeilen sind so zu verstehen, daß je zwei der drei bzw. vier angeführten Formeln miteinander L-äquivalent sind.)

Der Test für die Richtigkeit der hier aufgestellten Behauptungen besteht in allen Fällen (a) bis (m) darin, daß man die durch Kommas getrennten Formeln durch „↔" miteinander verbindet und durch Aufstellung der zugehörigen Wahrheitstafel nachweist, daß die so entstandene Bikonditionalformel tautologisch ist. Die logischen Äquivalenzen (a) und (b) drücken das sogenannte *Gesetz der Idempotenz* von „∧" und „∨" aus. (c) ist *das Prinzip der doppelten Negation*. (d) und (e) sind die *kommutativen Gesetze* (Vertauschungsgesetze) für „∧" und „∨". (f) und (g) sind die beiden für „∧" und „∨" geltenden *assoziativen Gesetze;* diese gestatten es, bei einer längeren Konjunktion oder Adjunktion die Klammern wegzulassen. In (h) und (i) werden nochmals die bereits früher erwähnten Möglichkeiten festgehalten, die Konjunktion durch Negation und Adjunktion bzw.

umgekehrt die Adjunktion durch Negation und Konjunktion auszudrücken. (j) und (k) sind die beiden sogenannten *distributiven Gesetze*; sie
gestatten es, „auszumultiplizieren" bzw. umgekehrt „herauszuklammern".
Das arithmetische Analogon dazu ist: $x(y+z) = xy+xz$. Während
sich aber in der Logik „∧" und „∨" in dieser Hinsicht völlig symmetrisch
verhalten, ist dies bezüglich der Multiplikation und Addition nicht der
Fall; denn es gilt *nicht:* $x + (y\,z) = (x + y) \cdot (x + z)$. (l) schildert die
beiden einfachsten Methoden, das Symbol „→" zu vermeiden. (m) liefert
drei Eliminationsregeln für das Bikonditionalzeichen.

Für einige weitere wichtige Formeln führen wir die obige Numerierung
fort. Wenn man in einer L-Äquivalenz beide Glieder negiert, so erhält
man offenbar wieder eine L-Äquivalenz. Aus (h) und (c) bzw. aus (i)
und (c) erhält man danach die beiden wichtigen *Regeln von* DE MORGAN:

(n)   ¬ $(p∧q)$, ¬p∨¬q ,

(o)   ¬ $(p∨q)$, ¬p∧¬q .

Diese Regeln lassen sich für beliebig viele Konjunktions- bzw. Adjunktionsglieder *verallgemeinern*. Es gilt also sowohl: „¬$(p∧q∧ \ldots ∧t)$"
ist L-äquivalent mit „¬p∨¬q∨…∨¬t", als auch: „¬$(p∨q∨ \ldots ∨t)$"
ist L-äquivalent mit „¬p∧¬q∧ \ldots ∧¬t". Der Beweis (welcher streng
genommen durch Induktion erfolgen müßte) sei für einen dieser beiden
Fälle bezüglich dreier Glieder angedeutet: In (n) ersetzen wir „p" durch
„$r∧s$" und „q" durch „t". Wir erhalten dann die logische Äquivalenz von
„¬$(r∧s∧t)$" und „¬$(r∧s)∨¬t$". Wenn wir in dieser letzten Formel
nochmals (n) auf die Teilformel „¬$(r∧s)$" anwenden, so gelangen wir
schließlich zu der Feststellung, daß „¬$(r∧s∧t)$" L-äquivalent ist mit
„¬r∨¬s∨¬t". Wir haben bei diesem Vorgehen, ebenso wie bereits an
früheren Stellen, insofern etwas „gemogelt", als wir stillschweigend die
Gültigkeit zweier Behauptungen voraussetzten: Das erste ist die Behauptung, daß die L-Wahrheit erhalten bleibt, wenn man einen Satzbuchstaben
durch eine beliebige Formel ersetzt. Das zweite ist die Behauptung, daß
man innerhalb einer beliebigen Formel A eine Teilformel durch eine mit
dieser L-äquivalente ersetzen kann und dadurch wieder eine mit A L-
äquivalente Gesamtformel erhält. Der Leser überlege sich, warum diese
beiden Annahmen gerechtfertigt sind.

Analog lassen sich die beiden distributiven Gesetze (j) und (k) verallgemeinern zu:

(p) $p∨(q∧r ∧ \ldots ∧t)$, $(p∨q)∧(p∨r)∧ \ldots ∧(p∨t)$

sowie zu:

(q) $p∧(q∨r∨ \ldots ∨t)$, $(p∧q)∨(p∧r)∨ \ldots ∨(p∧t)$.

Der Leser erbringe z. B. den Nachweis für (q) nach dem folgenden Ver-
einfachungsverfahren: Man unterscheide zwei Fälle und wähle im ersten

Fall für „p" den Wert „$\top$" und im zweiten Fall für „p" den Wert „$\bot$".
Im ersten Fall erhält man dann ein Bikonditional, in welchem rechts und
links von „$\leftrightarrow$" dieselbe Formel steht; im zweiten Fall gelangt man zu einem
Bikonditional mit einem falschen rechten und einem falschen linken Glied.
In beiden Fällen ist das Ganze richtig.

Wir erwähnen noch zwei Regeln, die häufig Verwendung finden und
deren Nachweis wir dem Leser überlassen. Die eine besagt, daß man
zu einer beliebigen Formel eine Tautologie von der Gestalt „$q \vee \neg q$"
konjunktiv hinzufügen kann. Die andere beinhaltet, daß man zu jeder
beliebigen Formel eine Kontradiktion von der Gestalt „$q \wedge \neg q$" adjunktiv
hinzufügen kann. Es gelten also die folgenden beiden logischen Äquivalenzen:

$$(\text{r}) \quad p, p \wedge (q \vee \neg q),$$

$$(\text{s}) \quad p, p \vee (q \wedge \neg q).$$

Mit Hilfe der bisher angeführten logischen Äquivalenzen können
wir die Bildung der sogenannten *Normalformen* schildern. Wir beginnen
mit der adjunktiven Normalform. Gegeben sei eine beliebige Formel.
Mittels (l) und (m) beseitigen wir alle Vorkommnisse der beiden logischen
Zeichen „$\rightarrow$" und „$\leftrightarrow$". In einem zweiten Schritt wenden wir die einfachen
oder verallgemeinerten De Morganschen Regeln so oft an, bis das Negationszeichen nur mehr vor Satzbuchstaben steht. Die Formel enthält
nämlich nach Voraussetzung nur mehr die drei Junktoren „$\wedge$", „$\vee$"
sowie „$\neg$". Solange das Negationszeichen vor einer Konjunktion oder
Adjunktion steht, kann es auf Grund von (n) und (o), bzw. den Verallgemeinerungen davon, weiter „nach innen geschoben" werden; mehrfache
Vorkommnisse von „$\neg$" hintereinander können mittels (c) beseitigt
werden. Schließlich wenden wir die distributiven Gesetze so lange an,
bis das Konjunktionszeichen nur mehr Satzbuchstaben und Negationen
von solchen verknüpft. Alle diese Schritte sind natürlich nur anzuwenden,
soweit die Formel nicht schon die gewünschte Gestalt hat.

Unter einem *konjunktiven Fundamentalschema* verstehen wir eine Formel,
die aus einer Konjunktion von Satzbuchstaben und Negationen von solchen
besteht. Die durch das geschilderte Verfahren gewonnene Endformel ist
entweder ein konjunktives Fundamentalschema oder eine Adjunktion
solcher Schemata. Gemäß (a) und (b) beseitigen wir alle doppelt oder
mehrfach vorkommenden Glieder (also in den Fundamentalschemata alle
mehrfach vorkommenden Satzbuchstaben oder Negationen von solchen
und in der gesamten Adjunktion alle mehrfach vorkommenden Fundamentalschemata). Die gewonnene Endformel ist logisch äquivalent mit der
ursprünglichen Formel. Sie wird als eine *adjunktive Normalform* der Ausgangsformel bezeichnet. Wir geben in (32) ein einfaches Beispiel, wobei

wir in (a) die Ausgangsformel und in (b) eine dazugehörige adjunktive Normalform anführen. Der Leser zeige unter Benützung des geschilderten Vorgehens, wie man (b) aus (a) erhält:

(32)   (a) $(p \to \neg q) \to (p \leftrightarrow \neg q)$,

                      (b) $(p \wedge q) \vee (p \wedge \neg q) \vee (\neg p \wedge q)$.

Die adjunktive Normalform ist ein Mittel, um einen raschen *Konsistenztest* vornehmen zu können. Eine Formel ist nämlich genau dann *inkonsistent, wenn jedes konjunktive Fundamentalschema ihrer adjunktiven Normalform einen Satzbuchstaben zusammen mit seiner Negation enthält.* Ist nämlich diese letztere Bedingung erfüllt, so ist jedes Fundamentalschema und damit die ganze Adjunktion inkonsistent. Ist diese Bedingung nicht erfüllt, so enthält die adjunktive Normalform mindestens ein Fundamentalschema, in welchem zu keinem darin vorkommenden Satzbuchstaben auch dessen Negation vorkommt. Dann kann man leicht eine Wahrheitswertezuteilung vornehmen, welche dieses Fundamentalschema wahr macht: Die unnegierten Buchstaben bewerte man mit „$\top$", jene hingegen, vor denen ein Negationszeichen steht, mit „$\bot$". Das Fundamentalschema erhält dann den Wert „wahr" und damit auch die ganze Adjunktion. Nach diesem Kriterium ist (32) (b) und damit auch (32) (a) konsistent.

In Analogie zur adjunktiven Normalform kann man für eine vorgegebene Formel auch eine *konjunktive Normalform* bilden. Man hat dazu nur im letzten Schritt die distributiven Gesetze so anzuwenden, daß die ganze Formel zu einer Konjunktion wird, deren einzelne Komponenten aus Adjunktionen bestehen. In diesen Adjunktionen steht das Symbol „$\vee$" nur zwischen Satzbuchstaben oder Negationen von solchen. Verstehen wir unter einem *adjunktiven Fundamentalschema* eine Formel, die aus einer Adjunktion von Satzbuchstaben und Negationen von solchen besteht, so ist eine konjunktive Normalform einer Formel also entweder ein adjunktives Fundamentalschema oder eine Konjunktion solcher Schemata.

Die Überführung einer Formel in eine konjunktive Normalform kann dazu verwendet werden, um einen beschleunigten *Tautologietest* vornehmen zu können. Dann und nur dann nämlich, *wenn jedes adjunktive Fundamentalschema der konjunktiven Normalform einen Satzbuchstaben zusammen mit seiner Negation enthält*, ist die Formel *tautologisch*. Der Nachweis verläuft parallel zum obigen. Wir bringen wieder ein Beispiel:

(33)   (a) $[p \wedge (p \to q)] \to q$,

                      (b) $(\neg p \vee p \vee q) \wedge (\neg p \vee \neg q \vee q)$.

(b) ist eine konjunktive Normalform von (a) (Beweis!). Nach unserem Kriterium ist (b) und damit auch (a) tautologisch; denn im ersten Glied von (b) kommt „p" zusammen mit seiner Negation vor und im zweiten Glied von (b) „q" zusammen mit seiner Negation.

(33) ist zugleich ein Beispiel dafür, wie man mittels eines Normalschemas die Gültigkeit einer logischen Folgebeziehung, hier nämlich des modus ponens, nachweisen kann. Nach unserer früheren Überlegung ist die Behauptung der Gültigkeit von: „p", „$p \to q$" $\Vdash$ „q" gleichwertig damit, daß (33) (a) logisch wahr ist. Dies gerade wurde mittels (33) (b) gezeigt.

Interessanterweise können beide Normalformen, nachdem sie etwas modifiziert wurden, jeweils für den umgekehrten Test benützt werden. Dazu benötigen wir den Begriff der *ausgezeichneten Normalform*. Dies ist eine solche, bei der jedes vorkommende Fundamentalschema *sämtliche* in der Formel vorkommenden Satzbuchstaben unnegiert oder negiert enthält. (32) (b) z. B. hat bereits die Gestalt einer ausgezeichneten adjunktiven Normalform. Unter Benützung der Regel (I) (t) kann man jede adjunktive und mittels (I) (s) jede konjunktive Normalform in eine *ausgezeichnete* verwandeln. Wir erläutern das Verfahren am Beispiel der adjunktiven Normalform. Gegeben sei:

(34) $$(\neg p \wedge \neg r) \vee (p \wedge \neg r \wedge q).$$

Da im ersten Adjunktionsglied „q" nicht vorkommt, hat diese Formel noch nicht die Gestalt einer ausgezeichneten adjunktiven Normalform. Wir können aber das erste Adjunktionsglied durch das damit L-äquivalente „$(\neg p \wedge \neg r) \wedge (q \vee \neg q)$" ersetzen. Durch „Ausmultiplizieren" erhält man dadurch aus (34) eine Formel von der gewünschten Gestalt:

(35) $$(\neg p \wedge \neg r \wedge q) \vee (\neg p \wedge \neg r \wedge \neg q) \vee (p \wedge \neg r \wedge q).$$

Auch bei der Konstruktion ausgezeichneter Normalformen sind alle doppelten Formelvorkommnisse zu streichen. Es gilt nun: Dann und nur dann, wenn eine ausgezeichnete adjunktive Normalform einer Formel, die genau n Satzbuchstaben enthält, 2^n Adjunktionsglieder (d. h. konjunktive Fundamentalschemata) aufweist, ist die Formel tautologisch. Und: Dann und nur dann, wenn eine ausgezeichnete konjunktive Normalform einer Formel, die genau n Satzbuchstaben enthält, 2^n Konjunktionsglieder aufweist, ist die Formel inkonsistent. Der Nachweis dieser beiden Behauptungen bleibe dem Leser überlassen.

Alle geschilderten Tests (für L-Wahrheit, L-Falschheit, Konsistenz, L-Implikation, L-Äquivalenz) stellen sogenannte *Entscheidungsverfahren* dar. Angenommen, wir wollen feststellen, ob einer bestimmten Formel eine Eigenschaft wie die aussagenlogische L-Wahrheit, L-Falschheit oder Konsistenz zukommt bzw. ob zwischen vorgegebenen Formeln die Relation der logischen Folgerung oder der logischen Äquivalenz besteht.

Dann können wir ganz mechanisch die Methode der Wahrheitstafeln oder der Überführung in eine geeignete Normalform anwenden, um nach einer endlichen Zeitspanne zu einem definitiven Resultat zu gelangen. Dieses Entscheidungsverfahren steht uns auch für Sätze zur Verfügung, vorausgesetzt, daß die Sprache, in der diese Sätze gebildet wurden, wenigstens so weit präzise ist, daß bezüglich der aussagenlogischen Struktur dieser Sätze keine Mehrdeutigkeiten auftreten. Man hat dann nichts weiter zu tun als die elementaren Teilaussagen durch Satzbuchstaben und die alltagssprachlich ausgedrückten logischen Verknüpfungszeichen durch die entsprechenden symbolischen Junktoren zu ersetzen, um auf die so entstandenen Formeln den Test anzuwenden.

Nach Definition bedeutet „$A \Vdash B$" dasselbe wie: „es existiert keine Interpretation, welche die Formel A wahr und die Formel B falsch macht". Wenn wir uns die Aussage A wegdenken, so bleibt die Bestimmung übrig: „es existiert keine Interpretation, welche B falsch macht", d. h. „jede Interpretation macht B wahr". Dies zeigt, das daß Symbol „$\Vdash$" nicht nur zur Wiedergabe der logischen Folgebeziehung, *sondern auch für die Prädizierung der logischen Wahrheit* benützt werden kann. „$\Vdash B$" ist eine Abkürzung für „B ist tautologisch", wenn das Symbol im junktorenlogischen Fall angewendet wird.

Für die Kalkülisierung eines Logiksystems ist ein formaler syntaktischer Aufbau nach einer der früher erwähnten Methoden erforderlich. Dem durch das Symbol „$\Vdash$" wiedergegebenen semantischen Folgerungsbegriff entspricht dann *ein rein syntaktischer Ableitungsbegriff*, der durch das Symbol „$\vdash$" wiedergegeben wird. „$A \vdash B$" z. B. ist eine Abkürzung für die metasprachliche Aussage, daß der Satz B aus dem Satz A (sowie aus den Axiomen, falls es solche gibt, mittels der beim Kalkülaufbau explizit angegebenen Ableitungsregeln) formal ableitbar ist. „$\vdash B$" beinhaltet die Behauptung der *Beweisbarkeit* von B.

Wenn der Aufbau des Kalküls axiomatisch erfolgt, so muß ein entscheidbarer Begriff des Axioms vorausgesetzt werden. Wie sollte z. B. eine Axiomatisierung der Junktorenlogik aussehen? Es gibt dafür zahlreiche Möglichkeiten. Da der Begriff der tautologischen Formel ein entscheidbarer Begriff ist, wie wir gesehen haben, ist das einfachste Vorgehen dies, daß man alle Tautologien für Axiome (und damit a fortiori für beweisbare Formeln) erklärt. Ein solches Axiomensystem würde aus einem einzigen *unendlichen Axiomenschema* bestehen von der Gestalt:

(36) $\vdash \Phi$, sofern Φ tautologisch ist.

In einem entscheidbaren Fall wie diesem kann man also einen *trivialen Kalkül* errichten, der nur Axiome, aber keine Ableitungsregeln enthält. Von einem unendlichen Axiomenschema sprechen wir deshalb, weil (36) nicht *bestimmte* Formeln als Axiome auszeichnet, sondern alle unendlich vielen Formeln, die eine gewisse Struktur besitzen (welche durch Rückgriff auf die Wahrheitstabellenmethode charakterisiert ist).

Viele Axiomatisierungen der Aussagenlogik unterscheiden sich von der soeben angegebenen dadurch, daß gewisse Formeln von ganz bestimmter Struktur als Axiome vorangestellt und außerdem einige Ableitungsregeln (bzw. etwa der modus ponens als einzige Ableitungsregel) angegeben werden. Der Nachweis dafür, daß ein derartiger Kalkül semantisch vollständig und außerdem korrekt ist, muß in diesem Fall eigens erbracht werden. Auf Grund unserer Überlegungen sind derartige Kalkülisierungen der Aussagenlogik nicht notwendig. Sie haben mehr eine didaktisch-psychologische Funktion: sie bilden ein vorzügliches Trainingsinstrument für streng formales Deduzieren am Beispiel eines verhältnismäßig einfach zu handhabenden Systems.

5.b Quantorenlogik. Wir stehen noch vor der Aufgabe, die bisher nur für den aussagenlogischen Fall definierten metalogischen Begriffe auch für die Quantorenlogik einzuführen. Es sei F eine beliebige *geschlossene* quantorenlogische Formel. Wie wir von 2.b her wissen, kann man von einer Interpretation J dieser Formel erst sprechen, wenn ein Individuenbereich U vorgegeben ist. Bereich und Interpretation haben wir zu dem Begriff der möglichen Realisierung $(U; J)$ zusammengefügt. Wir sagen, daß F *in U gültig* ist, wenn F bei jeder Interpretation wahr wird. Der Begriff der Interpretation ist dabei in dem in 2.b explizierten *extensionalen* Sinn zu verstehen.

Soll diese Definition als quantorenlogisches Explikat des Begriffs der L-Wahrheit dienen? Offenbar wäre dies zu eng. Der Bereich U war ja willkürlich gewählt. Und wie wir früher gesehen haben, ist es zweckmäßig, diesen Bereich je nach der uns interessierenden Theorie anders zu wählen. *Wir müssen also diesmal nicht nur die Interpretationen, sondern auch die Individuenbereiche variieren lassen.* Da in einer quantorenlogischen Formel nur die Junktoren und Quantoren mit einer festen Deutung ausgestattet sind, nicht dagegen z. B. die Prädikatbuchstaben, spielt bei der Wahl eines Individuenbereichs nicht die besondere Beschaffenheit der Individuen, sondern *nur ihre Anzahl* eine Rolle. Wieviele Wahlen von U können wir vornehmen? Offenbar unendlich viele: Der Bereich kann aus nur einem Objekt bestehen oder aus genau 2 Objekten ... oder aus genau n Objekten ... oder aus unendlich vielen Objekten. Für diese *sämtlichen* Bereiche muß die Gültigkeit im obigen Sinn bestehen, damit man von L-Wahrheit im quantorenlogischen Fall sprechen kann, wofür der Ausdruck „Allgemeingültigkeit" eingeführt wurde.

Nur eine Ausnahme wird gemacht: Der sogenannte leere Bereich, der überhaupt nichts enthält, wird von vornherein ausgeschlossen. Der Grund dafür ist ein rein pragmatischer: Gewisse Formeln, die in allen nichtleeren

Bereichen gültig sind, würden ausgeschlossen werden, wenn man von ihnen auch die Gültigkeit im leeren Bereich verlangte. Ein Beispiel hierfür ist die Formel:

(37) $\wedge x\, Gx \rightarrow \vee x\, Gx.$

Sie wird offenbar richtig bei jeder Interpretation über einem nichtleeren Bereich. Sie wird jedoch falsch für beliebige Interpretationen im leeren Bereich. Der Grund dafür liegt darin, daß das Konsequens auf alle Fälle falsch wird; denn in einem leeren Bereich existiert ja nichts. Das Antecedens hingegen wird darin paradoxer Weise wahr, da es keine Objekte gibt, von denen „Gx" falsch werden könnte, wie immer es interpretiert werden mag.

Wir nehmen noch zwei Ergänzungen der angedeuteten Definition der Allgemeingültigkeit vor. Zunächst lassen wir zu, daß eine quantorenlogische Formel auch Satzbuchstaben enthält. Nach dieser Festsetzung ist z. B. der Ausdruck „$Gy \rightarrow q$" eine zulässige Formel. Soweit in einer Formel Satzbuchstaben vorkommen, ist der Begriff der Interpretation vom aussagenlogischen Fall zu übertragen: die Interpretation besteht in der Zuteilung von Wahrheitswerten. Ferner soll die Gültigkeitsdefinition auf offene Formeln erweitert werden. Dazu müssen die freien Individuenvariablen durch Zuordnung von Objekten aus dem Individuenbereich interpretiert werden.

So gelangt man zu der Bestimmung: Eine quantorenlogische Formel ist *allgemeingültig* genau dann, *wenn sie für jede Interpretation J über einem beliebigen nichtleeren Individuenbereich U wahr wird.* Unter einer „Interpretation" ist dabei zu verstehen: erstens eine Zuordnung geeigneter Extensionen über dem Individuenbereich zu den Prädikatbuchstaben; zweitens eine Zuordnung von Wahrheitswerten zu den Satzbuchstaben; drittens eine Zuordnung von Objekten des Individuenbereiches zu den freien Variablen[8]. Wie aus dieser Bestimmung hervorgeht, ist die Allgemeingültigkeit einer offenen Formel gleichbedeutend mit der Allgemeingültigkeit ihrer *Allschließung*, d. h. derjenigen Formel, die aus der offenen dadurch hervorgeht, daß man für alle darin vorkommenden freien Variablen der ganzen Formel Allquantoren voranstellt.

Legt man den eben erweiterten Interpretationsbegriff zugrunde, so kann man unter Benützung des in 2.b eingeführten Modellbegriffs auch sagen, daß eine quantorenlogische Formel genau dann allgemeingültig ist, *wenn jede mögliche Realisierung $(U; J)$ mit nichtleerem U ein Modell dieser Formel bildet.*

---

    [8] Alle diese Zuordnungen können entweder nur für die in der Formel vorkommenden Buchstaben und freien Variablen oder für alle diese in der Sprache der Quantorenlogik vorkommenden Ausdrücke vorgenommen werden (vgl. dazu 2.b).

Bei dieser Definition ist zu beachten, daß an drei Stellen auf Unendliches Bezug genommen wird. Erstens gilt die Behauptung für die ganze *unendliche Folge* von Bereichen, mit dem nur ein Element enthaltenden beginnend und mit dem unendlichen Bereich schließend. Zweitens haben wir es bei dem zuletzt genannten Bereich mit einem Universum, bestehend aus *unendlich vielen Individuen*, zu tun. Drittens ist bei einem unendlichen Individuenbereich *die Anzahl der Interpretationen* eines Prädikatbuchstabens *unendlich* (und zwar nach einem Theorem von Cantor sogar überabzählbar unendlich). Eine Formel, die in jedem endlichen Bereich gültig ist, wird *gültig im Endlichen* genannt[9].

Dem Begriff der Konsistenz aussagenlogischer Formeln entspricht der Begriff der Erfüllbarkeit quantorenlogischer Formeln. Und zwar wird eine Formel *erfüllbar* genannt, *wenn es mindestens einen Bereich und eine Interpretation über diesem Bereich gibt, welche die Formel wahr machen, mit anderen Worten, wenn mindestens eine mögliche Realisierung $(U; J)$ ein Modell der Formel ist.* Es gibt Formeln, die *nur im Unendlichen erfüllbar* sind, d. h. die nur durch eine geeignete Interpretation über einem unendlichen Bereich wahr gemacht werden können. Ein Beispiel hierfür ist die Formel:

$$(38) \qquad \wedge x \vee y Fxy \wedge \wedge x \neg Fxx \wedge \wedge x \wedge y \wedge z \ (Fxy \wedge Fyz \rightarrow Fxz).^{10}$$

Im unendlichen Bereich der natürlichen Zahlen kann diese Formel sofort dadurch wahr gemacht werden, daß „F" als Kleiner-Relation zwischen den Zahlen gedeutet wird. Dagegen ist (38) in keinem endlichen Bereich erfüllbar (der Leser überlege sich, warum).

Naheliegend ist die quantorenlogische Spezialisierung der L-Falschheit, die Unerfüllbarkeit genannt wird. Eine Formel ist *unerfüllbar*, wenn keine mögliche Realisierung Modell dieser Formel ist. Die anderen L-Begriffe

---

[9] Dagegen braucht man im Unendlichkeitsfall keine Abstufungen (nach „Mächtigkeiten") mehr vorzunehmen. Auf Grund eines Theorems von Skolem genügt es, sich auf den Fall eines Bereiches mit abzählbar unendlich vielen Individuen zu beschränken. Daß es dagegen notwendig ist, unendliche Individuenbereiche einzuführen, beruht darauf, daß Allgemeingültigkeit nicht mit Gültigkeit im Endlichen zusammenfällt. Dies erkennt man so: Auf Grund der Ausführungen des nächsten Absatzes ist die Formel (38) im Unendlichen, aber nicht im Endlichen erfüllbar. Also ist die Negation von (38) zwar gültig im Endlichen, nicht jedoch allgemeingültig, da sie wegen der Erfüllbarkeit von (38) nicht auch im Unendlichen gültig sein kann. Diese Tatsache, daß der Begriff des Aktual-Unendlichen in solcher Weise in die Definition des Begriffs der logischen Wahrheit (im quantorenlogischen Sinn) eingeht, bildet einen Stein des Anstoßes für *konstruktivistische* Denker und eines ihrer psychologischen Motive dafür, nur die sogenannte intuitionistisch reduzierte Logik als die „eigentliche" oder „wahre" Logik zu erklären.

[10] Wegen der eben erwähnten Eigenschaft wird diese Formel gelegentlich als sogenanntes *Unendlichkeitsaxiom* in der Mengenlehre benützt, da es garantiert, daß der zugrundegelegte Bereich jede endliche Schranke überschreitet.

brauchen nicht eigens expliziert zu werden. *L-Implikation* (logische Folgerung) bedeutet hier ebenso wie in der Aussagenlogik die Allgemeingültigkeit des entsprechenden Konditionals. Analog verhält es sich mit der *logischen Äquivalenz*.

Die Substitution komplexer Formeln für atomare erfordert im mehrstelligen quantorenlogischen Fall zum Unterschied vom aussagenlogischen eigene Untersuchungen. Wir müssen diesen Punkt hier überspringen (vgl. dazu v. Quine, [Methods], § 18 und § 25).

Wie bereits aus der Definition der quantorenlogischen Gültigkeit hervorgeht, ist das Verfahren zur Überprüfung der Allgemeingültigkeit wesentlich komplizierter als im aussagenlogischen Fall die Feststellung des tautologischen Charakters einer Formel. Von vornherein ist nicht zu erwarten, daß wir im allgemeinen Fall eine mechanische Entscheidung treffen können: Wir sind nicht imstande, unendlich viele Bereiche und für jeden dieser Bereiche sämtliche Interpretationen effektiv zu durchlaufen. Tatsächlich konnte A. Church (1936) zeigen, daß es kein mechanisches Entscheidungsverfahren für quantorenlogische Allgemeingültigkeit gibt[11]. Damit steigt die Wichtigkeit des formalen Deduzierens in einem syntaktisch aufgebauten Quantorenkalkül, vorausgesetzt, daß es einen korrekten und vollständigen Kalkül dieser Art überhaupt gibt. Auf diese Frage ist 1930 eine bejahende Antwort von K. Gödel gegeben worden. Es sind heute zahlreiche adäquate Formalisierungen der Quantorenlogik (entsprechend den verschiedenen in Abschn. 4 erwähnten Methoden) bekannt. Die Nichtexistenz eines Entscheidungsverfahrens für quantorenlogische Allgemeingültigkeit ist durchaus damit verträglich, daß es für Formeln von spezieller Struktur bzw. für Teilgebiete der Quantorenlogik mechanische Entscheidungsverfahren gibt. Ein solches Teilgebiet ist z. B. die einstellige Quantorenlogik, welche nur einstellige Prädikatbuchstaben verwendet. (Für ein einfaches Entscheidungsverfahren der einstelligen Quantorenlogik vgl. v. Quine, [Methods], § 19 ff.)

Wir beschränken uns darauf, einige Beispiele quantorenlogisch allgemeingültiger Formeln anzuführen und bei dieser Gelegenheit zugleich die semantische Methode des Nachweises der Allgemeingültigkeit zu illustrieren. Zunächst zwei Beispiele von Formeln, die nur Prädikatbuchstaben enthalten:

$$(39) \qquad \wedge y (\wedge x Fx \rightarrow Fy) \, ,$$
$$(40) \qquad \wedge y (Fy \rightarrow \vee x Fx) \, .$$

---

[11] Dieses Ergebnis ist insofern überraschend, als es zeigt, daß die Quantorenlogik eine in einem scharf präzisierbaren Sinn weniger triviale Wissenschaft ist als solche Gebiete wie z. B. die Arithmetik der reellen Zahlen, die algebraische Theorie der Abelschen Gruppen oder die Analytische Geometrie. Denn für alle diese mathematischen Gebiete existieren nachweislich Entscheidungsverfahren.

Zum Nachweis der Allgemeingültigkeit von (39) denken wir uns einen beliebigen Individuenbereich U vorgegeben und nehmen bezüglich der Interpretation J über U die folgende Fallunterscheidung vor: *1. Fall:* Dem „F" wird als Extension der ganze Bereich zugeordnet. Dann wird für *jedes* Objekt des Bereiches, wenn es mittels J der Variablen „y" zugeordnet wird, die Formel „$\wedge x Fx \rightarrow Fy$" wahr; denn das Konsequens dieser Formel wird in all diesen Fällen wahr. Also erschöpft die Extension der Teilformel „$\wedge x Fx \rightarrow Fy$", die durch den Quantor „$\wedge y$" beherrscht wird, den ganzen Bereich U. Nach der semantischen Deutung des Allquantors ist damit (39) in diesem Fall wahr. *2. Fall:* „F" erhält als Extension *nicht* den ganzen Bereich zugeordnet. Dann ist wieder für *jedes* Objekt des Bereiches „$\wedge x Fx \rightarrow Fy$" wahr, diesmal aber deshalb, weil das Antecedens dieser Formel stets falsch ist. Aus demselben Grund wie im ersten Fall wird somit auch im zweiten Fall (39) wahr. Da der Individuenbereich U beliebig ist und unsere Fallunterscheidung eine Klassifikation aller Interpretationen J über U liefert, ist jede mögliche Realisierung $(U; J)$ ein Modell von (39). Also ist (39) allgemeingültig.

Für den entsprechenden Nachweis bezüglich (40) nehmen wir für vorgegebenes U die folgende Fallunterscheidung vor: *1. Fall:* „F" erhalte als Extension die leere Klasse zugeordnet (so daß also „F" von nichts wahr wird). Dann wird „$Fy \rightarrow \vee x Fx$" für *jedes* Objekt aus U wegen der Falschheit des Antecedens richtig. Also wird auch (40) richtig. *2. Fall:* „F" wird nicht so interpretiert wie im ersten Fall. Dann wird abermals „$Fy \rightarrow \vee x Fx$" für jedes Objekt richtig, diesmal wegen der Wahrheit des Konsequens. Auch (4) erweist sich somit als allgemeingültig.

Diese zwei Beispiele zeigen, daß man auch bei quantorenlogischen Formeln u. U. relativ rasch zu einem Ergebnis gelangt, aber nicht auf rein mechanischem Wege, wie in der Aussagenlogik, sondern nur durch Anwendung bestimmter Tricks. Diese bestanden in beiden Fällen darin, daß der Individuenbereich beliebig gelassen wurde und daß man für die Gesamtheit der möglichen Interpretationen über diesem Bereich eine einfache und erschöpfende Klassifikation von der Art fand, daß die fragliche Formel für alle zu derselben Klasse gehörenden Interpretationen denselben Wahrheitswert lieferte. Mit der Allgemeingültigkeit von (39) und (40) ist auf Grund der Gültigkeitsdefinition und unserer obigen Feststellung automatisch auch die Allgemeingültigkeit der beiden *offenen* gezeigt:

$$(41) \qquad \wedge x Fx \rightarrow Fy \,,$$

$$(42) \qquad Fy \rightarrow \vee x Fx \,.$$

Es sei noch das Beispiel einer allgemeingültigen *gemischten* Formel angeführt, die sowohl Satz- wie Prädikatbuchstaben enthält:

$$(43) \qquad (\vee x Fx \rightarrow p) \leftrightarrow \wedge x (Fx \rightarrow p) \,.$$

Wir gehen von einem beliebigen Bereich U und einer Interpretation J aus, welche dem „F" eine Extension und dem „p" einen Wahrheitswert zuordnet. Wir unterscheiden zwei Fälle. *1. Fall:* „p" erhält durch J den Wert „wahr". Dann wird die linke Hälfte der Formel wegen der Richtigkeit des Konsequens wahr. Aus demselben Grund wird für *jedes* Objekt x des Bereiches „$Fx \to p$" wahr; also wird auch „$\wedge x (Fx \to p)$" wahr. *2. Fall:* „p" erhält durch J den Wert „falsch". Wie man sich sofort überlegt, erhält dann „$\vee x Fx \to p$" denselben Wahrheitswert wie „$\neg \vee x Fx$". Analog erhält „$Fx \to p$" für *jeden* Gegenstand x des Bereiches denselben Wahrheitswert wie „$\neg Fx$", so daß das rechte Formelglied von (43) denselben Wahrheitswert bekommt wie „$\wedge x \neg Fx$". Wegen des bereits früher geschilderten Zusammenhanges von Quantoren und Negation besagt diese letzte Formel aber genau dasselbe wie „$\neg \vee x Fx$". Wir gewinnen somit im zweiten Fall das Resultat, daß rechts und links von „$\leftrightarrow$" Formeln stehen, die denselben Wahrheitswert haben wie ein und dieselbe Formel, nämlich „$\neg \vee x Fx$". Also ergibt sich auch im zweiten Fall die Wahrheit und damit schließlich die Allgemeingültigkeit von (43). Damit ist zugleich gezeigt, daß die beiden in (43) durch „$\leftrightarrow$" verknüpften Teilformeln miteinander L-äquivalent sind.

Zusätzlich zu (39) bis (43) führen wir einige wichtige allgemeingültige quantorenlogische Formeln an, wobei wir mit jenen beginnen, die den Zusammenhang von Quantifikation und Negation ausdrücken:

(II)
(a) $\neg \vee x Fx \leftrightarrow \wedge x \neg Fx$

(b) $\neg \wedge x Fx \leftrightarrow \vee x \neg Fx$

(c) $\vee x Fx \leftrightarrow \neg \wedge x \neg Fx$

(d) $\wedge x Fx \leftrightarrow \neg \vee x \neg Fx$

(e) $\wedge x (Fx \wedge Gx) \leftrightarrow (\wedge x Fx \wedge \wedge x Gx)$

(f) $\vee x (Fx \vee Gx) \leftrightarrow (\vee x Fx \vee \vee x Gx)$

(g) $(\wedge x Fx \vee \wedge x Gx) \to \wedge x (Fx \vee Gx)$

(h) $\vee x (Fx \wedge Gx) \to (\vee x Fx \wedge \vee x Gx)$

(i) $\wedge x (Fx \to Gx) \to (\vee x Fx \to \vee x Gx)$

(j) $(\wedge x Fx \to \wedge x Gx) \to \vee x (Fx \to Gx)$

(k) $\wedge x (p \wedge Fx) \leftrightarrow (p \wedge \wedge x Fx)$

(l) $\vee x (p \wedge Fx) \leftrightarrow (p \wedge \vee x Fx)$

(m) $\wedge x (p \vee Fx) \leftrightarrow (p \wedge \wedge x Fx)$

(n) $\vee x (p \vee Fx) \leftrightarrow (p \vee \vee x Fx)$.

Wenn eine quantorenlogische Formel vorgegeben ist, so kann man zunächst die beiden Symbole „$\to$" und „$\leftrightarrow$" zugunsten von „$\wedge$", „$\vee$", „$\neg$" allein eliminieren. Ferner kann man es so einrichten, daß alle Quantoren verschiedene Variable enthalten (denn die Benennung einer quantifizierten Variablen spielt ja keine Rolle). Unter Benützung der Regeln (II) (a) bis (d) und (k) bis (n) kann man es schließlich erreichen, daß die Quantoren über alle Junktoren „nach links geschoben" werden, so daß sie am Beginn der Formel stehen. Jede quantorenlogische Formel F kann auf diese Weise in eine L-äquivalente überführt werden, welche die folgende Gestalt besitzt: Die Formel beginnt mit einem *Quantorenpräfix*, welches aus einer Folge von endlich vielen Quantoren besteht; dahinter folgt ein quantorenfreier Formelteil, der die Struktur einer aussagenlogischen Formel besitzt, mit quantorenlogischen Atomformeln, bestehend aus Satzbuchstaben und Prädikatbuchstaben mit Variablen, als letzten Bestandteilen. Diese Formel wird eine *pränexe Normalform* von F genannt.

Die Quantorenlogik wird häufig auch *Prädikatenlogik der ersten Stufe* genannt und durch „*PL¹*" abgekürzt. Bei syntaktischem Aufbau spricht man von *Prädikatenkalkül der ersten Stufe;* die Abkürzung hierfür lautet: „*PK¹*". In der Sprache dieser Logik formalisierbare Theorien heißen *Theorien erster Stufe.* Wir übernehmen diese Symbolik und Terminologie, weisen allerdings darauf hin, daß der auf D. HILBERT und W. ACKERMANN zurückgehende Ausdruck „Prädikatenlogik der ersten Stufe" außerordentlich irreführend ist. Was hier geschieht, ist nämlich im Grunde folgendes: Es wird von einem bestimmten Aufbau der Mengenlehre, und zwar keineswegs von dem plausibelsten und befriedigendsten, ausgegangen und derjenige Teil, welcher über die Quantorenlogik hinausreicht, als „Logik höherer Stufe" bezeichnet. Damit wird der Unterschied zwischen Logik und mathematischer Mengenlehre vollkommen verwischt. Für andersartige Methoden des Aufbaues der Mengenlehre, wie z. B. für die heute am häufigsten benützte Axiomatisierung von ZERMELO-FRAENKEL, läßt sich eine analoge Unterscheidung gar nicht vornehmen, weil darin die gesamte Theorie in der Sprache der Quantorenlogik formuliert ist. (Für eine schärfere Formulierung der Gründe, die gegen die obige Terminologie sprechen, vgl. v. QUINE [Set Theory], S. 257f.)

Abschließend seien einige häufig benützte Begriffe angeführt, die auch in diesem Buch gelegentlich verwendet werden. Wir haben gesehen, daß auf Grund des Zusammenhanges von logischer Folgerung und logischer Wahrheit von einer Aussage der Gestalt $A \Vdash B$ zu $\Vdash A \to B$ übergegangen werden darf. Bei Verwendung des entsprechenden syntaktischen Begriffs erhält man aus der Ableitbarkeitsbehauptung $A \vdash B$ die Beweisbarkeitsbehauptung $\vdash A \to B$ bzw. allgemeiner: aus der Aussage $C_1, \ldots$ $C_n, A \vdash B$ gewinnt man die Aussage $C_1 \ldots C_n \vdash A \to B$. Man spricht hier von einer Anwendung des *Deduktionstheorems.* Die bereits erwähnte Regel des modus ponens („p", „$p \to q$" $\vdash$ „q") wird oft auch *Abtrennungsregel* genannt. In $A_1, \ldots, A_n \vdash B$ werden die Sätze A_i *Prämissen* und der Satz B die *Conclusio* (deutsch: die Konklusion) genannt. Von den beiden logischen Folgebeziehungen, die von A zu $A \vee B$ und von $A \wedge B$ zu A (oder B) führen, wird die erste als $\vee$-*Abschwächung*, die zweite als $\wedge$-*Abschwächung* bezeichnet. Zu diesen beiden Folgebeziehungen existieren auch verallgemeinerte quantorenlogische Analoga: das eine ist der Übergang von Fa (mit der Individuenkonstanten „a“) zu $\lor x Fx$, den man als *Existenzgeneralisation* bezeichnet; das andere ist der Übergang von $\land x Fx$ zu Fa, der *Allspezialisierung* genannt wird. Zwei Formeln, die in einem Kalkül wechselseitig auseinander ableitbar sind, heißen *deduktionsgleich*.

6. Extension und Intension. Bedeutungspostulate und Analytizität

Aussagen- und Quantorenlogik sind rein extensionale Logiksysteme. Für die Aussagenlogik ergibt sich dies daraus, daß die Junktoren rein extensionale Operatoren darstellen, so daß der Wahrheitswert komplexer Aussagen nur von den *Wahrheitswerten* der Teilaussagen, nicht aber von deren *Sinn* abhängt. Man kann daher innerhalb einer komplexen Aussage eine Teilaussage durch eine beliebige andere mit demselben Wahrheitswert ersetzen, ohne den Wahrheitswert der komplexen Aussage verändern zu können. Dies ergibt sich einfach aus der Tatsache, daß die Bedeutungen der Junktoren nur durch die Wahrheitstabellen festgelegt sind. Die Situation ändert sich sofort, wenn wir, wie dies in der Modalitätenlogik geschieht, zusätzlich zu den Junktoren einen neuen logischen Operator „$\Box$“ einführen, der die logische Notwendigkeit ausdrücken soll und der genauer so erklärt ist: „$\Box p$“ soll dann und nur dann wahr sein, wenn „p“ L-wahr ist. Es sei nun „S“ eine Abkürzung für „die Einwohnerzahl Frankreichs ist größer als die Schwedens“. Dann haben „$S \lor \neg S$“ und „S“ denselben Wahrheitswert, nämlich „wahr“. Ferner gilt: „$\Box(S \lor \neg S)$“, da „$S \lor \neg S$“ tautologisch ist. Die Aussage „$\Box S$“ ist hingegen falsch; denn „S“ ist zwar richtig, aber nicht L-wahr. Sätze mit demselben Wahrheitswert sind extensionsgleich; ihre Extension ist der ihnen zukommende Wahrheitswert. Soeben haben wir einen Satz, auf den der Notwendigkeitsoperator angewendet wurde, durch einen extensionsgleichen ersetzt und dadurch aus einer wahren eine falsche Behauptung produziert. Für den Wahrheitswert einer mittels „$\Box$“ gebildeten Aussage kommt es also nicht nur auf den Wahrheitswert des Satzes an, auf den dieser Operator angewendet wird, sondern auf die durch den Satz ausgedrückte *Proposition* oder auf den *Sinn* dieses Satzes. Der Satzsinn wird auch als *Intension des Satzes* bezeichnet. „$\Box$“ ist somit zum Unterschied von den Junktoren kein extensionaler, sondern ein *intensionaler Operator*.

Intensionen gibt es meist viel mehr als Extensionen. Aber die Kluft in bezug auf die *Anzahl* der Extensionen und Intensionen ist bei Sätzen am größten. Wie kompliziert auch eine Objektsprache sein mag, *die Zahl der Extensionen überschreitet niemals den Wert 2.* Denn als Extensionen kommen nur die Wahrheitswerte „wahr" und „falsch" in Betracht. *Die Zahl der Intensionen ist demgegenüber unbegrenzt.* Es gibt ihrer so viele, als es voneinander verschiedene, durch objektsprachliche Sätze ausdrückbare Propositionen gibt, d. h. so viele, als Sätze mit verschiedenem Satzsinn existieren.

Für den extensionalen Charakter der Quantorenlogik kann man gleich drei verschiedene Gründe angeben. Erstens werden den Prädikatbuchstaben nur Extensionen, nämlich Klassen von Individuen oder Klassen von *n*-Tupeln von Individuen zugeordnet und nicht Eigenschaften oder Beziehungen. Zweitens wird den Quantoren ebenso wie den Junktoren eine rein extensionale Interpretation gegeben (dies ist auch der Grund dafür, warum der Allquantor gelegentlich die verallgemeinerte Konjunktion und der Existenzquantor die verallgemeinerte Adjunktion genannt wird; denn im Endlichkeitsfall sind sie auf diese Junktoren zurückführbar). Drittens werden auch die freien Variablen durch Zuordnung von Objekten des Bereiches rein extensional interpretiert. Dasselbe wäre der Fall, wenn die Sprache der Quantorenlogik noch durch sogenannte *Individuenkonstante* ergänzt würde, welche dieselbe Funktion haben wie Eigennamen. Auch die Individuenkonstanten würden nicht durch Zuordnung eines speziellen Sinnes, sondern durch die Zuordnung von Individuen gedeutet.

Für Prädikate läßt sich der Unterschied zwischen Extensionen und Intensionen leicht verdeutlichen. Im Falle einstelliger Prädikate wird die Intension meist *Eigenschaft* genannt, die Extension dagegen *Klasse* oder *Menge*. Die Intension von „rot" ist die Eigenschaft Rot, die Extension von „rot" ist die Klasse aller roten Dinge. In einer möglichen Welt könnten genau die roten Dinge sechseckig sein. In dieser Welt wären die Extensionen der beiden Prädikate „rot" und „sechseckig" miteinander identisch, beide bestehend aus derselben Klasse von Dingen; die Intensionen aber wären trotzdem verschieden, da die Eigenschaft, rot zu sein, auch in diesem Fall nicht dasselbe wäre wie die Eigenschaft, sechseckig zu sein. Oder nehmen wir, um nicht in das Fabelreich unverwirklichter möglicher Welten abschweifen zu müssen, ein realistischeres Beispiel. Es sei eine biologische Tatsache, daß die Lebewesen mit Herz auch Nieren besitzen und umgekehrt. Mit „*Hx*" für „*x* ist ein Lebewesen mit Herz" und „*Nx*" für „*x* ist ein Lebewesen mit Nieren" hätten wir also die Wahrheit:

(44) $$\wedge x (Hx \leftrightarrow Nx) \, .$$

Wegen dieser Wahrheit ist die Klasse der Lebewesen mit Herz identisch mit der Klasse der Lebewesen mit Nieren. Die beiden Prädikate, für welche wir die Abkürzungen „*H*" und „*N*" einführten, haben also dieselbe

Extension. Die Intensionen aber sind verschieden: die Eigenschaft, ein
Herz zu haben, ist nicht dasselbe wie die Eigenschaft, Nieren zu besitzen.

Wie das Beispiel (44) zugleich zeigt, sind Aussagen über Extensions-
gleichheit oder Extensionsverschiedenheit meist keine logisch beweisbaren Behauptungen, sondern *empirische Wahrheiten* oder vielleicht nicht
einmal das, sondern nur *empirische Hypothesen*, die nicht definitiv verifiziert
werden können. Im Fall von Sätzen ist dies eigentlich eine Selbstverständlichkeit. Könnten wir durch ein *rein logisches Verfahren* die Extensions-
gleichheit oder -verschiedenheit von Sätzen feststellen, so gäbe es für mich
kein Geheimnis mehr und ich wäre längst allwissend: Ich hätte ja für eine
beliebige vorgelegte Aussage nur zu untersuchen, ob sie dieselbe Extension
besitzt wie der Satz „1 + 1 = 2" oder nicht.

Die analoge Unterscheidung können wir schließlich auch für Gegenstandsbezeichnungen vornehmen. Die folgende Identitätsbehauptung kann
als gesicherte historische Wahrheit gelten:

(45)   Marcus Tullius = Cicero .

Die beiden hier verwendeten Namen sind also extensionsgleich; denn
sie haben dasselbe Designatum, nämlich den Menschen Cicero (d. h. was
dasselbe ist: den Menschen Marcus Tullius). Haben sie auch denselben
Sinn? Offenbar nicht: Jemand kann den Namen „Cicero" verstehen und
über die durch ihn bezeichnete Person alles Mögliche wissen, ohne davon
eine Ahnung zu haben, daß diese Person mit der durch „Marcus Tullius"
bezeichneten identisch ist. Denn auch (45) ist bloß eine *empirische* Wahrheit;
und von einer empirischen Wahrheit kann man Kenntnis erlangt haben oder
auch nicht.

Noch drastischer wird der Unterschied für namensartige Ausdrücke
aufgezeigt durch ein Beispiel von FREGE. Darin werden zwar keine Namen
verwendet, sondern sogenannte Kennzeichnungen; doch haben diese in
allen Kontexten dieselbe Funktion wie Eigennamen. Es gilt die empirische
Aussage:

(46)   der Abenstern = der Morgenstern .

Offenbar ist der Sinn des rechts von „=" in (46) stehenden Ausdrucks
nicht derselbe wie der Sinn des links davon stehenden. Die alten Babylonier
wußten nicht um die Wahrheit dieser Aussage. Niemand wird so töricht
sein, ihnen deshalb den Vorwurf zu machen, sie hätten sich keine Klarheit
darüber verschafft, was sie mit den Ausdrücken „Morgenstern" und
„Abendstern" meinten.

Eine ganze Reihe intensionaler Begriffe ist von wissenschaftstheoretischer Bedeutung, obwohl sie den formalen Logiker gewöhnlich nicht sehr
interessieren. Als Vorbereitung für ihre Charakterisierung kommen wir

nochmals auf den in Abschn. 1 angedeuteten Unterschied zwischen logischen und deskriptiven Zeichen zurück. Vielfach wird neben diesen beiden Zeichenklassen noch als dritte Klasse die der Hilfszeichen eingeführt, zu der z. B. die Klammersymbole gerechnet werden. Für uns soll dagegen die Unterscheidung in logische und deskriptive Zeichen eine *vollständige* Klassifikation bilden.

Zu den *logischen Zeichen* gehören in der *Aussagenlogik* die Junktoren, die Klammern sowie die schematischen Satzbuchstaben (bei Verwendung von Variablen wären die Aussagenvariablen dazu zu rechnen). In der *Quantorenlogik* rechnen wir dazu: die Junktoren und Quantoren, die Individuenvariablen, die Klammern, die schematischen Satz- und Prädikatbuchstaben (bei Verwendung von Prädikatvariablen wären diese hinzuzurechnen). Die Einbeziehung der Klammersymbole in die Klasse der logischen Zeichen findet ihre Rechtfertigung darin, daß diese als Gruppierungssymbole eine wichtige logische Funktion erfüllen (vgl. dazu Abschn. 3).

Zu den *deskriptiven Zeichen* gehören im Fall der *Aussagenlogik* die Satzkonstanten, d. h. abkürzende Symbole für bestimmte Sätze, welche für Satzbuchstaben eingesetzt werden können. Im Fall der *Quantorenlogik* rechnen wir zu den deskriptiven Zeichen: Individuenkonstante (falls solche überhaupt Verwendung finden), Prädikatkonstante (die für Prädikatbuchstaben bzw. für Prädikatvariable einsetzbar sind) sowie Satzkonstante.

Analoge Unterscheidungen kann man für die Metasprache vornehmen. Hier wären auch Symbole wie „⊩-" und „⊢-", die als Abkürzungen für metalogische Begriffe verwendet werden, zu den logischen Zeichen zu rechnen.

In Abschn. 5 wurden die wichtigsten logischen Begriffe oder L-*Begriffe* eingeführt und zwar im Einklang mit den in Abschn. 1 angestellten inhaltlichen Vorbetrachtungen. Tatsächlich ist ja auf Grund der schärferen Bestimmungen in Abschn. 5 ein aussagenlogisch oder quantorenlogisch komplexer Satz genau dann logisch wahr, wenn er wahr ist und alle deskriptiven Ausdrücke in ihm unwesentlich vorkommen. Denn eine Tautologie ist wahr bei *jeder* (extensionalen) Interpretation ihrer Satzbuchstaben, so daß es keine Rolle spielen kann, welche speziellen Sätze für diese Satzbuchstaben substituiert werden. Und analog ist eine quantorenlogisch allgemeingültige Formel wahr für *jede* (extensionale) Interpretation (über einem nichtleeren Bereich), so daß es abermals keine Rolle spielen kann, welche speziellen Prädikate, Individuenkonstanten und Sätze für die darin vorkommenden schematischen Buchstaben und Variablen substituiert werden. Die aussagen- oder quantorenlogische *Struktur* eines solchen Satzes legt bereits den Wahrheitswert dieses Satzes eindeutig fest. Und diese Struktur wird vollkommen gespiegelt durch die keinerlei deskriptive

Zeichen enthaltenden aussagen- und quantorenlogischen Formeln, welche jenem Satz korrespondieren. Dieser Sachverhalt ist für sämtliche L-Begriffe charakteristisch. Er gilt nicht mehr für die *A-Begriffe*, denen wir uns nun zuwenden. (Der Buchstabe „*A*" ist der Anfangsbuchstabe von „analytisch", welches der wichtigste derartige Begriff ist.)

Spätestens seit Kant spielt die Klassifikation der Aussagen in analytische und synthetische eine wichtige Rolle. Auf der Grundlage der üblichen Charakterisierungen würde man erwarten, daß intendiert wurde, mit den analytischen Aussagen genau die logisch wahren zu treffen. Dies ist jedoch nicht der Fall. Bei der Klasse der analytischen Aussagen muß es sich um eine umfassendere Satzklasse handeln. Betrachten wir dazu etwas genauer die beiden berühmten von Kant gegebenen Beispiele. „Alle Körper sind ausgedehnt" ist nach Kant analytisch, „alle Körper sind schwer" ist synthetisch. In bezug auf ihre formale Struktur unterscheiden sich diese beiden Aussagen überhaupt nicht. Offenbar kommen die beiden deskriptiven Ausdrücke „Körper" und „ausgedehnt" im ersten Satz wesentlich vor (man ersetze etwa „Körper" durch „Gedanken" bzw. „ausgedehnt" durch „kugelförmig"). Wenn der Satz daher zwar keine logische Wahrheit ausdrückt, so ist er doch in eine solche transformierbar, *sofern dabei die Bedeutung von „Körper" berücksichtigt wird.* Nehmen wir etwa an, „Körper" werde expliziert als „ausgedehntes physisches Ding". Dann geht der obige Satz über in: „Alle ausgedehnten physischen Dinge sind ausgedehnt". Und dies ist nun in der Tat eine *logische Wahrheit*, welche das Prädikat „ausgedehnt" unwesentlich enthält; denn sie hat die Struktur der *allgemeingültigen* quantorenlogischen Formel „$\wedge x\,(Fx \wedge Gx \rightarrow Fx)$".

Die Analyse dieses Beispiels legt es nahe, den Begriff der analytischen Aussage in der folgenden Weise zu definieren. Wir nennen zwei deskriptive Ausdrücke *synonym* (bedeutungsgleich, sinngleich) oder *Synonyma*, wenn sie nicht nur dieselbe Extension, sondern darüber hinaus dieselbe Intension besitzen. So etwa ist „Junggeselle" synonym mit „nicht verwitweter, nicht minderjähriger unverheirateter Mann". Eine Aussage soll genau dann *analytisch* genannt werden, *wenn sie entweder L-wahr ist oder dadurch in eine L-wahre Aussage überführt werden kann, daß deskriptive Ausdrücke durch Synonyma ersetzt werden.* „Alle Junggesellen sind unverheiratet" ist zwar keine logisch wahre Aussage, aber dennoch analytisch, weil sie in eine logisch wahre Aussage übergeht, wenn der deskriptive Ausdruck „Junggeselle" durch das eben vorgeschlagene komplexere Explikat ersetzt wird.

Wir stellen also fest: Während in einer L-wahren Aussage alle deskriptiven Ausdrücke unwesentlich vorkommen, so daß ihre Bedeutung für den Wahrheitswert dieser Aussage keine Rolle spielen kann, hängt der Wahrheitswert einer *echt* analytischen Aussage, d. h. einer nicht selbst L-wahren analytischen Aussage, *von den intensionalen Relationen oder Bedeutungsrelationen* zwischen darin vorkommenden Namen und Prädikaten ab.

Die eben geschilderte Kurzfassung für Analytizität geht auf v. Quine zurück. Merkwürdigerweise scheint sie sowohl von v. Quine wie von vielen anderen Teilnehmern der analytisch-synthetisch-Diskussion als ein *adäquates* Explikat für das aufgefaßt zu werden, was mit „analytisch" intendiert ist[12]. Das ist aber sicherlich nicht der Fall. Auch der eben eingeführte Begriff ist noch viel zu eng. Man kann sich dies am leichtesten dadurch verdeutlichen, daß eine analytische Aussage von der charakterisierten Gestalt *mindestens zwei deskriptive Ausdrücke* enthalten muß, wie etwa der Satz über die Junggesellen oder das Kant-Beispiel. Denn wenn eine Aussage nur einen einzigen deskriptiven Ausdruck — wie oft auch immer — wesentlich enthält, so wird sie weiterhin deskriptive Ausdrücke wesentlich enthalten, *was immer für Synonyma dafür eingesetzt werden mögen.* Sie könnte also niemals in eine logisch wahre Aussage überführt werden. Nun wären aber Kant und sicherlich auch viele andere Philosophen zweifellos der Meinung, daß eine Aussage, wie etwa die folgende:

(47) $\wedge x \wedge y$ (x ist Vater von $y \rightarrow \neg (y$ ist Vater von x))

(wenn irgendwer Vater von einem anderen ist, dann ist der letztere nicht Vater vom ersteren)

analytisch ist. Bereits dieses Beispiel würde somit von der Quineschen Definition nicht gedeckt werden. Um (47) in eine logische Wahrheit überführen zu können, benötigt man ein *Postulat*, welches ausdrücklich verlangt, daß die Vaterrelation eine sogenannte asymmetrische Relation darstellt.

Derartige Postulate werden nach einem Vorschlag von J. G. Kemeny und R. Carnap „*Bedeutungspostulate*" genannt. Dieser Begriff des Bedeutungspostulates erscheint für eine *allgemeine* Charakterisierung des Analytizitätsbegriffs als unvermeidlich. *Durch derartige Postulate werden sämtliche vom Konstrukteur einer Objektsprache intendierten intensionalen Relationen zwischen deskriptiven Ausdrücken fixiert* (falls es sich um eine historisch gewachsene Sprache handelt, ist der Ausdruck „Bedeutungspostulat" natürlich inadäquat; denn hier handelt es sich nicht um ein Postulieren, sondern um ein *Vorfinden oder Entdecken* von Bedeutungsrelationen).

Der logische Folgerungsbegriff ließ sich dadurch auf den der logischen Wahrheit zurückführen, daß wir L-Implikation als L-Wahrheit eines geeigneten Konditionals erklärten. In analoger Weise läßt sich der Begriff der analytischen Wahrheit benützen, um einen erweiterten Begriff der *analytischen Folgerung* oder der *A-Implikation* einzuführen (er entspricht ungefähr dem, was im Englischen bisweilen als "logical entailment" bezeichnet wird). Wir verwenden dafür das abkürzende metasprachliche

---

[12] v. Quine polemisiert zwar gegen diesen Begriff, geht aber doch offenbar davon aus, daß seine Gegner diese Charakterisierung als adäquat betrachten würden.

Symbol „$\Vdash_A$". Nehmen wir etwa an, die Bedeutungspostulate seien in einer naheliegenden Weise so eingeführt worden, daß die folgende – ohne Bedeutungspostulate nicht L-wahre – Aussage analytisch wird:

(48) Wenn Hans Lehrer des Neffen von Paul ist, so ist Paul Onkel des Schülers von Hans.

Wir werden in diesem Fall sagen, daß der Dann-Satz aus dem Wenn-Satz zwar nicht logisch, aber *analytisch folgt*, also:

(49) „Hans ist Lehrer des Neffen von Paul" $\Vdash_A$ „Paul ist Onkel des Schülers von Hans".

Synonymität und analytische Wahrheit sind nicht die einzigen *A-Begriffe*. Auch die logische Falschheit läßt eine entsprechende Erweiterung zu. Wir sprechen von *A-falschen, analytisch falschen* oder *kontradiktorischen Aussagen*. Dabei ist hinsichtlich der letzten Bezeichnung zu beachten, daß, wie schon ewähnt, auch die logisch falschen Aussagen häufig so genannt werden. Um Verwirrung zu vermeiden, ist es am zweckmäßigsten, die Abkürzungen zu verwenden und von L-wahren bzw. L-falschen Aussagen einerseits, A-wahren bzw. A-falschen andererseits zu sprechen. A-Falschheit läßt sich am einfachsten so charakterisieren: Die *A-falschen Aussagen* sind genau diejenigen, deren Negationen A-wahr sind.

Weitere A-Begriffe sollen nicht eingeführt werden. Die Doppelheit der für Interpretationen benötigten Begriffe der Extension und der Intension führt bei der formalen Handhabung semantischer Systeme zu Komplikationen. Es ist ausgeschlossen, die intensionalen Begriffe auf die extensionalen zurückzuführen. Dagegen ist, wie R. CARNAP nachgewiesen hat, die umgekehrte Zurückführung möglich, was zu erheblichen Vereinfachungen von Objekt- und Metasprachen führt. (CARNAPs Theorie ist im Detail geschildert in seinem Buch [Necessity]; für eine knappere Schilderung der Carnapschen Theorie vgl. W. STEGMÜLLER, [Semantik], Kap. VIII.)

Bei der erwähnten Zurückführung wird der Begriff der Intension von Sätzen, Prädikaten und Individuenkonstanten zum zentralen Begriff. Nun ist es gerade dieser Begriff, der einer Reihe von Logikern als problematisch erscheint. Vor allem v. QUINE hat in zahlreichen polemischen Aufsätzen zu zeigen versucht, daß der Begriff der Intension und damit alle auf ihm basierenden Begriffe, wie Synonymität, analytische Wahrheit und analytische Falschheit, analytische Folgerung usw. unklar seien und bisher keinen präziseren Status erhalten hätten als theologische Begriffe. Auch von Vertretern weniger radikaler Ansichten und von solchen, die mehr der Carnapschen Auffassung zuneigen, wird doch zumindest zugegeben, daß eine scharfe Präzisierung des semantischen Bedeutungsbegriffs sowie der Relationen der Bedeutungsgleichheit und der Bedeutungsverschiedenheit vorläufig ein ungelöstes semantisches Problem darstellen. (Für eine Schilderung der Auseinandersetzung zwischen R. Carnap und v. Quine vgl. W. Stegmüller, [Semantik], Kap. XII, D. Eine Reihe von interessanten Beiträgen zu dem Problemkomplex findet sich in dem Buch von P. Edwards und A. Pap, [Introduction]. Zu den in der Zwischenzeit erschienenen wichtigsten Aufsätzen gehören vor allem die Abhandlung von H. Putnam, [The Analytic], sowie R. Carnaps Ausführungen in [Physics], Kap. 27 und besonders Kap. 28.)

Wir werden im Rahmen der Erörterung des Problems der historischen und psychologischen Erklärung in VI, 8 dieses Buches von einem neuen Aspekt auf die Problematik der *strengen* Unterscheidung in analytische und synthetische Aussagen stoßen. Es sei jedoch an dieser Stelle erwähnt, daß möglicherweise das von R. Carnap in [Physics], Kap. 28, entwickelte Verfahren auch in unserem Fall eine Lösung geben könnte.

Abschließend sollen in diesem Abschnitt noch die Gründe dafür angeführt werden, daß wir es an früherer Stelle vorzogen, schematische Satz- und Prädikatbuchstaben anstelle von Variablen zu verwenden. Die Einführung von Variablen ist nur so lange harmlos, als die Objektsprache rein syntaktisch gehandhabt wird. In dem Augenblick, wo man eine semantische Deutung vornimmt, ist man verpflichtet, einen *Wertbereich* für die Variablen festzulegen. Woraus sollte der Wertbereich von Satz- und Prädikatvariablen bestehen?

Angenommen, wir beschränken uns bei der Deutung auf eine *extensionale* Semantik. Dann würde der Wertbereich der Satzvariablen aus den beiden *Wahrheitswerten* „wahr" und „falsch" bestehen und der Wertbereich der Prädikatvariablen aus *Klassen*. Weder Wahrheitswerte noch Klassen aber sind Dinge „im üblichen Sinn". Es würde sich um abstrakte Entitäten handeln, die nur im platonischen Hyperrealismus ein Zuhause haben.

Falls man eine *intensionale* Semantik zugrundelegt, bestünde der Wertbereich der Satzvariablen aus der Klasse der (unendlich vielen) *Propositionen* und der Bereich der Prädikatvariablen aus *Eigenschaften* und *Beziehungen* im intensionalen Sinn. Um einen platonischen Hyperrealismus käme man abermals nicht herum, da auch Propositionen, Eigenschaften und Beziehungen „abstrakte Wesenheiten" bilden. Ja, es verhielte sich sogar noch wesentlich schlimmer als im vorigen Fall: Nicht nur wäre unser Universum noch stärker aufgebläht als im extensionalen Fall (unendlich viele verschiedene Propositionen statt zweier Wahrheitswerte; nichtidentische Attribute bei Vorliegen gleicher Extensionen). Vielmehr käme man *erstens* auch in diesem Fall nicht ohne eine zusätzliche Annahme der erwähnten extensionalen Entitäten aus. Im technischen Aufbau würde dies darin seinen Niederschlag finden, daß man den Variablen jeweils zwei

Wertbereiche zuzuordnen hätte: erstens die *Wertextensionen* und zweitens die *Wertintensionen* (es sei denn, man wendet den angedeuteten Carnapschen Trick der Zurückführung von Extensionen auf Intensionen an, was praktisch auf eine Reduktion der extensionalen auf die intensionale Semantik hinausläuft). Zweitens würden wir uns in diesem Fall auch noch wissenschaftstheoretisch belasten mit den problematischen Grundbegriffen der intensionalen Logik.

Die Benützung von Variablen würde also in beiden Fällen eine ontologische Vorentscheidung zugunsten des Platonismus enthalten und im zweiten Fall darüber hinaus eine wissenschaftstheoretische Vorentscheidung zugunsten von sogenannten Bedeutungsrelationen, die nicht wenigen Logikern als höchst zweifelhaft erscheinen.

Die Quantorenlogik ist demgegenüber eine ontologisch wie wissenschaftstheoretisch vollkommen neutrale Disziplin. Nicht nur eingefleischte Extensionalisten, welche die Bausteine der intensionalen Semantik verwerfen, sondern sogar radikale Nominalisten, denen jede Art von platonischen Gebilden suspekt ist, können die Quantorenlogik in ihrer Gänze bedenkenlos benützen. Problematisch wird die Sache erst, wenn man vergißt, daß man es mit schematischen Buchstaben zu tun hat und diese unversehens in Quantoren hineinschlüpfen läßt. In diesem Augenblick hat man sich eine Ontologie aufgehalst, die man als Nominalist gerade vermeiden wollte (für Einzelheiten vgl. u. a. W. STEGMÜLLER, [Universalienproblem]).

7. Einige weitere logische und klassentheoretische Begriffe

Das Symbol „=", welches die Identität ausdrückt, wird wegen seiner Wichtigkeit ebenfalls als *logisches* Zeichen betrachtet, und die um dieses Symbol erweiterte Quantorenlogik wird als *Quantorenlogik mit Identität* (bisweilen auch kurz: *Identitätslogik*) bezeichnet. Vom formalen Standpunkt handelt es sich bei „=" um ein zweistelliges Relationsprädikat mit fester Bedeutung. Dies zu betonen ist deshalb wichtig, weil in der Quantorenlogik im übrigen ja keine *bestimmten* Prädikate, sondern nur Prädikatbuchstaben ohne feste Bedeutung verwendet werden. Die Bedeutung von „=" ist so elementar, daß sie sich nur durch eine synonyme Umschreibung verdeutlichen läßt, etwa so: zu behaupten, daß a mit b identisch ist, läuft auf dasselbe hinaus wie zu sagen, daß a und b ein und dasselbe Ding darstellen. Hier sei eine triviale Bemerkung eingefügt, um ein mögliches Mißverständnis zu beseitigen. In „$a = b$" wird das Symbol „=" zwischen die beiden *Symbole* „a" und „b" gesetzt. Aber die Aussage „$a = b$" behauptet natürlich nicht eine Identität dieser beiden *Symbole* — die ja offenbar *nicht identisch* sind –, sondern die Identität der beiden Objekte *a* und *b*. Die klare Unterscheidung zwischen Gebrauch und Erwähnung ist also auch an dieser Stelle erforderlich, um eine fundamentale Begriffsverwirrung zu vermeiden.

Die im ersten Satz dieses Abschnittes behauptete Wichtigkeit des Identitätsbegriffs bedarf noch einer Begründung. Man könnte zunächst meinen, daß der Begriff sehr unwichtig sei, da Identitätsbehauptungen entweder triviale Richtigkeiten beinhalten, wie „Leibniz = Leibniz", oder triviale Falschheiten, wie „Kant = Leibniz". Tatsächlich erfüllt jedoch das Symbol „=" zwei bedeutsame Funktionen. Die erste Funktion beruht auf einer Eigentümlichkeit unserer Sprache, nämlich darauf, daß wir uns auf ein und dasselbe Ding *durch verschiedene Ausdrücke*, Namen oder Kennzeichnungen, *beziehen können*. Die interessanten Fälle sind dabei jene, wo das Wissen darum, daß es sich um ein und dasselbe Ding handelt, nur auf *empirische* Weise oder durch mathematische *Berechnungen* erworben werden kann. Von der letzteren Art wäre etwa das noch sehr einfache Beispiel: $9 \times 7 = (5 \times 10 + 13)$. (46) ist von der ersteren Art, ebenso die folgende Identitätsbehauptung:

(50) Die mittlere Tagestemperatur im Jahresmittel von Irkutsk $= -2°$ C.

Da „=" ein zweistelliges Relationssymbol ist, können rechts und links davon anstelle von Ausdrücken mit konstanter Bedeutung auch Variable zu stehen kommen. Damit stoßen wir bereits auf die zweite Funktion von „=". Verschieden benannte Individuenvariable, wie „x" und „y", können sich auf gleiche wie auf verschiedene Objekte beziehen. Das Identitätszeichen wird notwendig, wenn in *generellen* Sätzen ausdrücklich verlangt werden muß, *daß die Designata der Variablen dieselben oder nicht dieselben sind*. So etwas kann z. B. benötigt werden, wenn eine Angabe über die genaue Anzahl bzw. die Mindest- und Höchstzahl von Gegenständen einer bestimmten Art erfolgen soll. Mit „Px" als Abkürzung für „x ist ein Planet, auf dem vernünftige Lebewesen wohnen" erhalten wir z. B. die beiden Aussagen:

(51) $\lor x \lor y (\neg(x=y) \land Px \land Py)$

sowie

(52) $\land x \land y (Px \land Py \rightarrow x=y)$,

von denen die erste behauptet, daß es *mindestens zwei* von vernünftigen Lebewesen bewohnte Planeten gibt, während in der zweiten die Behauptung aufgestellt wird, daß *höchstens ein* derartiger Planet existiert. (Überlegungen von dieser Art bildeten den intuitiven Hintergrund von Freges Konzeption, arithmetische Aussagen auf rein logische zurückzuführen.)

Formeln, welche „="enthalten, können so wie die Formeln im früheren Sinn tautologisch sein auf Grund ihrer aussagenlogischen Struktur oder allgemeingültig auf Grund ihrer quantorenlogischen Struktur. *Gewisse dieser Formeln können jedoch erst dadurch als gültig erkannt werden, daß man die Bedeutung von „=" berücksichtigt.* Dazu gehören insbesondere die beiden:

(53) $\wedge x (x = x)$

und

(54) $\wedge x \wedge y [(Fx \wedge x = y) \rightarrow Fy]$.

Sie werden *Identitätsaxiome* genannt, weil sich beim syntaktischen Aufbau der Logik durch Hinzufügung dieser beiden Formeln zu den quantorenlogischen Axiomen ein System ergibt, in welchem genau die allgemeingültigen Formeln der Quantorenlogik mit Identität beweisbar sind. (53) bildet übrigens das erstemal ein Beispiel für einen quantorenlogischen *Satz*, da darin keine schematischen Buchstaben mehr vorkommen.

Sobald die Identität zur Verfügung steht, können die bereits gelegentlich erwähnten *singulären Kennzeichnungen* (kurz: *Kennzeichnungen*) präziser diskutiert werden. (46) z. B. ist nicht nur als Beispiel einer nichttrivialen Identitätsbehauptung interessant, sondern bildet zugleich einen zweifachen Anwendungsfall des Kennzeichnungsbegriffs; denn derselbe Planet wird darin nicht durch Namen, sondern durch die links und rechts von „=" stehenden Kennzeichnungen designiert. In alltagssprachlicher Formulierung beginnen Kennzeichnungen meist mit dem bestimmten Artikel, gefolgt von einem zweistelligen Relationsprädikat und einem Namen; z. B. „der Vater von Hans". Mit dem Symbol „$\imath x$" (mit einem auf den Kopf gestellten griechischen Jota) für „dasjenige Objekt x, so daß" können wir die eben erwähnte Kennzeichnung wiedergeben durch: „$\imath x$ (x ist Vater von Hans)". Das fragliche Prädikat kann eine komplexere Struktur haben, wie etwa in „das Haus von Peter", was wiederzugeben wäre durch: „$\imath x$ (x ist ein Haus $\wedge$ Peter ist Eigentümer von x)".

B. Russell verdanken wir die Einsicht, daß wir den *Kennzeichnungsoperator* „$\imath x$" nicht als zusätzliches Symbol einzuführen brauchen, sondern daß wir Kennzeichnungen *im Kontext eliminieren* können. Das von ihm geschilderte Verfahren bildet zugleich ein illustratives Beispiel für eine sogenannte *Gebrauchsdefinition* (wegen des englischen Ausdrucks „contextual definition" auch *Kontextdefinition* genannt) eines Terms, zum Unterschied von einer expliziten Definition, wie z. B. der Definition von „$\wedge x$" durch „$\neg \vee x \neg$". Der fragliche Ausdruck wird hier überhaupt nicht *definiert*, sondern es wird gezeigt, *wie ein Text, in dem er vorkommt, in einen sinngleichen anderen überführt werden kann, in welchem er nicht mehr vorkommt.* Russells inzwischen berühmt gewordenes Beispiel bildet die Kennzeichnung „der Verfasser von *Waverley*", welche dieselbe Person bezeichnet wie der Eigenname „Scott".

Drei elementare Hauptkontexte, in denen eine Kennzeichnung vorkommt, sind zu unterscheiden. Der erste Fall liegt vor, wenn bloß die Existenz des durch eine Kennzeichnung charakterisierten Objektes behauptet werden soll („der Verfasser von *Waverley* existiert"). Der zweite Fall ist gegeben, wenn der durch eine Kennzeichnung designierte Gegenstand mit einem namentlich benannten identifiziert wird („Scott ist der Verfasser von *Waverley*"). Auf einen dritten Fall stoßen wir, wenn von dem Objekt, auf welches wir uns durch eine Kennzeichnung beziehen, etwas prädiziert wird („der Verfasser von *Waverley* ist ein Dichter").

Bei der Elimination des Kennzeichnungsoperators ist darauf zu achten, daß wir durch den bestimmten Artikel bzw. durch „dasjenige *x*, welches" zum Ausdruck bringen wollen, daß es *ein* und zwar *nur ein* Objekt gibt, von dem das Gesagte gilt. Für den ersten Fall spielt dabei nur die Existenz und noch nicht die Einzigkeit eine Rolle, weshalb die Behauptung „der Verfasser von *Waverley* existiert" einfach wiedergegeben werden kann durch:

(55) $\qquad \qquad \bigvee x\,(x \text{ schrieb } Waverley)\,.$

Im zweiten Fall spielt bereits die Tatsache eine Rolle, daß es sich um *nur* ein Objekt handelt. Wenn der Gegenstand $\imath x F x$ mit y identisch ist — man beachte, daß wir diese Symbole hier nicht unter Anführungszeichen setzen, da wir sie *gebrauchen* und *nicht erwähnen*! —, so muß y so geartet sein, daß Fy, daß aber nichts anderes außer y das Merkmal F besitzt. Das Prädikat „F" gilt also von x, sofern $x = y$, und gilt nicht von x, wenn nicht $x = y$, d. h. für beliebiges x gilt „Fy" dann und nur dann wenn „$x = y$" gilt, also symbolisch:

(56) $\qquad \qquad \bigwedge x\,(Fx \leftrightarrow x = y)\,.$

Wenn wir hierin statt „Fx" das Prädikat „x schrieb *Waverley*" wählen und „y" durch den Namen „Scott" ersetzen, so erhalten wir für die Identitätsfeststellung „Scott ist der Verfasser von *Wavelrey*", d. h. für „Scott $= \imath x\,(x$ schrieb *Waverley*)" die quantorenlogische Aussage *ohne* Kennzeichnung:

(57) $\qquad \qquad \bigwedge x\,(x \text{ schrieb } Waverley \leftrightarrow x = \text{Scott})\,.$

Damit ist auch der zweite Fall erledigt. Für den dritten Fall überlegen wir uns folgendes: Wenn wir in (57) „Scott" durch „y" ersetzen und einen Existenzquantor „$\bigvee y$" dem ganzen Satz voranstellen, so erhalten wir gemäß unserer Analyse zum Unterschied von (55) gerade die Aussage, daß einer *und nur einer* *Waverley* schrieb. Wenn wir von diesem einen y

weiter prädizieren, daß er ein Dichter ist, so erhalten wir als präzise Wiedergabe von „der Verfasser von *Waverley* war ein Dichter" die keine Kennzeichnungen mehr enthaltende quantorenlogische Aussage:

(58) $\vee y\ [\wedge x(x$ schrieb *Waverley* $\leftrightarrow x=y)\ \wedge y$ ist ein Dichter] .

Einige Leser werden vielleicht die damit L-äquivalente Aussage für eine intuitiv durchsichtigere Übersetzung der Behauptung, daß der Verfasser von *Waverley* ein Dichter war, ansehen:

(59) $\vee x\ [x$ schrieb *Waverley* $\wedge x$ ist ein Dichter $\wedge \wedge y$ $(y$ schrieb *Waverley* $\rightarrow x = y)]$.

Damit ist die Schilderung der Gebrauchsdefinitionen für singuläre Kennzeichnungen beendet. (Das geschilderte Verfahren hat einige technische Mängel, die dadurch beseitigt werden können, daß man etwas kompliziertere Definitionen in Kauf nimmt; vgl. dazu R. CARNAP, [Einführung], S. 145. Auf S. 146 dieses Buches findet sich eine eingehende kritische Auseinandersetzung mit dem Verfahren von B. RUSSELL.)

Jetzt wird es auch klar, *warum Individuenkonstante oder Eigennamen vom logischen Standpunkt aus überflüssig sind*. Gegeben ein Eigenname, so kann man zunächst durch einen *syntaktischen Beschluß* erreichen, daß dieser Ausdruck statt als Name als Kennzeichnung eingeführt wird: Der Name wird einfach *zum Prädikat erklärt*, das durch einen offenen Atomsatz wiedergegeben wird; und dem so erhaltenen Ausdruck wird der Kennzeichnungsoperator vorangestellt. Statt des Eigennamens „Gott" führen wir z. B. das Prädikat „x ist Gott" ein, so daß der ursprüngliche Eigenname durch „$\imath x$ (x ist Gott)" ersetzt wird. (Mit „Px" für „x ist Gott" wird z. B. (51) zu der Aussage, daß es mindestens zwei Götter gibt, und (52) zu der Aussage, daß es höchstens einen Gott gibt.) In einem zweiten Schritt kann dann nach dem Rezept von B. RUSSELL die erhaltene Kennzeichnung aus dem Kontext eliminiert werden.

Eigennamen können also vermieden werden. Einen philosophischen Grund dafür, *daß Eigennamen auch tatsächlich vermieden werden sollen*, erblickt v. QUINE darin, daß technische Schwierigkeiten auftreten, sobald *leere Namen* verwendet werden, die nichts bezeichnen, wie z. B. „Pegasus", etwa in dem Satz „Pegasus existiert nicht". Die Schwierigkeiten werden größer, wenn man einen radikal extensionalen Standpunkt vertritt, so daß man sich bei leeren Namen nicht einmal auf deren Intensionen zurückziehen kann.

Es seien jetzt einige klassentheoretische Begriffe angeführt. Wenn α und β zwei Klassen sind, so besteht der *Durchschnitt* $\alpha \cap \beta$ aus jenen Objekten, die sowohl zu α wie zu β gehören, und die *Vereinigung* $\alpha \cup \beta$ aus jenen, die zu α oder β oder zu beiden gehören. Kontextdefinitionen dieser beiden neuen Symbole mittels „∧" und „∨" liegen auf der Hand, wenn man „$x \in \alpha$" für „x ist Element der Klasse α" schreibt:

(60) $$\wedge x \, (x \in \alpha \cap \beta \leftrightarrow x \in \alpha \wedge x \in \beta),$$

(61) $$\wedge x \, (x \in \alpha \cup \beta \leftrightarrow x \in \alpha \vee x \in \beta).$$

Ist eine Klasse α in einer anderen Klasse β (echt oder unecht) eingeschlossen, so schreiben wir dafür: $\alpha \subseteq \beta$. Dieser Ausdruck kann *explizit* definiert werden durch den damit L-äquivalenten quantorenlogischen Satz: $\wedge x (x \in \alpha \to x \in \beta)$.

Ist K selbst eine Klasse von (möglicherweise unendlich vielen) Klassen $\alpha, \beta, \gamma, \ldots$, so kann man ebenfalls den Durchschnitt und die Vereinigung bilden, welche diesmal durch „$\cap K$" bzw. durch „$\cup K$" bezeichnet werden:

(62) $$\wedge x \, [x \in \cap K \leftrightarrow \wedge \alpha \, (\alpha \in K \to x \in \alpha)]$$

(das Definiens besagt: „x ist Element aller Klassen, die Elemente von K sind"),

(63) $$\wedge x \, [x \in \cup K \leftrightarrow \vee \alpha \, (\alpha \in K \wedge x \in \alpha)]$$

(das Definiens besagt: „x ist Element mindestens eines Elementes von K").

Kommen in einer Klasse endlich viele ausdrücklich angeführte Gegenstände vor, etwa die Gegenstände a, b und c, so bezeichnen wir die betreffende Klasse dadurch, daß wir die fraglichen Gegenstandsbezeichnungen, durch Kommas voneinander getrennt, in geschlungene Klammern setzen. In unserem Beispiel also: $\{a, b, c\}$. Bei sehr großen endlichen Klassen (z. B. der Klasse aller Fixsterne) ist dieses Verfahren der Aufzählung der Klassenelemente praktisch undurchführbar; bei unendlich großen Klassen (z. B. der Klasse aller geraden Zahlen) ist es auch theoretisch undurchführbar. In einem solchen Fall wird die Klasse durch eine sogenannte „*definierende Bedingung*" eingeführt: Man gibt ein Prädikat an, welches auf sämtliche Elemente der Klasse, aber auf keine weiteren Dinge, zutrifft. Die Klasse selbst wird dann mittels des *Klassenoperators* symbolisiert. Dadurch entsteht ein Ausdruck von der Gestalt „$\{x \mid Fx\}$" (lies: „die Klasse aller x, so daß Fx"). Innerhalb der geschlungenen Klammer steht hinter dem senkrechten Strich die definierende Bedingung, während das „x" zusammen mit dem dahinterstehenden senkrechten Strich der Wendung „die Klasse aller Gegenstände x, so daß" entspricht und den Klassenoperator darstellt. In den zwei Beispielen im dritten Satz dieses Absatzes haben wir bereits einen stillschweigenden Gebrauch von dieser Methode gemacht. Die beiden Klassen, über die wir dort sprachen, sind $\{x \mid x$ ist ein Fixstern$\}$ und $\{x \mid x$ ist eine gerade Zahl$\}$. Der Klassenoperator ermöglicht eine explizite Definition der weiter oben eingeführten Begriffe. So z. B. kann „$\cap K$" definiert werden durch: „$\{x \mid \wedge \alpha(\alpha \in K \to x \in \alpha)\}$".

Grenzfälle von Klassen bilden die *leere Klasse* $\wedge$, die nichts enthält, und die Universal- oder *Allklasse* $\vee$, die alles enthält. Als definierende Bedingung für die erste kann man wählen: „$\neg x = x$", und als definierende Bedingung für die zweite: „$x = x$". Die Rechtfertigung ist in beiden Fällen dieselbe: Es gibt keine nicht mit sich selbst identischen Objekte.

Auch endlich oder unendlich viele Sätze bzw. Formeln können zu einer Klasse zusammengefaßt werden, die dann *Satzklasse* genannt wird. Ein wichtiges Anwendungsbeispiel bildet die Klasse der Prämissen einer Deduktion. Eine Satzklasse wird genau dann *wahr* genannt, wenn sämtliche dazugehörenden Sätze wahr sind. Eine Formelklasse heißt *konsistent*, wenn es mindestens eine Interpretation gibt, welche alle Formeln der Klasse wahr macht.

Nun noch einiges aus der Relationentheorie. Für eine zweistellige Relation R wird die Klasse der Objekte x, für die ein y existiert, so daß Rxy, als *Vorbereich* der Relation R bezeichnet; die Klasse der y, so daß es ein x mit Rxy gibt, heißt *Nachbereich* der Relation. Der Vorbereich von R kann also durch $\{x \mid \vee y Rxy\}$ und der Nachbereich durch $\{y \mid \vee x Rxy\}$ definiert werden. Die Vereinigung von Vor- und Nachbereich einer Relation heißt *Bereich*.

Gilt für alle Elemente des Bereiches von R die Aussage $\wedge x Rxx$, so wird die Relation R *reflexiv* genannt. Von einer *symmetrischen* Relation R sprechen wir, sofern gilt: $\wedge x \wedge y (Rxy \to Ryx)$. Schließlich wird eine Relation *transitiv* genannt, falls sie die Bedingung erfüllt: $\wedge x \wedge y \wedge z (Rxy \wedge Ryz \to Rxz)$. Eine sowohl reflexive wie symmetrische transitive Relation wird auch *abstrakte Gleichheitsrelation* genannt, weil sie die drei wesentlichen Merkmale der Identititätsrelation besitzt. Abstrakte Gleichheitsrelationen spielen in der modernen Logik und Mathematik eine bedeutsame Rolle, weil sie eine vorgegebene Klasse erschöpfend in einander wechselseitig ausschließende Teilklassen zerlegen.

Als letztes Symbol erwähnen wir „$=_{Df}$", welches etwa gelesen werden kann: „soll kraft Definition gleichbedeutend sein mit". Häufig wird dieses Symbol nicht ganz korrekt verwendet; denn strenggenommen kann eine *Definition* nur dann als *Gleichheit* angeschrieben werden, wenn der linke Ausdruck (das *Definiendum*) sowie der rechte Ausdruck (das *Definiens*) einen Term bilden. Falls dagegen Definiens und Definiendum Formeln bzw. offene Sätze darstellen, ist das Bikonditionalzeichen zu verwenden. Davon hatten wir bereits implizit Gebrauch gemacht, als wir z. B. in den erläuternden Bemerkungen zu (62) und (63) den rechts vom „$\leftrightarrow$" stehenden Ausdruck das Definiens nannten.

Abschließend eine generelle Bemerkung. Viele der in diesem Kapitel eingeführten Begriffe lassen sich unter einen sehr allgemeinen Begriff des *Operators* unterordnen. So z. B. kann man die Konjunktion einen (zweistelligen) satzbildenden Operator mit Satzargument nennen, da für Einsetzung von Sätzen in die Argumentstellen wieder ein Satz entsteht. Ein einstelliges Prädikat kann man als satzbildenden Operator mit Namensargument bezeichnen, da nach Ersetzung der Argumentstelle durch einen Namen ein Satz entsteht. Es sind noch zahlreiche weitere Operatoren denkbar, die wir bisher überhaupt nicht erwähnten. (Einen systematischen Überblick über alle Operatoren gibt H. CURRY in [Deducibility].) Auf einige solche weitere Operatoren, die auf den ersten Blick ganz ungewöhnlich erscheinen, werden wir bei der Diskussion der Ontologieproblematik in IV stoßen.

Kapitel I
Der Begriff der Erklärung und seine Spielarten

1. Die alltäglichen und wissenschaftlichen Verwendungen von „Erklärung"

Eines unserer Ziele ist die Explikation und Präzisierung der verschiedenen Formen wissenschaftlicher Systematisierungen, von denen die wissenschaftliche Erklärung als die wichtigste und daher als Prototyp gelten kann. Wie bei allen Begriffsexplikationen müssen wir auch hier in einem vorbereitenden Schritt an den vorwissenschaftlichen Sprachgebrauch anknüpfen, eine Übersicht über die verschiedenen Verwendungen des Ausdrucks zu gewinnen suchen und uns Klarheit darüber verschaffen, welche dieser Gebrauchsweisen wir zu analysieren und zu präzisieren trachten[1].

Der Fall, an den wir wohl zunächst denken, weil er Philosophen wie Einzelwissenschaftler am meisten beschäftigt hat, ist der der *kausalen Erklärung von Vorgängen oder Tatsachen*. Erklärungen dieser Art finden wir in den verschiedensten Bereichen. Ereignisse in der anorganischen oder organischen Natur werden ebenso kausal zu erklären versucht wie Vorgänge in der menschlichen Sphäre. Jemand fragt, warum ein Stein zu Boden fällt, und erhält die *Erklärung*, daß dies die Wirkung der Anziehungskraft sei. Oder er fragt, warum ein Auto verunglückt sei, und der Antwortende *erklärt* dies damit, daß der Fahrer betrunken gewesen sei oder daß ein Reifen platzte, weshalb der Wagen ins Schleudern geriet und von der Straße abkam.

Ein ganz anderer Fall, in dem wir ebenfalls von Erklärung sprechen, wird durch das folgende Beispiel illustriert. Ein Münchner kommt erstmals nach Hamburg und findet dort auf der Speisekarte eines Restaurants das Gericht „Labskaus" angeführt. Auf Befragung gibt die Kellnerin die *Erklärung*, daß es sich um ein Seemannsgericht, bestehend aus Schweine- und Rindfleisch, Gewürzen, Kartoffeln usw. handle. Vielleicht fügt sie noch eine kurze Erzählung über den historischen Ursprung dieses merk-

---

[1] Einen Überblick über die verschiedenen alltäglichen Verwendungen von „Erklärung" hat J. PASSMORE in seinem Artikel [Everyday Life] zu geben versucht.

würdigen Gerichtes hinzu. Der Ausdruck „Erklärung" wird hier im Sinn von *„Erklärung der Bedeutung eines Wortes"* verwendet. Im Alltag geben wir uns dabei gewöhnlich mit einer ungefähren Erläuterung zufrieden. Wird dagegen einem Wissenschaftler die Aufgabe gestellt, die Bedeutung eines Ausdrucks zu erklären, so nimmt die Erklärung gewöhnlich die Form einer *Definition* an. Noch in einem umfassenderen Sinn kann die Erklärungssuche eine Suche nach der Bedeutung sein. Jemand findet, daß das, was RILKE in seiner achten Duineser Elegie ausdrücken möchte, dunkel ist. Er fragt nach einer Erklärung, die ihm ein Philosoph und Literaturhistoriker zu geben versucht. Die *Erklärung* besteht in einer *Interpretation* des betreffenden *Textes.* Auch hier hat „erklären" die Bedeutung von *Klären* oder *Klarlegen des Sinnes* von etwas. Nur daß im Gegensatz zum vorigen Fall die Erklärung diesmal nicht in einer einfachen Definition besteht, sondern in einer mehr oder weniger umfangreichen Texterläuterung, die in zahlreichen *Feststellungen* und zum Teil in vielleicht recht problematischen *Hypothesen* über das vom Dichter Gemeinte seinen Niederschlag finden kann.

Ein dritter Fall, in dem sich das Erklären auf die Deutung von Zeichen bezieht, ist der Fall der *korrigierenden Uminterpretation.* Bei einem Spaziergang mit meinem Freund bemerke ich, wie jemand in der Ferne uns lebhaft Zeichen mit der Hand gibt. Ich will auf diese Person zugehen, um mich zu erkundigen, was sie wolle. Da *erklärt* mir mein mich begleitender Freund, daß gar nicht wir gemeint seien, sondern eine andere in der Nähe befindliche Person, die ich nicht bemerkt hatte. Die Erklärung hat die Funktion, in demjenigen, an den sie gerichtet ist, eine *andersartige Deutung oder Klassifikation der Sachlage* gegenüber jener, die sich ihm zunächst aufdrängte, vorzunehmen.

In diesem letzten Fall hat die Erklärung teilweise die Aufgabe, einen begangenen Irrtum zu korrigieren. Auch *andere Arten der Korrektur als die der Neuinterpretation von Zeichen* werden bisweilen Erklärungen genannt. Jemand kommt z. B. Ende April nach Innsbruck und wundert sich darüber, daß die Männer nicht alle Lederhosen tragen. Er erhält dafür die (nur partiell richtige) Erklärung, daß jetzt gerade keine Fremdensaison sei und daß lediglich die Fremden, nicht aber die Einheimischen in Lederhosen herumzugehen pflegen. Die Erklärung hat hier die Aufgabe, *die Diskrepanz zwischen dem, was der Reisende glaubt, und dem, was er tatsächlich wahrnimmt, zu beseitigen.* Und die Erklärung, d.h. die Behebung dieses Mißverhältnisses, besteht darin, daß ihm klargemacht wird, daß sein Glaube auf einer falschen vorgefaßten Meinung beruhte, die in ihm durch frühere unzutreffende Berichte hervorgerufen war.

Bisweilen kommt es vor, daß wir von jemandem eine *Erklärung* für eine Handlung verlangen, die wir mißbilligen. Eine solche Aufforderung „erkläre mir, warum du das getan hast!" ist als Verlangen nach einer *moralischen*

Rechtfertigung gemeint. Vom Erklärenden wird diesmal etwartet, daß er den nach der Auffassung des Fragenden begangenen Verstoß gegen bestimmte Normen *verteidigt*.

Eine Erklärung heischende Frage kann sich noch in einer anderen Weise auf Handlungen des Befragten beziehen. Wir fragen nicht, *warum* er etwas getan habe, sondern wie er dies gemacht (oder fertiggebracht) habe. Die Erklärung besteht diesmal in seiner mehr oder weniger *detaillierten Schilderung*. Er sagt: „So und so bin ich vorgegangen". Die Schilderung macht es verständlich, wie es z. B. *möglich* war, an einem einzigen Tag soviele Verrichtungen vorzunehmen, deren Durchführung uns zunächst als unmöglich erschien. Die Erklärung wird durch die Angabe von Einzelheiten geliefert.

Näher verwandt mit den an erster Stelle angeführten Fällen sind jene, in denen wir darum ersuchen, *das Funktionieren eines komplexen Gebildes* zu erklären. Es kann sich dabei z. B. um eine Maschine oder um einen Automaten handeln, deren (dessen) Tätigkeitsweise wir nicht durchschauen, um den marktwirtschaftlichen Mechanismus, um den Goldmechanismus oder um das Funktionieren einer bestimmten uns unbekannten Staats- und Regierungsform. Die Erklärung könnte hier in einer verhältnismäßig umfangreichen Darstellung bestehen, die *sowohl Beschreibungen wie Erklärungen im ersten Sinn der Tatsachenerklärungen* enthält.

Der Ausdruck „erklären" kann auch eine nichttheroretische *praktische* Bedeutung haben. In dieser Hinsicht ähnelt er dem Ausdruck „wissen". Wir sprechen nicht nur vom Wissen im theoretischen Sinn, dem „etwas wissen" bzw. „wissen warum", sondern auch vom Wissen im praktischen Sinn, dem „wissen wie", d. h. dem Wissen darum, wie man etwas macht[2]. Ich fahre etwa spät des nachts mit meinem Wagen und stelle zu meinem Schrecken fest, daß das Benzin zu Ende geht. Die Tankstellen mit Bedienung sind alle bereits geschlossen. Ich komme an einen Benzinautomaten. Da die Erläuterung für den Gebrauch zerstört ist und ich so etwas noch nie benützt habe, stehe ich hilflos davor. Ein anderer Autofahrer hält an und *erklärt* mir, wie der Automat zu bedienen ist. Auch diese Verwendungen von „Erklärung", nämlich *Erklärung dafür, wie man etwas macht*, sind im Alltag außerordentlich häufig und bilden sozusagen eine Erklärungsdimension sui generis.

Einige Autoren, darunter z. B. auch J. PASSMORE, haben versucht, *in allen diesen Fällen von Erklärungen etwas Gemeinsames zu finden*. Die Suche nach einer solchen Gemeinsamkeit dürfte aber vergeblich sein, führt sie doch kaum zu mehr als zu einer sehr allgemeinen und unbestimmten Charakterisierung: z. B. daß in allen diesen Fällen der Fragende in irgendeiner Weise verwirrt, verblüfft, „konsterniert" ist und daß es darum geht, seine

---

[2] Die philosophische Wichtigkeit dieser Unterscheidung ist erstmals von G. RYLE in [Mind] hervorgehoben worden.

Verwirrung zu beseitigen. Es dürfte angebrachter sein, in diesen zahlreichen Verwendungen eine *Begriffsfamilie* im Wittgensteinschen Sinn zu erblicken, zwischen deren Gliedern zahlreiche sich kreuzende und teilweise überdeckende Ähnlichkeiten bestehen, ohne daß *ein bestimmter* gemeinsamer Grundzug angebbar wäre.

Der Typus von Fällen, der uns im folgenden beschäftigen wird und um dessen Explikation es uns geht, ist der erste: der Begriff der *Erklärung einer Tatsache*. Nur dieser Verwendung des Erklärungsbegriffs entsprechen z. B. Ausdrücke wie „Voraussage" und „Retrodiktion". Die in diesem Abschnitt hervorgehobene Mehrdeutigkeit darf somit nur deshalb nicht übersehen werden, weil üblicherweise eine wissenschaftliche Erklärung als Prototyp der Anwendungen von Gesetzen und Theorien auf konkrete Situationen betrachtet wird. Wie sich aber später ergeben wird, schließt demgegenüber z. B. der Begriff der wissenschaftlichen Voraussage mehr Anwendungsfälle wissenschaftlicher Erkenntnisse in sich als der der wissenschaftlichen Erklärung, da der erstere, nicht aber der letztere Begriff zwei verschiedene Intentionen wissenschaftlicher Welterkenntnis in sich befaßt.

2. Auf dem Wege zu einer Begriffsexplikation: Das H-O-Schema der wissenschaftlichen Erklärung

2.a Ursachen und Gründe. Unsere wissenschaftliche Welterkenntnis trachtet zwei Arten von Fragen zu beantworten. Sie finden ihren Niederschlag in der Suche nach Erklärungen und in der Suche nach Gründen. Wer ein Ereignis in korrekter Weise erklärte, der hat in einer häufig gebrauchten, aber nicht unproblematischen alltagssprachlichen Ausdrucksweise die Ursachen für dieses Ereignis angegeben. Wer dagegen Gründe für ein Phänomen liefert, braucht nicht unbedingt auf die Ursachen zurückzugehen. Es genügt, daß er etwas aufgezeigt hat, auf Grund dessen dieses Phänomen rational zu erwarten war. Er beantwortet nicht die Frage, warum sich etwas Bestimmtes ereignet, sondern die andere Frage, warum *geglaubt* werden solle, daß es sich ereignet. C. G. HEMPEL unterscheidet dementsprechend zwischen *Erklärung suchenden Warum-Fragen* und *epistemischen Warum-Fragen*, die nach *Gründen* suchen[3].

Es erscheint als zweckmäßig, diese beiden Tendenzen nicht als einander ausschließende Bestrebungen zu betrachten, sondern in der Suche nach Erklärungen spezielle Fälle des Suchens nach Gründen zu erblicken, nämlich ein Forschen nach Gründen, das zugleich ein Forschen nach Ursachen bildet. Im gegenwärtigen Abschnitt wollen wir uns auf den speziel-

---

[3] C. G. HEMPEL [Aspects], S. 334f.

leren Fall beschränken. In welcher Weise die Suche nach Gründen über die Suche nach Erklärungen hinausgeht, wird im Rahmen der späteren Diskussionen, insbesondere in II, deutlich werden. An dieser Stelle sei nur ein vorläufiger kurzer Hinweis gegeben: Wenn wir eine Erklärung für etwas suchen, so setzen wir voraus, daß der Satz *S*, der das zu Erklärende beschreibt, richtig ist. Wenn wir nach Gründen suchen, so machen wir keine solche Voraussetzung. Wir trachten vielmehr danach, Wege zu finden, um den Glauben an die Wahrheit von *S* zu erhärten.

Auf Grund der Vorbetrachtungen des vorangehenden Abschnittes wissen wir, daß der Ausdruck „Erklärung" viele verschiedene Verwendungen hat. Uns geht es dabei, wie bereits angedeutet, nur um jenen alltäglichen wie wissenschaftlichen Gebrauch, den wir in Kontexten wie „Ereignisse erklären", „eine Erklärung von Vorgängen liefern", „eine Erklärung für gewisse Phänomene liefern", „Tatsachen erklären" vorfinden. Dabei beschränken wir uns gegenwärtig auf den Fall der Erklärungen von *Einzel*tatsachen oder von *Einzel*ereignissen. Der Begriff der Erklärung von *allgemeinen Tatsachen*, wie *Gesetzen* oder *Theorien*, der Probleme sui generis erzeugt, soll erst später zur Sprache kommen.

2.b Erklärungen und Beschreibungen. Unser Explikandum kann man am besten dadurch weiter verdeutlichen, daß wir zwei Tätigkeiten innerhalb der wissenschaftlichen Weltbetrachtung voneinander abgrenzen: *Beschreiben* und *Erklären*. Im einfachsten Fall haben Beschreibungen den Charakter erzählender Berichte, in denen entweder eigene Beobachtungen geschildert werden oder in denen über die Wahrnehmungen anderer referiert wird. Beschreibungen können aber auch anspruchsvoller sein und mehr oder weniger starke hypothetische Komponenten enthalten, über die wir keine völlige Sicherheit erlangen können, die aber in der Beschreibung so behandelt werden, „als ob" sie ausgemachte Tatsachen seien. So sprechen wir z. B. auch davon, daß ein Astronom die Struktur eines Sternennebels *beschreibt* oder daß ein Historiker eine genaue *Beschreibung* des Ablaufs der Französischen Revolution liefert. Im ersten Fall müssen ausdrücklich oder stillschweigend physikalische und astronomische Hypothesen benützt werden. Die Beschreibung des Historikers kann für sich nicht die Gewißheit von Beobachtungsberichten beanspruchen, da Aussagen über vergangene Geschehnisse stets problematisch sind, also einen bloß hypothetischen Charakter haben; denn sie müssen sich auf Deutungen *jetzt* vorliegender Berichte stützen. Dagegen ist allen Fällen von Beschreibungen dies gemeinsam, daß man sie als Antworten auf einen bestimmten Typus von Fragen auffassen kann, nämlich auf Fragen von der Gestalt „*was ist der Fall?*" („wie verhält es sich?") bzw. „*was war der Fall?*" („wie verhielt es sich?").

Wer hingegen eine Erklärung zu liefern versucht, beantwortet demgegenüber eine tieferliegende *Warum*-Frage: „*warum* ist das so?", „*warum* ist das und das der Fall?" bzw. „*warum* war das und das der Fall?". In dem

Bestreben, derartige Warum-Fragen zu beantworten, dürfte eine der wichtigsten Triebfedern der wissenschaftlichen Forschung zu erblicken sein. Die Frage setzt meist in solchen Situationen ein, wo ein Vorkommnis als verwunderlich oder rätselhaft erscheint. Prinzipiell aber kann die Frage angesichts *aller* Vorgänge dieser Welt gestellt werden, auch solcher, die uns als so vertraut und selbstverständlich erscheinen, daß wir kein Bedürfnis verspüren, sie zu erklären. Revolutionäre Entdeckungen sind oft deshalb gemacht worden, weil ein Forscher eine solche vermeintliche Selbstverständlichkeit zu erklären trachtete, z. B. daß ein Apfel, wenn man ihn losläßt, zu Boden fällt und nicht in der Luft schweben bleibt.

Eine 'noch so vollständige und genaue Beschreibung liefert keinen Ersatz für eine Erklärung. Wissen wir auch in allen Einzelheiten, was geschehen ist, so kann uns der Vorgang dennoch unverständlich bleiben. Erst nach der befriedigenden Beantwortung der Erklärung heischenden Warum-Frage ist unser tieferes Bedürfnis nach Erkenntnis befriedigt. Wir wissen dann nicht nur, was geschieht, sondern warum es geschieht. Dieses zweite Wissen erlangen wir dadurch, daß wir neben der Kenntnis der Einzeltatsachen zusätzlich *die gesetzmäßigen Zusammenhänge zwischen diesen Einzeltatsachen* erkennen. Darum nehmen Erklärungen stets einen höheren Rang in der wissenschaftlichen Weltbetrachtung ein als Beschreibungen. Das spiegelt sich bereits in der Redewendung wieder, wonach wir die Erklärungen den „bloßen" Beschreibungen gegenüberstellen.

Wenn wir die pragmatische Erklärungssituation in der Weise charakterisierten, daß wir Erklärungen als Antworten auf (tatsächlich gestellte oder potentielle) Warum-Fragen auffaßten, so muß der Leser zugleich davor gewarnt werden, diese schematische Charakterisierung zu überdehnen. Erstens werden die Erklärung heischenden Fragen häufig in anderer Weise gestellt als in der Form von Warum-Fragen, etwa in der Gestalt von Fragen der Art: „wie kommt es, daß . . .?", „wie war es möglich daß . . .?", „was ist die Ursache von . . .?" oder direkt mittels des Verbums „erklären": „wie ist . . . zu erklären?". Entscheidend ist für uns nur dies, daß derartige Fragen stets in der Form von Warum-Fragen gestellt werden *können*. Zweitens haften auch dem „warum" ähnliche Mehrdeutigkeiten an wie dem Verbum „erklären". So haben wir z. B. gesehen, daß die Wendung „eine Erklärung geben" die Bedeutung haben kann, eine moralische Rechtfertigung für etwas zu liefern. Ganz analog kann die moralische Herausforderung durch ein „warum" eingeleitet werden, wie etwa in: „warum hast du das getan?". Diese Frage *kann* zwar als Erklärung heischende Frage gemeint sein, ist jedoch häufig als Rechtfertigung heischende Frage intendiert. Im letzteren Fall ist sie von einem *kategorial anderen Typus* als die Frage: „warum bewegt sich die Erde um die Sonne?".

Bisweilen wird das, was den Gegenstand einer Erklärung bilden soll, dadurch verdunkelt, daß dieser Gegenstand durch ein Hauptwort designiert wird. Man fragt etwa nach einer Erklärung für den Kugelblitz (oder nach einer Erklärung für Ebbe und Flut; für die mittelalterliche Pest; für die Sonnenfinsternis; für das Nordlicht). Dies ist eine undeutliche Form der Fragestellung. Wenn man das, wonach hier eigentlich gefragt wird, deutlich machen will, muß man die Hauptwortform preisgeben und stattdessen bestimmte Sachverhalte durch Sätze beschreiben. Jene Vorkommnisse, die wir „Kugelblitz", „Ebbe und Flut", „Nordlicht" usw. nennen, sind durch gewisse angebbare Merkmale ausgezeichnet, die wir in daß-Wendungen zu beschreiben haben. In bezug auf diese so beschriebenen Sachverhalte können wir dann fragen, warum dies so sei. Das zu Erklärende, welches *Explanandum* genannt werden soll, ist stets ein Sachverhalt p, der durch einen empirischen Satz s beschrieben wird; und die eigentliche Erklärung heischende Frage lautet: „Warum ist es der Fall, daß p?".

2.c Historisches. Einfache Beispiele von Erklärungen. Einer der ersten Denker, der sich Klarheit über die naturwissenschaftlichen Erklärungen zu verschaffen suchte, war J. St. Mill, der darauf hinwies, daß wissenschaftliche Erklärungen in der Subsumtion unter Naturgesetze bestehen[4]. Strenggenommen müßte man in diesem Zusammenhang bereits D. Hume anführen. Seine Regularitätstheorie der Kausalität geht nämlich in dieselbe Richtung. Wir werden uns in VII mit dieser Theorie ausführlicher beschäftigen. Hier sei nur dies vorweggenommen: Hume knüpfte in seiner Analyse an singuläre Kausalsätze an, also an Sätze von der Gestalt „A ist die Ursache von B". Derartige singuläre Kausalsätze kann man als rudimentäre oder *vorwissenschaftliche Erklärungen* bzw. *Erklärungsversuche* ansehen. Insofern bildeten für Hume Erklärungen, wenn auch solche von ganz spezieller Gestalt, das Objekt seiner Untersuchungen. Und mit seiner These, daß sich ein singuläres Kausalurteil stets auf eine allgemeine Regelmäßigkeit stütze, drückte er ebenfalls die Überzeugung aus, daß Erklärungen auf Gesetzen beruhen. Wenn Humes Versuch heute dennoch als gescheitert betrachtet werden muß, so deshalb, weil er an die erwähnten alltagssprachlichen Formulierungen anknüpfte, in denen problematische Ausdrücke wie „Ursache" vorkommen. Mill hatte im Prinzip die Wurzel für dieses Versagen erkannt, die im subjektiven Charakter der üblichen Verwendung von "Ursache" liegt[5].

In neuerer Zeit hat Sir Karl Popper in seiner „Logik der Forschung"[6] die logische Struktur sogenannter kausaler Erklärungen erstmals klar beschrieben[7]. Er vertrit dort die manchen Philosophen auf den ersten Blick

---

[4] J. St. Mill [Logic], Buch III, Kap. XII, 1.

[5] a. a. O., Kap. V, 3.

[6] K. Popper [Scientific Discovery], S. 59f.

[7] Für weitere Autoren, die ähnliche Ideen vertreten, vgl. C. G. Hempel [Aspects], S. 251, Fußnote 7, und S. 337, Fußnote 2.

paradox erscheinende Auffassung, daß eine kausale Erklärung in einer *logischen Ableitung* bestehe. Folgendes Beispiel wird zur Stützung dieser Behauptung vorgebracht: Es soll erklärt werden, warum ein vorgegebener Faden zerreißt, nachdem ein bestimmtes Gewicht daran gehängt wurde. Die Erklärung lautet, daß der Faden eine Zerreißfestigkeit von 1 kg besaß und daß das daran gehängte Gewicht 2 kg schwer war. Eine genauere Analyse dieses Erklärungsvorschlages ergibt, daß darin zwei Typen von Komponenten stecken, nämlich erstens *Gesetzmäßigkeiten* und zweitens gewisse *Anfangsbedingungen*, die wir durch singuläre Sätze beschreiben. Die beiden benötigten Gesetze könnten nach POPPER etwa so formuliert werden: (a) „Für jeden Faden von einer gegebenen Struktur S, die bestimmt ist durch Faktoren wie Material, Dicke usw., gibt es ein charakteristisches Gewicht W, so daß der Faden zerreißt, wenn ein Gegenstand mit einem größeren Gewicht als W daran gehängt wird", und (b) „Für jeden Faden von der speziellen Struktur S_1 ist das charakteristische Gewicht W_1 gleich 1 kg". Die Anfangsbedingungen werden durch die folgenden Aussagen beschrieben: (c) „Dies ist ein Faden von der Struktur S_1", sowie (d) „Das Gewicht, welches an diesen Faden gehängt wurde, beträgt 2 kg". Aus diesen vier Prämissen ist der Satz, der den zu erklärenden Vorgang beschreibt, deduzierbar, nämlich: „Dieser Faden zerreißt".

Der analoge Sachverhalt: die Benützung dieser beiden Arten von Aussagen für die Zwecke von Erklärungen, läßt sich an zahllosen weiteren Beispielen aufweisen. Obwohl man prinzipiell beliebige wählen könnte, denkt man doch zunächst vorwiegend an solche, die sich in gewissen *pragmatischen* Situationen ergeben haben, nämlich wenn entweder im Verlauf der menschlichen Geschichte ein bestimmtes Phänomen Erstaunen erregte oder wenn wir uns im Alltag über ein gewisses Vorkommnis wundern. Man sucht etwa nach einer Erklärung für die Mondphasen; für eine Sonnenfinsternis; für eine Fata Morgana; für das Auftreten negativer Nachbilder; für die sogenannte Mondtäuschung (d. h. für die Tatsache, daß der Mond am Horizont größer aussieht, als wenn er weit über dem Horizont am Himmel steht); für die merkwürdige Tatsache, daß dem Mann im Ruderboot der im Wasser befindliche Ruderteil als nach oben gebogen erscheint. Bisweilen kann die pragmatische Situation auch komplizierter sein: Der eine Erklärung Suchende kommt z. B. mit der ihm zur Verfügung stehenden Theorie nicht zurecht; es gelingt ihm nicht, eine adäquate Erklärung zu liefern. Ein Beispiel hierfür wäre etwa der Fall, wo jemand äußert, daß es ihm unbegreiflich sei, wie die Mondphasen, d. h. der Wechsel in der Lichtgestalt des Mondes, durch den Erdschatten zu erklären seien. Er erhält die Antwort, daß er mit einer falschen Voraussetzung an die Sache herantrete: Die Mondphasen hätten (trotz der immer wieder zu hörenden gegenteiligen Behauptung) nichts mit dem Erdschatten zu tun; es liege hier eine Verwechslung mit dem Fall der Mondfinsternis vor. Die eigentliche Erklärung enthält dann wieder die beiden Klassen von Aussagen, nämlich erstens *Tatsachenbeschreibungen* wie z. B. daß der Mond selbst kein Licht ausstrahlt, daß er nur von der Sonne beleuchtet wird, daß er in etwas mehr als 27 Tagen die Erde einmal umkreist usw., und zweitens *Gesetzesaussagen,* im vorliegenden Fall insbesondere optische Gesetze.

Pragmatische Situationen von der eben skizzierten Art können sich auch auf höherer wissenschaftlicher Ebene einstellen. Ein Beispiel hierfür wäre das folgende: Ein Physikstudent (oder ein physikalisch interessierter Laie) erfährt, daß ein einzelnes Neutron nach einer mittleren Lebenszeit von 17 Minuten in ein Proton, ein Elektron und ein Antineutrino zerfällt. Seine unmittelbare Reaktion besteht in der Frage: „Warum gibt es dann im Universum noch andere Substanzen außer Wasserstoff?“ Diese berechtigte Frage basiert auf dem weiteren Wissen, daß die Wasserstoffatome die einzigen sind, deren Kern nur aus Protonen besteht (genauer: jedes Wasserstoffatom besteht aus einem Proton und einem Elektron). Die Atomkerne aller übrigen Substanzen enthalten demgegenüber stets außer Protonen auch Neutronen. Eine den Fragesteller vermutlich befriedigende Erklärung würde etwa so aussehen: „Die Nachbarschaft von Protonen hat einen stabilisierenden Effekt auf die Neutronen. Denn durch die anziehenden Kräfte, welche diese Teilchen zusammenhalten, wird die Energie des Neutrons verringert. Dies verhindert seinen Zerfall“. Es liegt auf der Hand, daß diese abgekürzte Erklärung bei genauerer Formulierung außer der Angabe relevanter Daten (z. B. Existenz von Substanzen, deren Atomkerne Neutronen wie Protonen enthalten) atomphysikalische Gesetzmäßigkeiten anführen müßte.

Es seien noch einige weitere Beispiele angeführt[8]. Sie sind ebenso wie das Poppersche Beispiel bewußt einfach gewählt. Kompliziertere Fälle bergen stets die Gefahr in sich, die Aufmerksamkeit auf technisch schwierige, für die Zwecke unserer Analyse aber nebensächliche Details abzulenken. Da es vorläufig nur darum geht, eine Einsicht in die prinzipielle Struktur von Erklärungen zu gewinnen, spielt es keine Rolle, ob diese Erklärungsvorschläge von einem pedantischen, streng wissenschaftlichen Standpunkt aus voll befriedigend sind oder nicht.

Ein mit einer horizontalen Stricheinteilung versehenes Gefäß aus Glas oder einer anderen durchsichtigen Materie, in dem mehrere Eisstücke schwimmen, ist genau bis zu einem der Striche mit Wasser gefüllt. Es herrscht Zimmertemperatur. Das Eis schmilzt. Jemand wundert sich darüber, daß die Wasseroberfläche nicht ansteigt, sondern unverändert

---

[8] Das folgende sowie ähnliche Beispiele finden sich in der Arbeit von HEMPEL und OPPENHEIM sowie in verschiedenen anderen Aufsätzen von HEMPEL.

bei demselben Strich verharrt, obwohl die früher über die Wasseroberfläche hinausragenden Eisstücke sich inzwischen ganz in Wasser verwandelt haben. Welche Erklärung kann hierfür geliefert werden? Die
Anfangsbedingungen sowie das zu erklärende Phänomen sind in der eben
gegebenen Schilderung bereits angeführt worden. Als Gesetze werden
benützt: das Prinzip von Archimedes, wonach ein in einer Flüssigkeit
schwimmender fester Körper eine Flüssigkeitsmenge verdrängt, die
dasselbe Gewicht hat wie er selbst; ferner gilt das Gesetz, wonach bei
Temperaturen über 0° C und atmosphärischem Druck der Übergang des
Eises vom festen in den flüssigen Zustand das Gewicht nicht ändert;
schließlich die weitere Gesetzesaussage, daß bei konstanter Temperatur und
bei konstantem Druck Wassermengen, die dasselbe Gewicht haben, auch
dasselbe Volumen besitzen. Unter Benützung dieser Gesetze sowie der
angegebenen Ausgangsdaten brauchen nur noch einige logische Schlüsse
gezogen zu werden, um das Explanandum zu gewinnen: Jedes Eisstück
hat dasselbe Gewicht wie die Wassermenge, die durch den unter der Oberfläche befindlichen Teil des Eises verdrängt wird. Da durch den Schmelz-
vorgang das Gewicht nicht geändert wird, besitzt die Wassermenge, in
die sich das Eis verwandelt, dasselbe Gewicht wie das Eis selbst und somit
dasselbe Gewicht wie die ursprünglich verdrängte Wassermenge. Gewichts-
gleiche Wassermengen haben unter den gegebenen Umständen gleiches
Volumen; also hat das aus dem Eis entstehende Wasser auch dasselbe
Volumen wie die ursprünglich verdrängte Wassermenge. Das Eis liefert
nach erfolgter Schmelzung somit eine solche Wassermenge, die genau
ausreicht, um den Raum auszufüllen, der zunächst durch den unter-
getauchten Teil der Eisstücke eingenommen war.

Die meisten Erklärungen werden nicht in allen Details geliefert.
Sie hören sich bisweilen an wie ausführliche Schilderungen. Dadurch
kann im Leser oder Hörer der Eindruck entstehen, als liege hier nichts
wesentlich anderes vor als was wir bereits bei einer Beschreibung antreffen.
Erst die genauere Analyse zeigt, daß in zweifacher Hinsicht gegenüber
reinen Schilderungen etwas Neues hinzutritt: *die* (oft stillschweigende)
Benützung von Gesetzmäßigkeiten und *der Vollzug eines logischen Schlusses oder
einer ganzen Kette logischer Ableitungsschritte.*

Als letztes sei die Erklärung für die Beobachtung des Mannes im Ruderboot angeführt, dem der im Wasser befindliche Teil des Ruders als gebogen
erscheint. Wieder muß, um dieses Phänomen zu erklären, sowohl auf
konkrete Bedingungen wie auf Gesetze Bezug genommen werden. Zu den
ersteren gehören Feststellungen wie: daß das Ruder praktisch ein gerades
Stück Holz ist; daß sich ein Teil des Ruders oberhalb, ein anderer Teil
unterhalb der Wasseroberfläche befindet; daß das Ruder von einer bestimmten Stelle oberhalb der Wasseroberfläche aus beobachtet wird. Zu
den benützten Gesetzesaussagen gehören die Gesetze der Lichtbrechung

sowie das Gesetz, welches besagt, daß das Wasser ein optisch dichteres Medium ist als die Luft.

2.d Vorläufige Charakterisierung der logischen Struktur erklärender Argumente. Allgemein ist also die Situation die: Zu erklären ist ein spezielles Vorkommnis an einer bestimmten Raum-Zeit-Stelle. Es werde *Explanandum* genannt. Um die Erklärung liefern zu können, müssen zunächst gewisse Bedingungen angegeben werden, die vorher oder gleichzeitig realisiert waren. Diese Bedingungen sollen als *Antecedensbedingungen* $A_1, \ldots A_n$ bezeichnet werden. Ferner müssen gewisse *Gesetzmäßigkeiten* $G_1, \ldots, G_r$ formuliert werden. Die Erklärung besteht darin, den Satz E, der das zu erklärende Phänomen beschreibt, aus diesen beiden Klassen von Sätzen, d. h. aus der Satzklasse $\{A_1, \ldots, A_n, G_1, \ldots, G_r\}$, logisch abzuleiten. *Beide Arten von Aussagen* müssen in den Prämissen vorkommen; aus Gesetzen allein kann man keine Tatsachen über die Welt erschließen. Und aus singulären Tatsachenfestellungen kann man zwar an Gehalt schwächere tautologische Folgerungen ziehen; aber man kann mit ihrer Hilfe keine neuen Tatsachen erklären.

Unsere bisherige Terminologie ist in zwei Hinsichten ungenau. Erstens haben wir immer wieder von zu erklärenden Ereignissen, Vorkommnissen, Phänomenen u. dgl. gesprochen. Tatsächlich erklären wir jedoch niemals ein konkretes Ereignis in seiner Totalität, d. h. in seiner unerschöpflichen Fülle, sondern stets nur gewisse Aspekte an diesem Ereignis. Solche Aspekte sind durch Sätze beschreibbar und werden gewöhnlich *Sachverhalte* genannt. Sind die sie beschreibenden Sätze wahr, so daß die Sachverhalte bestehen („wirklich der Fall sind"), so spricht man von *Tatsachen*. Die mit diesen Begriffen zusammenhängenden Fragen sollen systematisch in IV diskutiert werden. Dort wird auch das Problem untersucht, ob diese Sachverhaltssprechweise notwendig in eine platonistische Ontologie einmündet, wenn man über den Gegenstand wissenschaftlicher Erklärungen genaue Aussagen machen will. Vorläufig werden wir jedoch die bisher benützte laxere Redeweise beibehalten und weiterhin von der Erklärung von Ereignissen usw. sprechen.

Zweitens ist aus dem bisherigen Zusammenhang nicht hinreichend deutlich geworden, ob wir uns mit den Ausdrücken „Explanandum", „Antecedensbedingungen", „Gesetz" auf *Sätze*, also auf sprachliche Gebilde, beziehen wollen oder ob damit die durch diese Sätze beschriebenen speziellen oder allgemeinen *Sachverhalte* („Ereignisse") gemeint sein sollen. Wir entschließen uns hier für die *formale Redeweise*[9]. Falls nicht ausdrücklich etwas anderes verlangt wird oder eine andere Deutung sich unmittelbar aus dem Text ergibt, so sollen unter den Antecedensbedingungen, Gesetzen

---

[9] Dieser Ausdruck stammt von R. CARNAP.

sowie dem Explanandum stets *Sätze* verstanden werden (obwohl dies vor allem bezüglich des ersten dieser drei Ausdrücke zunächst als etwas gewaltsam erscheinen mag). In den meisten Zusammenhängen wird es jedoch keine Rolle spielen, ob diese Ausdrücke im *formalen* Sinn (als Bezeichnungen von Sätzen) oder im *materialen* Sinn (als Bezeichnungen für Sachverhalte) zu verstehen sind. In IV werden wir demgegenüber sogar noch eine weitere Unterscheidung innerhalb der formalen Sprechweise vornehmen: Wir werden unterscheiden zwischen Sätzen als abstrakten Gebilden und Satzäußerungen als raum-zeitlich bestimmten Vorkommnissen. Letztere werden dort auch als „Aussagen" bezeichnet. Außerhalb des dortigen Kontextes werden die beiden Ausdrücke „Satz" und „Aussage" hingegen stets als Synonyma verwendet und als Abstracta interpretiert.

Aus der Analyse der obigen Beispiele ergab sich, daß vom Wissenschaftler eine Erklärung heischende Warum-Frage, also eine Frage von der Gestalt: „*warum* kommt dieses Phänomen vor?" in folgendem Sinn interpretiert wird: „*auf Grund von welchen Antecedensdaten und gemäß welchen Gesetzen kommt dieses Phänomen vor?*" Dagegen könnte eingewendet werden, daß alle die geschilderten und angedeuteten Beispiele, aus denen das allgemeine Schema der Erklärung abstrahiert wurde, dem Bereich der Naturwissenschaft entstammten. Wir sollten uns daher vorläufig vorsichtiger ausdrücken und nur behaupten, daß Erklärung suchende Fragen *vom Naturforscher* in der eben skizzierten Weise interpretiert werden. Der Frage, ob auch *historische (und psychologische) Erklärungen* in dieser Weise aufzufassen sind und welche Besonderheiten sich hier ergeben, werden wir uns in VI zuwenden.

Während wir also in bezug auf das Problem der historischen Erklärung vorläufig die Frage offenlassen, ob das obige Schema darauf anwendbar ist, können wir eine Hinsicht angeben, in der es sicherlich nicht ausreicht: Es deckt nur jene Fälle, in denen die verwendeten Gesetzeshypothesen sogenannte *strikte* oder *deterministische Gesetze* sind. Nur dann nämlich läßt sich E aus den beiden Klassen von Prämissen *logisch* deduzieren. Häufig stehen uns aber keine deterministischen Prinzipien zur Verfügung, sondern bloß *statistische* oder *probabilistische* Gesetzesannahmen, also *Wahrscheinlichkeitshypothesen*. In einem solchen Fall kann auch der Schluß auf E nicht mit logischer Notwendigkeit erfolgen, sondern nur mit einer gewissen Wahrscheinlichkeit. Strikte Gesetze sollen auch *nomologische* Gesetze oder Prinzipien genannt werden. Die bisher allein diskutierte erste Klasse von Erklärungen werde daher als die Klasse der *deduktivnomologischen Erklärungen* bezeichnet. Wir verwenden dafür die Hempelsche Abkürzung „*DN-Erklärungen*". Die zweite Erklärungsform ist die statistische. Sie führt zu speziellen erkenntnistheoretischen Schwierigkeiten, die in IX erörtert werden. Wie sich dort ergeben wird, bilden die statistischen Erklärungen besondere Fälle von induktiven Argumenten.

Wir werden daher in diesem Fall von *induktiv-statistischen Erklärungen* sprechen und für sie die Abkürzung „*IS-Erklärungen*" benützen.

Die obige schematische Charakterisierung kann nach verschiedenen Hinsichten verallgemeinert werden. Eine davon betrifft die Verwendung ganzer Theorien statt spezieller Gesetze in der zweiten Klasse von Prämissen. Da in den heutigen systematischen Wissenschaften fast niemals isolierte Gesetze aufgestellt werden, sondern zu umfassenden Theorien zusammengeschlossen Hierarchien solcher Gesetze, kann in einer Erklärung, welche ein spezielles Gesetz verwendet, das letztere durch eine Theorie ersetzt werden, aus der das Gesetz ableitbar ist. Läßt sich allerdings — wie häufig der Fall — das Gesetz aus der Theorie nur approximativ herleiten, so überträgt sich dieser approximative Charakter auch auf die Erklärung, sobald im Explanans das Gesetz durch die betreffende Theorie ausgetauscht wird. Auf die Frage der Abgrenzbarkeit von „Gesetz" und „Theorie" kommen wir in X zurück.

Eine weitere Verallgemeinerung betrifft andersartige Anwendungen von Gesetzen und Theorien als für Erklärungszwecke. Die wissenschaftlichen Erklärungen können zwar als Prototyp für solche Anwendungen angesehen werden, bilden aber nicht die einzige theoretische Verwertungsmöglichkeit von Einsichten in Gesetzeszusammenhänge. Die wichtigsten anderen Fälle bilden die *wissenschaftlichen Voraussagen* oder *Prognosen*. Nach der von HEMPEL und OPPENHEIM vertretenen Auffassung haben wissenschaftliche Voraussagen stets dieselbe logische Struktur wie wissenschaftliche Erklärungen; der Unterschied ist ein bloß pragmatischer. Diese These wird heute meist als *der Satz von der strukturellen Identität* (oder *strukturellen Ähnlichkeit*) *von Erklärung und Voraussage* bezeichnet. Der pragmatische Unterschied zwischen den beiden Fällen äußert sich danach in folgendem: Wenn E in dem Sinn *vorgegeben* ist, daß man bereits weiß, der durch E beschriebene Sachverhalt habe stattgefunden, und wenn geeignete Antecedensbedingungen $A_1, \ldots, A_n$ sowie Gesetze $G_1, \ldots, G_r$ *nachträglich zur Verfügung gestellt* werden, aus denen zusammen E ableitbar ist, so sprechen wir von einer Erklärung. Sind hingegen die Antecedensbedingungen wie Gesetze *zunächst gegeben* und wird daraus E zu einem Zeitpunkt abgeleitet, *bevor* das durch E beschriebene Ereignis stattfindet, so handelt es sich um eine Voraussage. Die analoge Unterscheidung kann für den statistischen Fall gemacht werden. So überzeugend diese These von der strukturellen Gleichheit von Voraussage und Erklärung auf den ersten Blick zu sein scheint, als so problematisch erweist sie sich bei genauerem Zusehen. Ein Teil dieser Problematik liegt darin verankert, daß nicht jede Angabe von wissenschaftlichen Gründen für die Annahme einer Tatsachenbehauptung zu Erklärungszwecken verwendbar ist, während sie prinzipiell für prognostische Zwecke benützt werden kann. Wir werden diesen ganzen Fragenkomplex systematisch im nächsten Kapitel behandeln, wo auch bisher nicht erwähnte Anwendungsmöglichkeiten wissenschaftlicher Gesetze und Theorien zur Sprache kommen.

Das oben skizzierte Schema der DN-Erklärung wird im Englischen nach einem Vorschlag von W. Dray als das *"covering-law-Modell der wissenschaftlichen Erklärung"* bezeichnet. Dafür läßt sich im Deutschen kaum ein Äquivalent finden. Gelegentlich werden wir vom „Gesetzesschema der wissenschaftlichen Erklärung" sprechen. In jeder DN-Erklärung können die verwendeten Gesetze $G_1, \ldots, G_r$ durch ein einziges spezielles Gesetz G^* ersetzt werden, das einerseits aus den r Gesetzen $G_1, \ldots, G_r$ logisch folgt, andererseits ausreicht, um aus $A_1, \ldots, A_n$ den Satz E zu deduzieren. Ein solches Gesetz besagt seinem Gehalt nach: „Wenn Bedingungen von der Art realisiert sind, die in den Sätzen $A_1, \ldots, A_n$ beschrieben werden, dann kommt ein Ereignis von der Art E vor." Hempel bezeichnet ein solches Gesetz G* als "minimal covering law" der gegebenen DN-Erklärung. Die Forderung, daß ein solches *Minimalgesetz* zu verwenden sei, ist selbstverständlich *kein* Bestandteil des Begriffs der DN-Erklärung. Tatsächlich ist in keinem der früheren Beispiele ein Minimalgesetz benützt worden. Eine derartige Zusatzforderung aufzustellen, wäre auch widersinnig: Sofern ein Gesetz G in den umfassenderen Rahmen einer Theorie T eingebettet werden kann, muß überall dort, wo G für Erklärungs- und Voraussagezwecke benützbar war, stattdessen auch die allgemeinere Theorie T verwendbar sein.

Ein und dasselbe Phänomen kann also mit Hilfe von Gesetzen oder Theorien verschiedener Allgemeinheitsstufe erklärt werden. Kann es auch mit Hilfe von einander widersprechenden Theorien erklärt werden? Sicherlich. Im Verlauf der wissenschaftlichen Entwicklung wurden für zahlreiche Phänomene Erklärungen versucht, die miteinander logisch unverträglich sind, und für gewisse dieser Phänomene besteht heute noch ein Widerstreit der Meinungen darüber, wie sie zu erklären seien[10]. Darin spiegelt sich nur die Tatsache wider, daß die in einer Erklärung verwendeten Gesetze bzw. Theorien Hypothesen darstellen, von denen wir zu keinem Zeitpunkt mit absoluter Sicherheit wissen können, ob sie richtig sind oder nicht. Trotzdem müssen wir die eben gegebene spontane Bejahung der Frage in einem gewissen Sinn wieder zurückziehen: Von einander widersprechenden Theorien kann höchstens eine wahr sein und deshalb kann auch *höchstens einer* von mehreren Erklärungsvorschlägen, die sich auf miteinander unverträgliche Theorien stützen, richtig sein. Natürlich können auch alle bisherigen Erklärungsvorschläge falsch sein. Die Frage der Richtigkeit einer Erklärung ist bisher überhaupt noch nicht aufgeworfen worden. Wir behandeln sie in dem allgemeineren Rahmen der Bedingungen für adäquate Erklärungen.

---

[10] Für ein einfaches Modellbeispiel zu diesem Sachverhalt vgl. Hempel [Aspects], S. 347, Fußnote 17.

2.e Adäquatheitsbedingungen für DN-Erklärungen. Die Struktur wissenschaftlicher Erklärungen kann durch das folgende Schema abgebildet werden:

(H)   Explanans
$$\begin{array}{ll} A_1, \ldots, A_n & \text{(Sätze, welche die Antecedensbedin-} \\ & \text{gungen beschreiben)} \\ G_1, \ldots, G_r & \text{(allgemeine Gesetzmäßigkeiten)} \end{array}$$

Explanandum E (Beschreibung des zu erklärenden Ereignisses).

Es ist heute üblich, die beiden Klassen von Aussagen, welche die Prämissen eines erklärenden Arguments bilden, zusammenfassend als das *Explanans* zu bezeichnen. Der waagrechte Strich zwischen Explanans und Explanandum soll den Argumentationsschritt symbolisieren. Im Fall einer DN-Erklärung repräsentiert er somit eine logische Folgebeziehung, im Fall einer statistischen Erklärung hätte er für ein induktives Argument zu stehen. Vorläufig werden wir uns in der Hauptsache auf den Fall der DN-Erklärung konzentrieren. Wir nennen dieses von HEMPEL und OPPEN-HEIM angegebene Modell (H) auch *das H-O-Schema der wissenschaftlichen Erklärung*.

Eine Erklärung kann gut oder schlecht, adäquat oder inadäquat sein. Zum Unterschied von früheren Autoren, die sich mit der Beschreibung der allgemeinen Struktur wissenschaftlicher Erklärungen begnügten, haben HEMPEL und OPPENHEIM erstmals versucht, die Bedingungen genau zu formulieren, denen adäquate oder korrekte Erklärungen genügen müssen. Diese Bedingungen sind die folgenden:

B₁. Das Argument, welches vom Explanans zum Explanandum führt, muß *korrekt* sein.

B₂. Das Explanans muß *mindestens ein allgemeines Gesetz* enthalten (oder einen Satz, aus dem ein allgemeines Gesetz logisch folgt).

B₃. Das Explanans muß einen *empirischen Gehalt* besitzen.

B₄. Die Sätze, aus denen das Explanans besteht, müssen *wahr* sein.

Wenn es sich um eine DN-Erklärung handelt, so verschärft sich der Inhalt von **B₁** zu der Forderung, daß das Explanandum eine *logische Folgerung* des Explanans sein müsse. Da HEMPEL und OPPENHEIM sich auf den deduktiv-nomologischen Fall beschränkten, formulierten sie die erste Adäquatheitsbedingung auch in dieser verschärften Form. Der dabei benützte Begriff der logischen Folgerung ist allerdings nicht ganz unproblematisch, wie man von der logisch-mathematischen Grundlagendiskussion her weiß. Wir werden hier und im folgenden stets voraussetzen, daß der weitere Folgerungsbegriff der klassischen Logik zur

Verfügung steht und nicht bloß der engere Folgerungsbegriff der intuitionistisch reduzierten Logik. Bekanntlich verbleibt dann noch immer ein Spielraum, da der Folgerungsbegriff entweder auf eine reichere oder auf eine ärmere Sprache bezogen werden kann. Wir treffen hier keine Apriori-Entscheidung, sondern beschließen, daß der Begriff je nach Art des Problems und der verwendeten Theorie mit hinlänglicher Allgemeinheit zu bestimmen ist. Eine eindeutige Entscheidung wird nur bei der Darstellung der Explikationsversuche des Erklärungsbegriffs in formalen Modellsprachen in X getroffen werden. Bezieht man die erste Adäquatheitsbedingung statt auf den nomologischen auf den statistischen Fall, so ist dabei vorausgesetzt, daß man über ein Kriterium für die Korrektheit eines statistischen Argumentes verfügt (vgl. dazu auch IX).

Die zweite Bedingung ist so zu verstehen, daß ohne die Gesetzesaussage als Prämisse die in der ersten Bedingung verlangte Deduktion nicht durchführbar ist. Es wird hierbei vorausgesetzt, daß wir in der Lage sind, Gesetze von Nichtgesetzen zu unterscheiden. Ein solches Unterscheidungskriterium zu finden, gehört zu den schwierigsten und bis heute nicht befriedigend gelösten Aufgaben der Wissenschaftstheorie. In V soll der damit zusammenhängende Fragenkomplex diskutiert werden. Es wird sich dort herausstellen, daß die Verwendung von Sätzen, die „so aussehen wie Gesetze", aber keine Gesetze sind, zu Pseudoerklärungen führen. Die Wichtigkeit eines geeigneten Kriteriums der Gesetzesartigkeit zeigt sich darin, daß es auch auf ganz anderen Gebieten benötigt wird, z. B. bei der Einführung des Begriffs der induktiven Bestätigung oder bei der Formulierung eines geeigneten Kriteriums zur Beurteilung der Wahrheit von irrealen Konditionalsätzen. Die umgekehrte Forderung, daß im Explanans mindestens ein Satz vorkommen müsse, der kein Gesetz ist, wurde nicht aufgestellt. Die Adäquatheitsbedingungen sollen so allgemein gehalten sein, daß sie neben den Erklärungen von Einzeltatsachen auch die *Erklärungen von Gesetzen* einschließen; und für diesen letzteren Fall werden keine Antecedensbedingungen benötigt.

Durch die dritte Bedingung sollen „metaphysische" Erklärungen ausgeschlossen werden, in deren Explanans nichtempirische Begriffe verwendet werden. HEMPEL und OPPENHEIM formulieren diese Bedingung so, daß die prinzipielle Überprüfbarkeit des Explanans mit Hilfe von Experimenten oder Beobachtungen verlangt wird, und sie bemerken, daß diese Bedingung bereits in B_1 (in der schärferen Fassung) implizit enthalten sei. Denn das Explanandum beschreibt nach Voraussetzung ein empirisches Phänomen. Wenn aber aus einer Klasse von Sätzen ein empirischer Satz ableitbar ist, so hat damit diese Satzklasse selbst empirischen Charakter. Beide Auffassungen sind anfechtbar. Die Wendung „im Prinzip überprüfbar" bildet zwar eine gute Leitidee, um den Begriff „empirisch gehaltvoll" einzuführen, liefert jedoch selbst noch keine befriedigende

Definition. Die Antwort auf die Frage „wann hat eine Aussage empirischen Gehalt?" kann nur mit Hilfe eines *Kriteriums der empirischen Signifikanz* geliefert werden. Und ein solches wird man nur durch Bezugnahme auf eine *empiristische Sprache* formulieren können. Das Problem der empirischen Signifikanz gehört zum allgemeinen Thema „wissenschaftliche Begriffsbildung", das in diesem Buch nicht behandelt wird. Wir beschränken uns daher unter der Voraussetzung, daß der Begriff der empirischen Sprache scharf definiert werden kann, auf die Feststellung: B_3 *fordert, daß das Explanans in einer empiristischen Sprache ausdrückbar ist.* Die Anfechtbarkeit der zweiten obigen Behauptung von HEMPEL und OPPENHEIM ergibt sich daraus, daß in keiner der Adäquatheitsbedingungen verlangt wird, das das ganze Explanans für die Ableitung des Explanandums *notwendig* sein müsse. Das erstere kann daher stets durch beliebige metaphysische Annahmen erweitert werden. Diese gewinnen nicht dadurch einen empirischen Gehalt, daß aus der so erweiterten Klasse all das ableitbar wird, was bereits früher daraus abgeleitet werden konnte.

Die Bedingung B_4 scheint auf den ersten Blick viel zu stark zu sein. Man würde stattdessen eine schwächere Bedingung von der folgenden Art erwarten: Die im Explanans vorkommenden Antecedensbedingungen und Gesetzeshypothesen müssen auf Grund der verfügbaren Erfahrungsdaten *gut bestätigt* sein. HEMPEL und OPPENHEIM haben jedoch eine solche schwächere Forderung zugunsten der stärkeren Bedingung B_4 verworfen, weil sie zu einer Terminologie führen würde, die mit dem üblichen wissenschaftlichen Sprachgebrauch nicht im Einklang stünde: *Der Begriff der wissenschaftlichen Erklärung würde zeitlich relativiert werden.* Dies kann man sich durch die folgende Überlegung klarmachen: Der in dem Alternativvorschlag enthaltene Begriff der empirischen Bestätigung ist ein pragmatischer und daher sicherlich zeitlich relativer Begriff. Eine Gesetzeshypothese H kann zu einem Zeitpunkt t_1 gut, zu einem späteren Zeitpunkt t_2 dagegen sehr schlecht bestätigt sein; vielleicht ist sie bis zu t_2 sogar empirisch falsifiziert worden. Würden wir für das Explanans einer korrekten Erklärung nur die gute Bestätigung verlangen, so müßten wir angesichts eines sich auf H stützenden Erklärungsversuchs, der die übrigen Adäquatheitsbedingungen erfüllt, sagen: „Zu t_1 lag eine korrekte Erklärung vor, zu t_2 dagegen nicht". Wir könnten also überhaupt nicht mehr das Prädikat „Erklärung", sondern nur „Erklärung-zur-Zeit-t" benützen. Dies widerspricht dem üblichen Gebrauch von „Erklärung". Danach würden wir vielmehr sagen: Auf Grund der zur Zeit t_1 verfügbaren Daten mußte man mit großer Wahrscheinlichkeit die Richtigkeit von H annehmen; daher glaubte man damals an die Korrektheit der betreffenden Erklärung. Die zu t_2 zur Verfügung stehenden Daten machen es dagegen wahrscheinlich, daß H falsch ist und daß ein sich auf H stützender Erklärungsversuch niemals eine Erklärung lieferte, insbesondere auch nicht der zu t_1 unternommene Versuch.

Will man mit diesem Sprachgebrauch im Einklang bleiben, so muß man für eine korrekte Erklärung *die Wahrheit des Explanans* fordern. Später ist diese Forderung doch wieder aufgelockert worden. Vom Begriff der *wahren Erklärung* unterscheidet HEMPEL heute den allgemeineren der *potentiellen Erklärung.* Es erscheint als ratsam, die Frage der Möglichkeit einer Auflockerung der Bedingung B_4 in einem systematischen Rahmen zu behandeln, in dem gleichzeitig auch alle übrigen Anwendungsmöglichkeiten von Gesetzen berücksichtigt werden. Dies soll in II geschehen.

In X, wo der Begriff der DN-Erklärung für eine formale Modellsprache präzisiert werden soll, wird mit einer gewissen Zwangsläufigkeit die Frage auftreten, ob nicht noch *weitere Adäquatheitsbedingungen für korrekte wissenschaftliche Erklärungen* aufgestellt werden müssen. Einige solche Bedingungen scheinen so selbstverständlich zu sein, daß man sie gar nicht beachtete oder meinte, auf ihre ausdrückliche Erwähnung verzichten zu können. Da jedoch verschiedene Präzisierungsvorschläge der DN-Erklärung gegen gewisse dieser Bedingungen verstießen, erwies sich ihre ausdrückliche Formulierung als notwendig. Eine solche Forderung hätte z. B. zu lauten, daß Gesetze und Antecedensbedingungen nicht ein Explanans *für jedes beliebige Explanandum* bilden dürfen. Dies erscheint fast als eine triviale Selbstverständlichkeit. „Aus allem ist Beliebiges erklärbar" wäre sicherlich ein zu paradoxes Resultat, um annehmbar zu sein. Eine andere Forderung würde *die Invarianz in bezug auf logisch äquivalente Transformationen* beinhalten: Ein Explanans X für ein Explanandum E geht wieder in ein Explanans X^* für E über, wenn X^* sich von X nur dadurch unterscheidet, daß gewisse in X vorkommende Sätze durch solche ersetzt wurden, die mit ihnen logisch äquivalent sind. Schließlich scheint es noch notwendig zu sein, ausdrücklich ein *Verbot von zirkelhaften Erklärungen* oder *Selbsterklärungen* in die Reihe der Bedingungen mit aufzunehmen. Wie sich jedoch in X ergeben wird, bereitet eine klare Definition der zirkelhaften Erklärung nicht nur gewisse Schwierigkeiten; es wird sich dort außerdem zeigen, daß eine solche Forderung streng genommen unerfüllbar ist. Eine weitere wichtige Frage ist die, *ob die Antecedensbedingungen nicht zusätzliche Erfordernisse erfüllen müssen,* damit ein Argument, welches den übrigen Adäquatheitsbedingungen für wissenschaftliche Erklärungen genügt, als befriedigende Antwort auf eine Erklärung heischende Frage angesehen werden kann und nicht bloß als eine Beantwortung einer Frage nach Gründen. Diesem Problem wenden wir uns im folgenden Kapitel zu. Es wird sich dort herausstellen, daß es anscheinend möglich ist, Argumente zu konstruieren, die alle formalen Merkmale von DN-Erklärungen besitzen, trotzdem aber nicht als Antworten auf Fragen von der Gestalt „warum hat das Ereignis e zur Zeit t stattgefunden?" gedeutet werden können, sondern nur als Antworten auf Fragen von der

Art, warum man *glauben* solle, daß *e* zur Zeit *t* stattfand, also nur auf epistemische Fragen im Sinn von 2.a.

Für das Folgende werden wir nur voraussetzen, daß es eine Klasse von Adäquatheitsbedingungen gibt, für welche die vier Bedingungen B_1 bis B_4, evtl. unter Berücksichtigung der in II erörterten Auflockerung von B_4, eine *Minimalklasse* bilden.

Mit der Formulierung der Adäquatheitsbedingungen ist nur der erste Schritt zur Explikation des Begriffs der wissenschaftlichen Erklärung von Tatsachen getan. Wir nennen diesen Begriff auch den *logisch-systematischen Erklärungsbegriff*, zum Unterschied vom *pragmatischen* Erklärungsbegriff, auf den wir in einem späteren Abschnitt zurückkommen. Während für alle Varianten des pragmatischen Begriffs die Relativierung auf Personen wesentlich ist, die entweder eine Erklärung liefern oder denen etwas erklärt wird, ist der logisch-systematische Erklärungsbegriff von jeder derartigen Bezugnahme frei. Bei seiner Präzisierung werden nur semantische und syntaktische Begriffe benützt sowie evtl. weitere Begriffe, die im Rahmen logischer oder wissenschaftstheoretischer Untersuchungen zu klären sind, wie z. B. der Begriff der empirischen Signifikanz oder der Begriff des Naturgesetzes[11].

Für die weitere Explikation wird es sich als notwendig erweisen, den Erklärungsbegriff in einen umfassenderen systematischen Rahmen einzubetten, der alle Formen von wissenschaftlichen Systematisierungen enthält. Es werden dabei zahlreiche spezielle Fragen beantwortet werden müssen. Für den statistischen Fall z. B. ist eine genaue Klärung der Natur des Argumentes mit probabilistischen Prämissen erforderlich. Wie eine detaillierte Präzisierung des Begriffs der DN-Erklärung (oder allgemeiner: der DN-Systematisierung) für eine formale Modellsprache auszusehen hätte, soll in X eingehend erörtert werden.

3. Erklärung von Tatsachen und Erklärung von Gesetzen. Theoretische und empirische Erklärungen

3.a Gesetze werden nicht nur dazu verwendet, um Einzeltatsachen dieser Welt zu erklären oder vorauszusagen. Sie können auch zur Erklärung und, in gewissem Sinn, für die Voraussage *anderer Gesetze* verwendet werden. Anders ausgedrückt: die Erklärung heischende Frage „warum ist das so und so?" braucht sich nicht auf ein konkretes Ereignis dieser

---

[11] Der Hinweis auf solche weiteren Begriffe wird nur der Vollständigkeit halber gemacht, da es z. B. beim heutigen Stand der Untersuchungen nicht klar ist, ob der Gesetzesbegriff allein mittels syntaktischer und semantischer Methoden zu charakterisieren ist.

Welt zu beziehen; sie kann auch selbst Gesetzmäßigkeiten zum Gegenstand haben. Die Erklärung einer Gesetzmäßigkeit besteht, grob gesprochen, in deren Subsumtion unter ein allgemeineres Gesetz oder in ihrer Einbettung in eine umfassende Theorie, aus der diese Gesetzmäßigkeit folgt. In den späteren Abschnitten und Kapiteln werden wir uns nur auf Erklärungen von Einzeltatsachen beziehen. Die Erklärung von Gesetzmäßigkeiten betrifft im Grunde einen vollkommen anderen Fragenkomplex: den Aufbau wissenschaftlicher Theorien, ihre potentielle Erweiterungsfähigkeit und das logische Verhältnis von ganzen Theorien zu echten Teilen dieser Theorie, insbesondere zu den darin enthaltenen Gesetzen. Unter Benützung einer traditionellen philosophischen Redeweise könnte man sagen: Die Erklärung von Gesetzen ist etwas von der Erklärung von Einzeltatsachen kategorial Verschiedenes. Da wir auf die Frage der Erklärung von Gesetzen später nicht mehr zurückkommen, seien hier einige Andeutungen über die auch in diesem Kontext auftretenden speziellen logischen Probleme gemacht.

3.b Zunächst muß man sich verdeutlichen, daß die Wendung „Ableitung aus allgemeineren Gesetzmäßigkeiten oder Theorien" nicht mehr liefert als einen ungefähren Hinweis auf die Richtung, in der die Antwort zu suchen ist. In der Rede von „allgemeineren" Gesetzen liegt eine Vagheit. Was ist eine solche allgemeinere Gesetzmäßigkeit? Etwa jede wahre Aussage, aus der das fragliche Gesetz sowie weitere Gesetze deduziert werden können, welche aus dem Gesetz selbst nicht folgen? Dies wäre eine unbefriedigende Antwort. Es sei G ein Gesetz, A sei eine *beliebige* als wahr erkannte Aussage, die nicht aus G folgt und aus der umgekehrt G nicht gefolgert werden kann. Dann ist die eben ausgesprochene Bedingung für die Konjunktion $G \wedge A$ erfüllt. Niemand wird jedoch die Ableitung von G aus dieser Konjunktion *als Erklärung von* G akzeptieren wollen, da der Gehalt von A zu dem von G in keiner erkenntnismäßigen Beziehung steht. Eine erste Aufgabe der Explikation des Begriffs der Erklärung von Gesetzen bestünde also darin, *echte* Erklärungen von Gesetzmäßigkeiten zu unterscheiden von derartigen *Pseudoerklärungen*.

3.c Ein weiteres Problem betrifft die schon angedeutete Tatsache, daß die Ableitungen speziellerer Gesetze aus allgemeineren häufig keine logischen Deduktionen darstellen. Bei der Einbettung spezieller Gesetze in umfassendere theoretische Zusammenhänge erweist es sich oft, daß jene speziellen Gesetze eine *bloß näherungsweise Gültigkeit* besitzen. Was aus den akzeptierten allgemeineren Gesetzen bzw. der akzeptierten Theorie deduzierbar ist, sind in einem solchen Fall Sätze, welche gewisse Approximationen zu den ursprünglich aufgestellten speziellen Gesetzmäßigkeiten darstellen. Diese Einsicht in die bloß approximative Gültigkeit besonderer Gesetze ist eine der Leistungen der Theorienbildung. Diese Situation tritt insbesondere auf bei solchen Gesetzen, in denen eine *wesentliche* Bezug-

nahme auf konkrete Individuen vorkommt, formal gesprochen: in denen
Individuenkonstante wesentlich vorkommen. Beispiele hierfür bilden die
Keplerschen Gesetze der Planetenbewegung oder das Fallgesetz von
GALILEI, die beide aus den Prinzipien der Newtonschen Theorie nur
approximativ hergeleitet werden können.

3.d Dieses eben gebrachte Beispiel illustriert zugleich ein drittes Problem, auf welches E. NAGEL hingewiesen hat[12]. Sogenannte abgeleitete
Gesetze von der erwähnten Art können nicht aus allgemeineren Gesetzen
allein abgeleitet werden; vielmehr benötigt man für die Herleitung außerdem nichtgesetzesartige Annahmen. Für die approximative Herleitung des
Galileischen Gesetzes z. B. sind zusätzliche Prämissen erforderlich, welche
den Erdradius und die Erdmasse angeben. Der Grund, warum dies ein
weiteres Problem erzeugt, liegt darin, daß nicht alle Sätze als abgeleitete
Gesetze gedeutet werden dürfen, die sich aus fundamentalen Gesetzen und
nichtgesetzesartigen Prämissen deduzieren lassen. Der Satz „alle Bären in
diesem Zwinger sind weiß" ist sicherlich kein Gesetz; er ist jedoch logisch
ableitbar aus dem Satz „alle Polarbären haben weiße Farbe", den wir als
spezielles Gesetz akzeptieren wollen, sowie der singulären Prämisse „alle
Tiere in diesem Zwinger sind Polarbären". Wir würden also eine viel zu
weite Klasse von abgeleiteten Gesetzen erhalten. Um dies zu vermeiden,
fordert NAGEL daher, daß gesetzesartige Aussagen einen weder räumlich
noch zeitlich begrenzten Anwendungsbereich besitzen. Wie HEMPEL hervorhebt[13], würde die Befolgung dieser Forderung jedoch die Konsequenz
haben, daß gewisse Sätze aus der Klasse der Gesetze ausgeschlossen
würden, während mit ihnen logisch äquivalente in diese Klasse einzubeziehen wären. Dies zeigt sich bereits an unserem Beispiel, welches durch
Kontraposition in die logisch äquivalente Aussage transformierbar ist
„alles, was kein Polarbär ist, befindet sich nicht in diesem Zwinger". Das
Merkmal der Gesetzesartigkeit sollte aber natürlich invariant sein in bezug
auf logisch äquivalente Transformationen. Eine solche Art von Invarianz
wird gewährleistet, wenn man von Gesetzen, die keine logischen Wahrheiten sind, verlangt, daß sie *wesentliche Allsätze* darstellen, d. h. Sätze,
die nicht logisch äquivalent sind mit einer endlichen Konjunktion von Aussagen über spezielle Gegenstände (und die in diesem Sinn keinen „endlichen Anwendungsbereich" haben). Die eben angedeutete Schwierigkeit
wird allerdings dadurch allein noch nicht behoben, so daß es sich bei dieser
zuletzt ausgesprochenen Forderung höchstens um eine *notwendige* Bedingung der Gesetzesartigkeit handelt. Der Satz über die Bären im Zwinger
wird durch diese Forderung nicht eliminiert, da er nicht in eine logisch
äquivalente endliche Konjunktion umformbar ist. Dem Satz ist ja nicht
zu entnehmen, wieviele Bären sich in dem Zwinger befinden; erst recht

---

[12] E. NAGEL [Science], S. 58f.
[13] [Aspects], S. 292.

stellt er keine Namen für diese Tiere zur Verfügung, was aber offenbar eine Voraussetzung dafür wäre, um ihn in eine (endliche) Konjunktion umzuformen.

Diese Hinweise zeigen, daß die Frage der Erklärbarkeit von Gesetzen nicht unabhängig von der Frage nach einem Kriterium der Gesetzesartigkeit diskutiert werden kann. Das letztere Problem soll in V systematisch erörtert werden. Für die Erklärung von Einzeltatsachen führen wir die Abkürzung „*E*-Erklärung" ein und für die Erklärung von Gesetzen die Kurzformel „*G*-Erklärung".

3.e Von besonderer Wichtigkeit ist ein viertes Problem. Es hat sich erwiesen, daß die realwissenschaftlichen Aussagen verschiedenen Sprachschichten angehören. Gewöhnlich unterscheidet man heute zwischen der Schicht der *Beobachtungssprache* und der sich darüber aufbauenden Schicht der *theoretischen Sprache*. Eine scharfe Abgrenzung zwischen beiden ist nicht ohne mehr oder weniger willkürliche Festsetzungen möglich. Denn die Gesamtheit dessen, was man in verschiedenen Kontexten „beobachtbar" nennt, bildet ein ganzes Kontinuum, an dessen einem Ende das liegt, was durch unmittelbare Sinneswahrnehmungen konstatiert werden kann, und an dessen anderem Ende sich jene Gegenstände befinden, zu denen wir nur mittels indirekter Beobachtungsverfahren einen Zugang gewinnen, da hierfür komplizierte Meßinstrumente, wie z. B. Spektroskope, Spiegelfernrohre oder Elektronenmikroskope erforderlich sind. Man könnte in einem Bild sagen, daß das eine Ende dieses Kontinuums bereits im Bereich der philosophischen Fiktion des „unmittelbar Gegebenen" liege, während das andere Ende weit in das Gebiet der Theorie hineinreiche; denn ohne eine geeignete Theorie der Meßinstrumente ist die Auswertung der Ergebnisse jener indirekten Beobachtungsverfahren nicht möglich. Bei der Einführung des Begriffs der *Beobachtungssprache* wird man die Grenze irgendwo zwischen diesen zwei Extremen ziehen, wobei einzelne Autoren es als zweckmäßiger empfinden werden, die Grenze weiter an das philosophische Ideal uninterpretierter Gegebenheiten heranzurücken, andere hingegen, sie mehr in die umgekehrte Richtung hinauszuschieben, um mit der Sprechweise des Naturforschers, insbesondere des Physikers, möglichst im Einklang zu bleiben. In philosophischen Arbeiten wird der Ausdruck „beobachtbar" gewöhnlich in einem viel engeren Sinn verwendet als in der Sprechweise des Physikers, der darunter alles das einbezieht, worüber der „Experimentator" redet. Vom erkenntnistheoretischen Standpunkt aus empfiehlt es sich, die Grenze so zu ziehen, daß zum Beobachtbaren alles gerechnet wird, was sinnlich wahrnehmbar oder mit Hilfe relativ einfacher Verfahren konstatierbar ist. Wie immer die genaue Grenze gezogen wird, es bleibt auf alle Fälle ein großer Bereich jenseits dieser Grenze. Hierher gehören alle *rein theoretischen Begriffe*, für die sich nur eine sehr indirekte und partielle Deutung in der Beobachtungssprache geben läßt.

In früheren Theorien des philosophischen Empirismus war verlangt worden, daß alle sinnvollen wissenschaftlichen Aussagen in der Beobachtungssprache ausdrückbar sein müßten. Insbesondere müsse alles, was der *Theoretiker* sage, *in die Sprache des Beobachters oder Experimentators übersetzbar* sein; sonst könnten die Feststellungen des letzteren nicht als Überprüfungs- und Kontrollinstanz der Behauptung des ersteren dienen. Was sich einer solchen Übersetzungsmöglichkeit entziehe, gehöre in den Bereich unwissenschaftlicher „metaphysischer" Spekulation.

Dieses Programm erwies sich als unrealisierbar. Paradoxerweise ist in vielen Fällen das Umgekehrte durchführbar: Häufig können sogenannte "Observable" mittels theoretischer Begriffe definiert werden, z. B. solcher, welche sich auf die atomare Struktur jener Observablen beziehen. Es ist dabei nicht zu leugnen, daß in jenen älteren empiristischen Forderungen auch ein richtiger Kern steckte: Würde die theoretische Sprache von der Beobachtungssprache völlig losgelöst sein, so wären die theoretischen Begriffe durch die Grundgleichungen der Theorie *nur implizit definiert* und die Theorie selbst verbliebe im Stadium des uninterpretierten mathematischen *Kalküls*. Sie hätte damit ihre realwissenschaftliche Bedeutung verloren; weder wäre sie für Erklärungs- und Voraussagezwecke verwendbar, noch könnte sie auf Grund von Beobachtungen überprüft werden. Der Zusammenhang zwischen den beiden Bereichen wird durch das gestiftet, was CARNAP *Zuordnungsregeln (Korrespondenzregeln)* nennt. Durch diese Regeln wird zwar keine vollständige Definition der theoretischen Terme mit Hilfe von Beobachtungstermen geliefert; doch wird den ersteren dadurch eine partielle empirische Deutung verliehen, die sowohl für die Überprüfbarkeit wie für die empirische Anwendbarkeit der Theorie ausreicht.

Die Deutung mittels solcher Regeln ist in zweifacher Hinsicht unvollständig. Erstens lassen sich *nicht für alle* theoretischen Terme Korrespondenzregeln aufstellen. Meist sind diejenigen Begriffe, für welche empirische Interpretationsregeln von dieser Art formulierbar sind, nicht die Grundbegriffe der Theorie, sondern solche, die durch Definitionsketten auf Grundbegriffe zurückführbar sind. Zweitens erhalten auch die Begriffe, für die es Korrespondenzregeln gibt, dadurch eine Deutung nur *innerhalb eines meist relativ engen quantitativen Spielraums*. So z. B. wird der theoretische Term des Gewichtes oder der Masse, der auf Elementarteilchen ebenso angewendet wird wie auf Fixsterne und Spiralnebel, durch die Operation des Wägens nur für Objekte von solcher Größe empirisch gedeutet, die weder zu groß noch zu klein sind, um ihr Gewicht durch Abwägen zu bestimmen. Ein anderes Beispiel für eine Korrespondenzregel wäre die, welche den empirischen, d. h. in einer hinreichend starken Beobachtungssprache definierbaren Begriff der Temperatur eines Gases gleichsetzt mit dem theoretischen Begriff der mittleren kinetischen Energie der Moleküle, aus welchen das Gas besteht.

Theoretischer und beobachtbarer Bereich werden heute häufig mit dem Unterschied zwischen den Bereichen der Mikro- und der Makroereignisse gleichgesetzt. Nun ist es zwar richtig, daß die auf Mikroereignisse bezugnehmenden Begriffe theoretische Begriffe sind; denn wir nennen solche Vorgänge Mikroprozesse, die sich in außerordentlich kleinen räumlichen oder zeitlichen Abständen abspielen, so daß ihre unmittelbare Messung mit Hilfe einfacher Verfahren ausgeschlossen ist. Doch gibt es daneben theoretische Begriffe, die sich auf Makrovorgänge beziehen, vor allem auch in solchen Disziplinen wie der Psychologie, der Nationalökonomie, der Soziologie, deren Gegenstände ausnahmslos zu dem gehören, was vom physikalischen Standpunkt aus Makrovorgänge sind.

Eine genauere Untersuchung der Struktur der Beobachtungssprache und der theoretischen Sprache und ihres Verhältnisses zueinander fällt aus dem Rahmen dieses Buches heraus. Wir mußten diesen Unterschied jedoch anführen, weil er einen Unterschied zwischen zwei Arten von Gesetzen zur Folge hat: den in der Beobachtungssprache formulierbaren *empirischen Gesetzen* und den nur in der theoretischen Sprache ausdrückbaren *theoretischen Gesetzen*[14]. Da die Erklärung empirischer Gesetze sehr häufig darin besteht, daß man sie aus einem System von theoretischen Gesetzen zu gewinnen sucht, zeigt sich nun abermals und von einer ganz neuen Seite, *daß der Gedanke der logischen Ableitung speziellerer Gesetze aus allgemeineren auf einer logisch nicht haltbaren Vereinfachung beruht.* Da ein theoretisches Gesetz mindestens einen theoretischen Term enthält, während in empirischen Gesetzen keine solchen Terme, sondern nur Beobachtungsterme vorkommen, ist eine direkte Ableitung ausgeschlossen. Wenn man dennoch von einem Ableitungsverfahren sprechen will, so darf man dabei nicht übersehen, daß diese „Ableitung" den Weg über die Korrespondenzregeln zu nehmen hat und schon aus diesem Grunde ein sehr indirektes und approximatives Verfahren bleiben muß.

Der Unterschied zwischen empirischen und theoretischen Gesetzen ist aber nicht nur für das Thema „Erklärung von Gesetzen" von Bedeutung, *sondern ebenso für die Erklärung von Tatsachen.* Bei den im Explanans eines singulären Explanandums vorkommenden Gesetzeshypothesen kann es sich entweder um empirische Gesetze oder um theoretische Gesetze handeln. Wir werden im folgenden stets annehmen, daß die Gesetze empirische Gesetze sind bzw. durch solche ersetzt werden können. Alle für das Thema der wissenschaftlichen Erklärung *spezifischen* Fragen lassen sich nämlich unter dieser Voraussetzung diskutieren. Dafür läßt sich eine positive und eine negative Rechtfertigung geben. Die *positive* Rechtfertigung: Alle empirischen Phänomene können, soweit sie sich bisher überhaupt als erklärbar erwiesen haben, unter empirische Gesetzmäßigkeiten subsumiert

---

[14] Diese Terminologie übernehmen wir von R. CARNAP [Physics], S. 227.

werden. Die Unterordnung unter theoretische Gesetze ist stets einem späteren Stadium der wissenschaftlichen Entwicklung vorbehalten gewesen. Die *negative* Rechtfertigung: Wo sich schwierige Problemkomplexe methodisch auseinanderhalten lassen, sollte man von diesem Vorteil stets Gebrauch machen. So auch hier: Wie sich noch zeigen wird, stoßen wir sowohl bei der Analyse deduktiv-nomologischer wie statistischer Erklärungen selbst unter der Voraussetzung auf schwierige und z. T. noch nicht gelöste Probleme, daß die dabei verwendeten Gesetzmäßigkeiten empirische Gesetze darstellen. Es erscheint daher nicht als zweckmäßig, das gegenwärtige Problem der Explikation des Erklärungsbegriffs mit all den Fragen, die das Verhältnis von theoretischer Sprache und Beobachtungssprache betreffen, *zusätzlich* zu belasten. Eine derartige Belastung ist unnötig und, wie die bisherigen Diskussionen zwischen verschiedenen Autoren gezeigt haben, oft nachteilig. Bei der Erörterung der Adäquatheit des H-O-Schemas der Erklärung ist viel Konfusion dadurch erzeugt worden, daß einige Opponenten meinten, von diesem methodischen Vorteil nicht Gebrauch machen zu dürfen und sich auf solche Fälle als die einzig interessanten konzentrieren zu müssen, bei denen das Explanans mehr oder weniger komplexe Theorien oder zumindest theoretische Gesetze enthält. Es ist klar, daß auf diese Weise Dinge in die Diskussion mit einbezogen werden, welche mit dem Thema „Erklärung" nichts mehr zu tun haben. Wir ziehen es dagegen vor, uns einer solchen Gefahr der Zersplitterung nicht auszusetzen.

Ein Punkt darf dabei allerdings nicht in Vergessenheit geraten: Wenn wir oben festellten, daß die Ableitung empirischer Gesetze aus theoretischen Gesetzen ein bloß approximatives und sehr indirektes Verfahren darstellt, so gilt dies a fortiori für die Erklärung von Einzeltatsachen mittels theoretischer Prinzipien. *Kann man daher in einem solchen Fall überhaupt nicht mehr von deduktiv-nomologischer Erklärung sprechen?* Die zweckmäßigste Antwort darauf dürfte die folgende sein: Eine theoretische Tatsachenerklärung ist methodisch in zwei Schritte zu zerlegen. Der erste Schritt besteht in der Gewinnung empirischer Gesetze aus den zugrunde gelegten und als gültig angenommenen theoretischen Prinzipien. Der zweite Schritt besteht in der deduktiv-nomologischen Erklärung der Tatsache mittels der im ersten Schritt gewonnenen empirischen Gesetzmäßigkeiten. Für den zweiten Schritt erhalten wir im nichtstatistischen Fall ein logisches Ableitungsverfahren. Das indirekt-approximative Verfahren hingegen ist auf die Gewinnung von Gesetzen aus allgemeineren Prinzipien reduziert, also aus der eigentlichen Tatsachenerklärung herausgenommen und auf das Thema „Einbettung empirischer Gesetze in umfassendere theoretische Systeme" abgeschoben. Daß solche dazwischengeschaltete empirische Gesetze stets existieren, ergibt sich aus den Überlegungen in 2.d; denn das *Minimalgesetz* ist stets von dieser Art.

4. Naturgesetze: Prämissen, Regeln oder Rechtfertigungsgründe für Erklärungen?

4.a Die Gesetze, welche in einer deduktiv-nomologischen oder in einer statistischen Erklärung im Explanans vorkommen, wurden bisher mit stillschweigender Selbstverständlichkeit als *Sätze* interpretiert. Nur Sätze lassen sich als Prämissen von Argumenten verwenden. Demgegenüber haben verschiedene Philosophen betont, daß Naturgesetze keine Aussagen, sondern *Schlußregeln* darstellen, die es gestatten sollen, aus bestimmten singulären Sätzen über konkrete empirische Tatsachen andere derartige Sätze zu erschließen. Einer der ersten Denker, die eine solche Auffassung vertraten, scheint L. WITTGENSTEIN gewesen zu sein. Unter ausdrücklicher Berufung auf ihn hat M. SCHLICK dieselbe Ansicht vertreten[15]. Ähnliche Thesen sind später von G. RYLE[16] und ST. TOULMIN[17] aufgestellt worden. Die Relevanz dieser Streitfrage für das Problem der historischen Erklärung wurde von W. DRAY[18] betont. Die Möglichkeit außerlogischer Ableitungsregeln hatte R. CARNAP in seiner „Logischen Syntax der Sprache" ins Auge gefaßt. Sie wurden dort P-Regeln genannt. CARNAP erhob allerdings nicht den Anspruch, daß alle naturwissenschaftlichen Prinzipien in dieser Form zu konstruieren seien. Es mögen nun einige Bemerkungen zu dieser andersartigen Konzeption gemacht werden.

4.b Erstens ist vom rein logischen Standpunkt festzustellen, daß zwischen den beiden Interpretationen, *sofern sie überhaupt möglich sind*, Gleichwertigkeit besteht. Die Analogie zu logischen und mathematischen Theorien mag dies verdeutlichen. Man kann z. B. die formale Zahlentheorie entweder so aufbauen, daß das Prinzip der vollständigen Induktion als Axiomenschema eingeführt wird, oder so, daß man es als Ableitungsregel formuliert; alle übrigen logischen und arithmetischen Axiome sind in beiden Fällen dieselben. Es ist logisch beweisbar, daß beide Arten von Systemen gleich stark sind[19]. Ebenso kann man beim axiomatischen Aufbau der formalen Logik gewisse Axiome durch gleichwertige Ableitungsregeln ersetzen und umgekehrt. Es lassen sich sogar Systeme des natürlichen Schließens errichten, in denen überhaupt keine Axiome, sondern nur Ableitungsregeln vorkommen. Ist aber ein bestimmtes logisches oder ein außerlogisches Prinzip in einem System T als Axiom und in einem anderen damit logisch gleichwertigen System $T*$[20] als Ableitungsregel

---

[15] In [Kausalität].   [16] [Mind], S. 121 ff.

[17] [Science], Kap. IV.

[18] [History].

[19] Vgl. dazu HILBERT-BERNAYS, [Grundlagen], Band I, S. 266 f.

[20] Die logische Gleichwertigkeit besagt, daß alle Theoreme von $T*$ auch in T beweisbar sind und umgekehrt alle Theoreme von T auch in $T*$. Darüber hinaus sollen auch die durch die beiden Systeme gestifteten *induktiven* Zusammenhänge dieselben sein.

formuliert, so läuft es auf eine *Pseudodiskussion* hinaus zu fragen, ob die Prinzipien „eigentlich" Sätze darstellen oder ob es sich „in Wahrheit" um Ableitungsregeln handle. Wir können nur sagen, daß die fraglichen Prinzipien in beiden Fassungen dargestellt werden können und daß sie vom logischen Standpunkt aus gleichwertig sind.

Diese Feststellung läßt sich auch auf die Naturgesetze übertragen. Es sei g ein Gesetz, das im System T_1 durch einen Satz G, in dem damit logisch gleichwertigen System T_2 dagegen durch eine Ableitungsregel G^* ausgedrückt wird. Dann müssen G und G^* als gleichwertige Formulierungen des Gesetzes angesprochen werden. In den bisherigen wie in den folgenden Betrachtungen verstehen wir, wenn wir von Gesetzen sprechen, darunter stets Sätze und nicht Ableitungsregeln. Dieser Beschluß findet seine Rechtfertigung in dem soeben Gesagten, im Verein mit dem stillschweigend anerkannten Adäquatheitsprinzip, demgemäß der Begriff der wissenschaftlichen Erklärung invariant sein muß gegenüber logisch äquivalenten Transformationen des Explanans. Sollte daher eine Erklärung vorgelegt werden, in welcher einige Gesetze als außerlogische Ableitungsregeln vorkommen, so sind wir berechtigt, zu einer damit gleichwertigen Erklärung überzugehen, in der diese Gesetze nicht als Regeln, sondern als Aussagen konzipiert sind, *vorausgesetzt, daß eine solche Transformation überhaupt durchführbar ist.*

Ein derartiger Übergang in der Richtung von Gesetzen als Regeln zu Gesetzen als Aussagen ist nun tatsächlich immer möglich. Es sei G^* wieder das als Regel formulierte Gesetz g. Man gelangt von ihm zu dem als Aussage formulierten Gesetz G, indem man einen komplexen Wenndann-Satz bildet, dessen Wenn-Komponente aus den in G^* vorkommenden Prämissen und dessen Dann-Komponente aus der Conclusio von G^* besteht. Auf die Frage der in diesem Zusammenhang weniger interessierenden Übergangsmöglichkeit in der anderen Richtung kommen wir sogleich zurück. Bereits jetzt können wir aber das Zwischenresultat festhalten, *daß sich vom rein logischen Standpunkt aus die These, daß Gesetze als Regeln und nicht als Sätze formuliert werden müßten, nicht rechtfertigen läßt.*

4.c Zweitens muß man sich Klarheit darüber verschaffen, worauf sich die These beziehen soll: entweder auf gesetzesartige Aussagen i. e. S. oder, wie einige Autoren dies zu intendieren scheinen, auf alle Arten von generellen oder nichtsingulären Aussagen. Sofern die erste Alternative gewählt wird, muß ein Kriterium für Gesetzesartigkeit zugrundegelegt werden. Ein solches Kriterium wird aber aller Voraussicht nach als ein Unterscheidungskriterium zwischen zwei Arten von Aussagen formuliert werden, nämlich zwischen gesetzesartigen und nichtgesetzesartigen oder akzidentellen Aussagen. Die Darstellungsmöglichkeit von Gesetzeshypothesen in Satzform wäre dann auf alle Fälle vorausgesetzt. Wird dagegen die zweite Alternative gewählt, so ist die These selbst unklar.

Die Unterscheidung in singuläre und generelle Aussagen hat nämlich nur relativ auf eine formale Sprache eine Bedeutung, in der die gesamte Quantorenlogik ausdrückbar ist und in welcher bezüglich der nichtlogischen Zeichen zwischen undefinierten Grundausdrücken und definierten Symbolen scharf unterschieden werden kann. Ein und dieselbe alltagssprachliche Aussage hingegen kann entweder als singulärer oder als genereller Satz konstruiert werden, je nachdem, welche Sprachkonstruktion man zugrundelegt[21]. Dies gilt sogar, wenn man den Gegensatz „singulär – generell" verschärft zu der Unterscheidung „wesentlich singulär – nicht wesentlich singulär" und alle nicht wesentlich singulären Aussagen als wesentlich generell bezeichnet. Dabei wird ein Satz wesentlich singulär genannt, wenn er mit einem Satz logisch äquivalent ist, der weder Quantoren noch definierte Ausdrücke enthält. HEMPEL gibt dafür ein einfaches und anschauliches Beispiel. Ist der Satz „die Erde hat eine kugelförmige Gestalt" ein singulärer oder ein genereller Satz?[22] Die Aussage ist wesentlich singulär, wenn sie in einer Sprache wiedergegeben wird, in der „Erde" und „kugelförmig" als undefinierte Grundausdrücke vorkommen. Sie ist hingegen wesentlich generell in anderen Sprachen, in welchen das geometrische Prädikat „kugelförmig" mit Hilfe von Quantoren definiert wird. Denn dann besagt die fragliche Aussage, daß ein Punkt im Inneren der Erde *existiert*, von dem *alle* Punkte der Erdoberfläche denselben Abstand haben.

4.d Drittens ist zu bemerken, daß die häufige Berufung der Verfechter dieser These auf den wissenschaftlichen Usus unberechtigt ist. Es gibt mindestens drei Arten von Verwendungen von Gesetzen in den Einzelwissenschaften, aus denen klar hervorgeht, daß diese dort als Aussagen und nicht als Regeln gedeutet werden: Wenn ein Naturforscher ein Gesetz in einen umfassenderen theoretischen Rahmen einordnet, so bedeutet dies, daß er es aus allgemeineren theoretischen Annahmen *ableitet*; nur ein Satz, nicht aber eine Regel kann als Conclusio anderer Annahmen auftreten[23].

---

[21] Wenn *wir* hingegen im Text häufig von „singulären" Aussagen sprechen, so ist dies stets als Gegenüberstellung zu den *gesetzesartigen* Aussagen zu verstehen. „Singuläre Aussage" bedeutet für uns also dasselbe wie „nichtgesetzesartige" oder „akzidentelle Aussage". Nur im augenblicklichen Kontext verstehen wir unter einer singulären Aussage eine solche, die keine Quantoren enthält, also etwas, das Logiker häufig als Molekularsatz bezeichnen.

[22] Daß diese Aussage bei wörtlicher Interpretation falsch ist, spielt im gegenwärtigen Zusammenhang natürlich keine Rolle.

[23] Dies gilt jedenfalls für die üblichen Formulierungen der Logik. Es sind heute Logikkalküle (sogenannte Sequenzenkalküle) bekannt, in denen Ableitungszusammenhänge zwischen Regeln hergestellt werden. Doch dürfte kaum ein Naturforscher einen erweiterten Sequenzenkalkül vor Augen haben, in welchem die Übergänge von gegebenen zu neuen *Regeln* durch logische sowie außerlogische Prinzipien beherrscht werden.

Ferner, wenn er ein Gesetz *empirisch überprüft* und es z. B. auf Grund widerstreitender Fakten verwirft, so beruht diese Verwerfung auf der Feststellung der logischen Unverträglichkeit von Aussagen, nämlich jener Sätze, welche Beobachtungstatsachen beschreiben, mit dem Satz, der zur Formulierung des Gesetzes benützt wird. Schließlich bildet er *logische Verknüpfungen* von Gesetzesaussagen mit anderen und mit Tatsachenfeststellungen, um daraus auf weitere Tatsachenbehauptungen schließen zu können. Nur Sätze, nicht jedoch Regeln können konjunktiv oder durch sonstige logische Operationen mit anderen Sätzen verbunden werden.

4.e HEMPEL führt zwei noch schlagendere Einwendungen gegen die zur Diskussion stehende These an. Ein vierter Einwand lautet: Es ist häufig unmöglich, theoretische Hypothesen als Regeln zu konstruieren. Hierfür ist zunächst zu bedenken, daß die betreffenden Regeln eine ganz spezielle Form haben müßten, da sie dazu dienen sollen, von singulären Tatsachenfeststellungen zu anderen singulären Tatsachenfeststellungen zu gelangen. Die Verfechter der These denken dabei gewöhnlich nur an einfache Allhypothesen von der Gestalt: „alle A sind B". Der Gehalt eines derartigen Satzes kann in der Tat stets durch die Regel ausgedrückt werden, daß aus jedem Einzelfall von A, also etwa Ax, auf den entsprechenden Einzelfall von B, also Bx, übergegangen werden darf.

Eine analoge Übersetzungsvorschrift wird jedoch unmöglich, wenn die theoretische Annahme des Forschers mehrere Arten von Quantoren enthält, wie es z. B. der Fall ist bei der biologischen Hypothese: „jede Mutation resultiert aus Veränderungen in gewissen Genen" oder bei der physikalischen Aussage: „jedes Metall hat bei atmosphärischem Druck einen spezifischen Schmelzpunkt". Die letztere Aussage besagt ja bei genauerer Formulierung: „für *alle* Metalle *existiert* eine bestimmte Temperatur T, so daß das Metall bei *allen* niedrigeren Temperaturen bis einschließlich zur Temperatur T, jedoch bei *keiner* höheren Temperatur, in festem Aggregatzustand ist, wenn atmosphärischer Druck herrscht". Wollte man dieses Gesetz statt als Satz als Regel formulieren, so müßte diese Regel besagen, daß man von einem Satz von der Gestalt „x ist ein Metall" auf einen Satz von der Gestalt schließen kann: „*es gibt* eine Temperatur T, so daß x bei *allen* Temperaturen, die niedriger oder höchstens gleich T sind, jedoch bei *keiner* höheren Temperatur, im festen Aggregatzustand ist, falls atmosphärischer Druck herrscht". Das letztere ist keine singuläre Tatsachenfeststellung über x, sondern selbst eine komplexe theoretische Aussage, die sowohl Existenz- wie Allkomponenten enthält. Die physikalische Gesetzesaussage kann also nicht als Schlußregel von der gewünschten Art formuliert werden. Dagegen ermöglicht die als Satz formulierte Gesetzeshypothese Schlüsse von gegebenen zu neuen Tatsachenfeststellungen, etwa von: „dies ist ein Gegenstand aus Metall, der sich unter atmosphärischem Druck befindet, eine Temperatur von 45° C aufweist und außerdem in festem Aggregatzustand ist" zu „dieser Gegenstand wird bei 32° C und atmosphärischem Druck nicht flüssig werden". Verknüpfungen zwischen derartigen singulären Sätzen erschöpfen jedoch nicht den Gehalt des theoretischen Prinzips, da dieses, wie wir gesehen haben, nicht nur singuläre Sätze mit singulären Sätzen verbindet, sondern auch singuläre mit gesetzesartigen.

4.f Schließlich kann es fünftens der Fall sein, daß keines von mehreren logisch komplexen Gesetzen eine direkte Verknüpfung zwischen Einzeltatsachen herstellt, weshalb auch keines davon für den Schluß von singulären empirischen Feststellungen zu anderen verwendbar ist, während sie in Kombination diese Leistung erbringen. Von dieser Art sind z. B. die beiden Sätze „$\wedge x [\vee y Hxy \rightarrow Qx]$" und „$\wedge x [Rx \rightarrow \vee y Hxy]$". Der erste Satz kann nicht mit einer quantorenfreien singulären Prämisse für Schlußzwecke verwendet werden, und der zweite Satz führt zusammen mit einer derartigen Prämisse nur zu einer Aussage, die einen Existenzquantor enthält. Dagegen kann aus „Ra" zunächst mit Hilfe des zweiten Satzes auf „$\vee y Hay$" geschlossen werden und von diesem Zwischenresultat mittels des ersten Satzes auf „Qa". Insgesamt wurde also von der singulären Aussage „Ra" auf die singuläre Aussage „Qa" geschlossen. Dieses Beispiel zeigt nicht, daß die Umformung von Gesetzen in Schlußregeln nicht möglich ist, sondern nur, daß diese Umformung nicht zu Regeln von der speziellen Gestalt führen kann, welche die Verfechter der These „Naturgesetze sind Ableitungsregeln" im Auge haben. Diese Regeln müßten tatsächlich so geartet sein, daß sie zum Teil von singulären empirischen Feststellungen zu nichtsingulären Sätzen führten und zum Teil von quantifizierten Hypothesen als Prämissen zu Tatsachenfeststellungen als Konklusionen. Darin spiegelt sich nur die simple Tatsache wider, daß die Gesamtheit von deduktiven Übergängen zwischen singulären Sätzen, die durch eine Klasse von theoretischen Prinzipien ermöglicht wird, in der Regel viel umfassender ist als die Vereinigung aller deduktiven Übergänge, welche diese theoretischen Prinzipien *individuell* ermöglichen.

4.g Alle diese Überlegungen lassen es als verwunderlich erscheinen, daß immer wieder mit solcher Hartnäckigkeit der Standpunkt verfochten wurde, daß Gesetze keine Aussagen, sondern Regeln sind. Die Ausführungen von W. Dray, die auf historische Erklärungen bezogen sind, geben für diesen Standpunkt eine anschauliche Stütze und auf den ersten Blick auch eine hohe Plausibilität[24]. Dray weist darauf hin, daß die Erklärung eines bestimmten historischen Ereignisses in der Regel eine sehr große Anzahl von relevanten Faktoren berücksichtigen müsse; daher müsse das entsprechende, zur Erklärung herangezogene Gesetz mit so vielen Zusatzklauseln und Qualifikationen versehen werden, daß es nur mehr *einen einzigen Anwendungsfall* besitze, eben jenen, der den Gegenstand der

---

[24] [History], S. 39 ff.

Erklärung bildet. In einer solchen Situation, meint DRAY, solle man überhaupt nicht mehr von „Gesetz" sprechen; denn zum Gesetzesbegriff gehöre es, daß mehrere Fälle darunter subsumiert werden können. Wenn ein Historiker eine Erklärung von der Gestalt gibt „E, weil $A_1, \ldots, A_n$", so stütze er sich dabei *auf eine Schlußregel*, welche besage, daß auf Grund einer Menge von Faktoren mit den angegebenen Merkmalen ein Ereignis von der Art des Ereignisses E vernünftigerweise erwartet werden könne. Der Schluß des Historikers bleibe im Einklang mit diesem Prinzip. Dies sei aber etwas ganz anderes, als wenn man sage, daß der Historiker ein empirisches Gesetz als Prämisse für seinen Schluß verwendet habe. Tatsächlich mache er eine viel schwächere Annahme, als er sie im letzteren Fall machen würde. DRAY beruft sich ausdrücklich auf die Rylesche Analyse des Verhältnisses zwischen generellen Aussagen von der Gestalt „wenn p dann q" und erklärenden Weil-Sätzen „q, weil p". Aussagen von der ersteren Form werden von RYLE als "general hypotheticals" bezeichnet[25]. Um die Wahrheit eines solchen generellen Wenn-Dann-Satzes wissen bedeutet nach RYLE nichts anderes als wissen, wie man im Einklang mit diesem Prinzip (oder gemäß diesem Prinzip) argumentiert und erklärt.

Diese Auffassung läßt sich nicht aufrecht erhalten. Ein Schlußschema kann ja stets in eine generelle Wenn-Dann-Aussage umgeformt werden, und diese beiden Darstellungsformen von Gesetzmäßigkeiten sind, wie wir gesehen haben, logisch gleichwertig. DRAY meint offenbar, daß in historischen Erklärungen häufig oder meist nur ein Minimalgesetz ("minimal covering law") von der früher erwähnten Art verwendet werde. Dies dürfte zwar nicht richtig sein, da in fast allen Erklärungen *verschiedene* Gesetzmäßigkeiten, wenn auch oft nur stillschweigend, zugrunde gelegt werden, die mehrere Anwendungsfälle besitzen. Selbst wenn diese Auffassung aber zutreffen sollte, so würde dies noch immer keinen Einwand dagegen darstellen, von einem Gesetz zu sprechen. Ein Gesetz, zu dem es de facto nur *einen einzigen* Anwendungsfall gibt, *könnte* doch andere Anwendungsfälle haben und besäße daher die prinzipielle Fähigkeit, *für weitere Erklärungen und Prognosen benützt zu werden.*

Allerdings ist hier in jedem Einzelfall eine sorgfältige Überprüfung erforderlich, da man darauf zu achten hat, daß es sich wirklich um ein Gesetz und nicht etwa um nichts weiteres als die Explanandum-Aussage selbst in verschleierter Form handelt. Dann wäre das vorgeschlagene Argument offenbar eine Pseudoerklärung. Dies wäre der Fall, wenn jemand z. B. die historische Feststellung „Cäsar überschritt den Rubikon" mittels der generellen Aussage zu erklären versuchte „jeder, der Cäsar in allen Hinsichten gleicht und sich in genau derselben Lage befindet, in

---

[25] G. RYLE [Because]. Der Ausdruck „hypothetical" hat nichts mit unserer Verwendung des Wortes „Hypothese" zu tun, sondern bedeutet die Konditionalform von Sätzen.

der sich damals Cäsar befand, überschreitet den Rubikon". Eine Erklärung liegt hier nicht vor; denn diese letztere Aussage ist kein Gesetz, sondern mit dem Explanandum logisch äquivalent. Statt eine Erklärung für ein historisches Ereignis zu liefern, wurde bloß die Beschreibung dieses Ereignisses in eine andere, Quantoren benützende sprachliche Charakterisierung desselben Ereignisses tautologisch umgeformt.

4.h Eine noch radikalere Auffassung als die soeben kritisierte verficht M. SCRIVEN[26]. Während die Vertreter der eben diskutierten These immerhin davon ausgehen, daß Erklärungen *Argumente* sind, faßt SCRIVEN sie als Sätze auf. In ähnlicher Weise hatte sich früher bereits G. RYLE geäußert[27]: Erklärungen seien wahre oder falsche Aussagen, aber keine Argumente. Auch diese Auffassung kann zweifellos eine gewisse Plausibilität für sich in Anspruch nehmen, da alltagssprachliche Erklärungen fast immer durch einzelne Sätze wiedergegeben werden. Häufig sind dies Weil-Sätze, also Sätze von der Gestalt „*q* weil *p*"; bisweilen handelt es sich um daher-Aussagen: „*p*, daher *q*"; auch die Formulierung von Erklärungen in der Ursachen- bzw. in der Wirkungssprechweise („*a* ist Ursache von *b*", „*b* ist Wirkung von *a*") ist sehr häufig. In der Symbolik des H-O-Schemas ausgedrückt, würde eine erklärende Aussage so zu lauten haben: „*E*, weil $A_1, \ldots, A_n$". Hierbei ist es wesentlich, daß im Weil-Satz nur die Antecedensbedingungen, aber keine Gesetze angeführt wurden. Und dies ist nach SCRIVEN für historische Erklärungen ganz allgemein charakteristisch: Gesetze werden hier in der Beantwortung einer Erklärung heischenden Frage überhaupt nicht zitiert, sondern werden erst in einem ganz anderen Zusammenhang angeführt. Auf die Frage „warum *q*?" lautet die Antwort: „*q* weil *p*", wobei in *p* nur die durch die Antecedensbedingungen beschriebenen Einzeltatsachen erwähnt werden. Auf die Gesetze kommen wir erst zu sprechen, wenn eine weitere Frage gestellt wird, nämlich wenn wir nach den Gründen dafür gefragt werden, daß die im Weil-Satz angeführten Tatsachen die durch den Satz *q* beschriebene Tatsache erklären. Wir müssen also nach SCRIVEN scharf zwischen zwei verschiedenen gedanklichen Prozessen unterscheiden: Auf die Erklärung heischende Warum-Frage antworten wir nicht mit einem Argument, sondern mit einer *erklärenden Aussage*, in der nur Einzeltatsachen erwähnt sind. Und auf die Forderung, *eine Begründung für diese erklärende Aussage zu liefern*, führen wir die relevanten Gesetzmäßigkeiten an. Die Einbeziehung dieser Gesetze in die erklärende Aussage würde nach diesem Autor eine Konfusion darstellen, nämlich *eine Verwechslung zwischen der erklärenden Aussage selbst und dem davon verschiedenen Satz, der die Begründung für die erste Aussage liefert*. Gesetze fungieren somit nicht als Prämissen, sondern, wie

---

[26] In [Truisms].
[27] [Because].

SCRIVEN sich ausdrückt, als "role-justifying grounds", also als Recht-
fertigungsgründe für Erklärungsäußerungen.

Kritisch ist dazu folgendes zu sagen: Die Berufung auf alltagssprachliche Wendungen ist im Rahmen logisch-systematischer Untersuchungen
immer etwas gefährlich. Im vorliegenden Fall ist es die *Unvollständigkeit*
der meisten in Aussageform dargebotenen alltagssprachlichen Erklärungsvorschläge, deren Nichtberücksichtigung leicht in die Irre führt. So wie
wir in Äußerungen von der Gestalt „*a* ist die Ursache von *b*" fast immer nur
gewisse Bedingungen herausgreifen, die für das Auftreten von *b* „kausal
relevant" sind, und ihnen den Namen „Ursache" geben, so führen wir
auch in Weil-Sätzen nicht alle, sondern nur einige der relevanten Antecedensbedingungen an. In diesem Fall genügt es aber nicht, bei der Beantwortung der Frage nach der Rechtfertigung für die Erklärungsäußerung
die relevanten Gesetze heranzuziehen; es müssen außerdem jene singulären
Sätze angeführt werden, welche die übrigen relevanten Einzeltatsachen
beschreiben. Es ist daher nicht haltbar, wenn nur Gesetzen die Funktion der
"role-justifying grounds" zugeschrieben wird[28].

Nehmen wir nun aber an, daß wir nicht an die *tatsächlichen* alltäglichen
oder historischen Erklärungsäußerungen „*q* weil *p*" anknüpfen, sondern
an eine *idealisierte* Form, in der im Weil-Satz *alle* jene Antecedensbedingungen angeführt sind, die bei Zugrundelegung des H-O-Schemas
als Prämissen des erklärenden Argumentes auftreten. Dann läßt sich der
Standpunkt von SCRIVEN vertreten. Doch besteht dann kein prinzipieller
Unterschied mehr gegenüber der Konstruktion von Erklärungen als
Argumenten, die unter das H-O-Schema fallen. Dies kann man so einsehen.
Gegeben sei ein Argument von der Gestalt:

$$(\alpha) \quad \frac{G_1, \ldots, G_r \qquad A_1, \ldots, A_n}{E.}$$

Nun läßt sich das Deduktionstheorem auf singuläre Sätze als Prämissen
unbeschränkt anwenden. Wir gelangen daher von (α) zu dem logisch gleichwertigen Argument:

$$(\beta) \quad \frac{G_1, \ldots, G_r}{(A_1 \wedge \cdots \wedge A_n) \to E.}$$

Die erklärende Aussage „*E*, weil $A_1, \ldots, A_n$" läßt sich jetzt auffassen als eine elliptische Form, ein Argument von der Gestalt (β) aus-
zusprechen. Der elliptische Charakter kommt darin zum Ausdruck, daß die

---

[28] Dieser Punkt ist sowohl von H. G. ALEXANDER in [General Statements].
S. 309 ff., wie von C. G. HEMPEL in [Aspects], S. 359, hervorgehoben worden.

Gesetzmäßigkeiten nicht ausdrücklich angeführt sind, sondern erst in einem zweiten Schritt angegeben werden, nämlich wenn eine Rechtfertigung für den Weil-Satz verlangt wird. Man kann SCRIVEN zugestehen, daß die Deutung von Erklärungen als Aussagen statt als Argumenten eine bessere Anpassung an den üblichen Sprachgebrauch darstellt als die Deutung im Sinn des H-O-Schemas. Für logisch-systematische Untersuchungen empfiehlt es sich jedoch, nicht an elliptische Formulierungen anzuknüpfen, an denen erst mittels Umformungen und Ergänzungen herumgemodelt werden muß, um die logische Struktur dessen zu erhalten, was intendiert war[29].

Die eben vorgeschlagene Deutung von Weil-Sätzen wird vermutlich auf Kritik stoßen, da die Conclusio von (β) bloß eine Konditionalaussage darstellt. Nun muß man aber erstens bedenken, daß von den Prämissen des Argumentes (β) vorausgesetzt wird, daß sie ein geeignetes Kriterium der Gesetzesartigkeit erfüllen. Ferner ist zu beachten, daß wir uns nur für das *kausale* „weil" interessieren, nicht hingegen für solche Weil-Sätze, in denen z. B. logische oder mathematische Begründungen geliefert werden (wie etwa in „$1/n$ konvergiert mit wachsendem n gegen 0, *weil* dieser Bruch für hinreichend großes n beliebig klein wird"). Ein kausaler Weil-Satz aber ist zu interpretieren als eine logische Folgerung aus gesetzesartigen Aussagen und im Wahrheitsfall als eine logische Folgerung aus Gesetzen. Dieser Sachverhalt wird in VII ausführlicher geschildert.

Insgesamt hat sich also ergeben, daß nicht nur kein zwingender Grund besteht, Gesetze als Ableitungsregeln statt als Sätze aufzufassen oder Erklärungen als Aussagen statt als Argumente zu interpretieren, sondern daß diese Alternativdeutungen der wissenschaftlichen Erklärung entweder nichts Neues liefern oder mit Schwierigkeiten und Mängeln behaftet sind, von denen die Interpretation im Sinn des H-O-Schemas frei ist.

5. Formen der Abweichung vom idealen Modell: ungenaue, rudimentäre, partielle und skizzenhafte Erklärungen[30]

5.a Der Begriff der wissenschaftlichen Erklärung, wie er in Abschnitt 2 eingeführt wurde und in den folgenden Kapiteln näher präzisiert werden wird, bildet ein ideales Modell. Diese Eigenschaft teilt er mit allen rationalen Rekonstruktionen oder Begriffsexplikationen in Logik und

---

[29] Für eine ausführliche kritische Diskussion der weitergehenden Behauptung SCRIVENS, daß wir häufig von der Korrektheit einer Erklärung (im Sinn einer erklärenden Aussage) überzeugt sein können, ohne fähig zu sein, die Erklärung mit Hilfe von Gesetzen zu rechtfertigen, vgl. HEMPEL [Aspects], S. 360—364.

[30] Vgl. für das Folgende auch HEMPEL [Aspects], S. 415 ff.

Wissenschaftstheorie (wie z. B. dem Begriff des Beweises, der Wahrheit, der Theorie, der induktiven Bestätigung usw.). Die faktischen Erklärungen, auf die wir im vorwissenschaftlichen wie im wissenschaftlichen Alltag stoßen, weichen von diesem idealen Modell mehr oder weniger stark ab. Diese Abweichung kann nicht nur dem Grad nach sehr verschieden sein, sie kann sich auch in ganz verschiedene Richtungen bewegen. Es erscheint daher als zweckmäßig, sich einen kurzen Überblick über die verschiedenen Abweichungsmöglichkeiten zu verschaffen. Dieser Überblick wird sich u. a. bei der Schilderung des Verhältnisses von naturwissenschaftlicher und historischer Erklärung als relevant erweisen. Eine scharfe Abgrenzung ist hier nicht bezweckt. Daher gehen die verschiedenen Fälle von unvollkommenen Erklärungen ineinander über. Nicht einbezogen werden sollen in die Diskussion die *fehlerhaften* Erklärungen, bei denen eine Präzisierung oder Vervollständigung nichts ausrichten kann: Die Mangelhaftigkeit der ursprünglichen Erklärungen läßt sich hier nur durch Ersetzung mittels gänzlich neuartiger Erklärungen beheben.

Als Oberbegriff für die verschiedenen Arten der Abweichung vom Modell verwenden wir den der *unvollkommenen Erklärung*. Soweit der Unterschied von nomologischen und statistischen Erklärungen nicht von Relevanz ist, wird er nicht eigens erwähnt.

So wie Beschreibungen ungenau sein können, so können auch *ungenaue Erklärungen* vorgeschlagen werden. Die Ungenauigkeit beruht auf einer Undeutlichkeit der in der Erklärung benützten sprachlichen Ausdrücke. Wenn wir die — allerdings nicht zu seltenen — Fälle ausschließen, in denen bereits das Explanandum unklar formuliert ist, so handelt es sich darum, daß im Explanans Ausdrücke vorkommen, die *relativ zur gestellten Aufgabe* nicht klar genug sind. Drei Fälle sind hier zu unterscheiden: Die ersten beiden betreffen die bekannten Sachverhalte der *Vagheit* wie der *Mehrdeutigkeit* sprachlicher Gebilde. Die Umwandlung des ursprünglichen Erklärungsvorschlages in eine korrekte Erklärung hat daher durch Präzisierung der fraglichen Ausdrücke zu erfolgen. Der dritte Fall liegt vor, wenn im Explanans *eine zu schwache Begriffsform* gewählt wird, z. B. wenn ein in qualitativer Sprache formuliertes Gesetz benützt wird, obwohl das zu Erklärende in quantitativer Form beschrieben wird. Ein einfaches Beispiel hierfür ist das folgende: Es soll erklärt werden, warum sich ein Eisenstab *e* zu einer Zeit *t* um 3.2 mm ausdehnte. Es wird eine Erklärung vorgeschlagen unter Berufung auf das Gesetz, daß alles Eisen sich bei Erwärmung ausdehnt, sowie das Antecedensdatum, daß *e* zur Zeit *t* einer Erwärmung ausgesetzt war. Diese Erklärung ist ungenau in dem dritten angegebenen Sinn; denn sie liefert nur eine Begründung dafür, daß *e* sich zu *t* überhaupt ausdehnte, aber nicht dafür, daß der Stab sich *um den angegebenen Betrag* ausdehnte. Dieser Fall geht über in den der partiellen Erklärung. Statt davon zu sprechen, daß die Erklärung ungenau ist, könnte man auch sagen, daß eine bloß *teilweise* Erklärung vorliegt: der Erklärungsvorschlag berücksichtigt nur den qualitativen, nicht aber den quantitativen Aspekt des zu erklärenden Phänomens.

5.b Einen besonders häufigen Typus bilden die *rudimentären Erklärungen.* Man könnte auch von *bruchstückhaften, verstümmelten* oder *elliptisch formulierten Erklärungen* sprechen. Dazu gehören fast alle Erklärungen, die sprachlich die Gestalt von Weil-Sätzen oder von Aussagen haben, in denen von Ursachen bzw. Wirkungen die Rede ist. Die Beispiele hierfür sind zahllos: das Auto verunglückte, *weil* ein Reifen bei hoher Geschwindigkeit platzte; Hans starb, *weil* er Tollkirschen aß; der Hubschrauber stürzte ab, *weil* er in einen Sandsturm geriet; im Februar war heuer die Temperatur überdurchschnittlich hoch, *weil* Föhn herrschte; der Brand der Wiener Börse wurde durch einen brennenden Zigarettenstummel *verursacht;* ein schwerer Sturz von Herrn N. N. bildete die Todes*ursache;* schwere Beschädigungen am Schiff „Michelangelo" wurden durch einen 16 m hohen Brecher *bewirkt;* das Lawinenunglück wurde durch einen unvorsichtigen, ein Schneebrett abtretenden Fahrer *hervorgerufen* usw. Die Unvollkommenheit solcher Erkärungen besteht darin, daß die relevanten Daten nur sehr unvollständig angegeben und die benötigten Gesetze überhaupt nicht erwähnt werden, da man sie stillschweigend als geltend voraussetzt. Hinter dieser stillschweigenden Annahme können sich wieder drei verschiedene Fälle verbergen. Der günstigste, aber seltene Fall ist der, daß *der Erklärende selbst* in der Lage ist, die elliptisch formulierte Erklärung zu einer ädaquaten Erklärung zu vervollständigen. Häufiger wird es sich so verhalten, daß nur *ein geeigneter Experte* eine korrekte Erklärung zu geben vermag. In einigen Fällen werden die Dinge so liegen, daß nicht einmal das letztere zutrifft, da gegenwärtig noch *niemand* in der Lage ist, die Gesetze zu formulieren, auf die sich eine korrekte Erklärung stützen müßte. Hier haben wir es mit einem Grenzfall zu tun, wo die elliptisch formulierte Erklärung in die bloße *Erklärungsskizze* übergeht. Die entsprechende *Erklärbarkeitsbehauptung* (im Sinn von Abschnitt 8) kann trotzdem auch in diesem Fall richtig sein.

Wie wir bei der Diskussion des Kausalitätsproblems in VII feststellen werden, ist der Grund für das Versagen des Humeschen Explikationsversuchs der kausalen Erklärung, den er in seiner Regularitätstheorie zu geben versucht, in der Tatsache zu erblicken, saß er statt an einen logisch-systematischen („idealen") Erklärungsbegriff an die rudimentären Erklärungen des Alltags anknüpfte.

Man könnte die Frage aufwerfen, ob wir auch dann von rudimentären Erklärungen sprechen sollen, wenn wir uns mit einem prinzipiellen Verständnis eines Vorganges begnügen müssen, weil wir zwar wissen, daß eine Erklärung „an sich" möglich wäre, uns jedoch de facto verschlossen bleibt, weil sie unsere logischen und rechnerischen Fähigkeiten übersteigen würde. So kann man die exakte Konstellation der Moleküle eines Gasgemisches zu einem bestimmten Zeitpunkt selbst bei genauester Kenntnis aller Gesetze nicht aus einer vorgegebenen Konstellation zu einem früheren Zeitpunkt erschließen, obzwar man innerhalb der klassischen Physik annahm, daß ein derartiger Schluß an sich möglich sein müsse. Will man in einem solchen Fall über das prinzipielle Verständnis hinauskommen und zu korrekten Erklärungen und Prognosen gelangen, so hat man zu einem anderen Erklärungstyp überzugehen: vom deduktiv-nomologischen zum statistischen. Diese Tatsache hat lange Zeit hindurch die Auffassung begünstigt, daß statistische Erklärungen stets ein bloßes Provisorium darstellen oder auch nur ein asylum ignorantiae, wenn nämlich die „wahren" deterministischen Gesetze entweder vorläufig unbekannt sind oder ihre Handhabung wegen der Komplexität der Daten zu schwierig ist. Obzwar psychologisch verständlich, läßt sich diese Auffassung logisch nicht rechtfertigen. Ob es irreduzible statistische Erklärungen gibt, hängt davon ab, ob bestimmte statistische Gesetzmäßigkeiten den Charakter von *Grundgesetzen* haben. Und diese Frage kann nicht durch philosophische Apriori-Reflexionen, sondern nur auf Grund von erfahrungswissenschaftlichen Untersuchungen entschieden werden. Diese deuten darauf hin, daß möglicherweise zahlreiche Grundgesetze der Welt statistischer Natur sind. Das gilt jedenfalls unter der Voraussetzung, daß sich eine Form der Quantenphysik auch in Zukunft bewähren wird; denn deren Grundgesetze haben statistischen Charakter. Die zu Zeiten der klassischen Physik herrschende Vorstellung, daß der Gebrauch statistischer Theorien nur unsere Unfähigkeit widerspiegelt, genaue Messungen und komplizierte Berechnungen vorzunehmen, beruhte nicht auf prinzipiellen erkenntnistheoretischen Erwägungen, sondern auf der deterministischen Grundhypothese, wonach alle Mikrophänomene ausschließlich deterministischen Gesetzen unterliegen. Mit der Preisgabe dieser (empirischen!) Grundhypothese wird auch der Gedanke hinfällig, daß statistische Gesetze und statistische Erklärungen stets nur eine sekundäre Bedeutung besitzen können.

5.c Eine weitere Art unvollkommener Erklärungen bildet das, was HEMPEL *partielle Erklärungen* nennt. Der allgemeine Sachverhalt ist hier der folgende: Das vorgeschlagene Explanans reicht nicht aus, um das Explanandum-Phänomen in all den Hinsichten, in denen es beschrieben wird, zu erklären; vielmehr liefert es nur eine Erklärung für einige dieser Aspekte. Da der Erklärungsvorschlag aber meist so dargeboten wird, daß im Hörer oder Leser der Eindruck entsteht, als seien alle Hinsichten befriedigend erklärt worden, so verbindet sich mit den partiellen Erklärungen eine Irrtumsgefahr: *Es wird ein stärkerer Erklärungswert vorgetäuscht als wirklich vorliegt.* Als Beispiel führt HEMPEL psychoanalytische Erklärungen an. Jemand begehe eine bestimmte Fehlleistung; etwa mache er eine falsche

Eintragung in sein Notizbuch: statt „10. April" schreibt er z. B. „10. Mai".
Dafür wird die Erklärung gegeben, daß diese Person aus irgendwelchen
Gründen den geheimen Wunsch hegt, der kommende Monat sei bereits
herum, z. B. weil er für dieses spätere Datum einen Freund erwartet, den er
gerne wiedersehen möchte. Diese Erklärung ist zunächst elliptisch im
früheren Sinn; denn es sind darin keine Gesetzmäßigkeiten angegeben.
Ein solches Gesetz müßte in einer deterministischen oder statistischen
Aussage von etwa folgender Gestalt bestehen: „Wenn immer eine Person
einen starken bewußten oder unbewußten Wunsch hegt, dann wird, sofern
sie eine Fehlleistung beim Schreiben, Sprechen oder in bezug auf ihre
Erinnerung begeht, diese Fehlleistung immer (bzw. mit großer Wahrscheinlichkeit) eine Form annehmen, welche diesen Wunsch ausdrückt
oder symbolisch erfüllt". Selbst wenn man die ursprüngliche Fassung in
dieser Weise ergänzt, wird damit nicht die ganz bestimmte Fehlleistung
(das Niederschreiben von „10. Mai") erklärt, sondern nur der allgemeine
Sachverhalt, daß die Fehlleistung *irgendeine Form* annimmt, *die den unbewußten*
Wunsch des Schreibers ausdrückt. Der geschriebene Satz werde durch „s"
abgekürzt; W sei die Klasse der schriftlichen Fehlleistungen, die den
angegebenen Wunsch ausdrücken oder symbolisch erfüllen; W^* sei jene
Teilklasse von W, in denen die Niederschrift die bestimmte angegebene
Form annimmt. Die Explanandum-Aussage könnte dann durch „$s \in W^*$"
wiedergegeben werden. Aus dem vorgeschlagenen Explanans läßt sich aber
nur die schwächere Aussage „$s \in W$" ableiten. Diese Aussage ist schwächer
als das Explanandum, weil W^* eine echte Teilklasse von W bildet. Die
Erklärung ist nicht völlig gegenstandslos; denn das Erklärte steht zu dem
eigentlichen Explanandum in der angegebenen bestimmten Beziehung.
Aber sie ist eine bloß *partielle* Erklärung, weil „$s \in W$" eine an Gehalt
schwächere Aussage darstellt als das eigentliche Explanandum „$s \in W^*$".
Wer dies übersieht, gewinnt den irrigen Eindruck, daß der Erklärungsvorschlag — vorausgesetzt, daß er in der geschilderten Weise ergänzt bzw.
aus seiner elliptischen in die explizite Formulierung transformiert wird —
keinen Wunsch offenlasse und das fragliche Vorkommnis in jeder Hinsicht
befriedigend erkläre.

Wie bereits an früherer Stelle angedeutet, könnte auch das unter der
Rubrik „ungenaue Erklärung" gebrachte Beispiel hier subsumiert werden;
denn die dortige quantitative Explanandum-Aussage geht ihrem Gehalt
nach über die aus dem Explanans deduzierbare qualitative Feststellung
hinaus. Es wäre vielleicht zweckmäßig, einen komparativen oder sogar
quantitativen Begriff für die relative Stärke einer partiellen Erklärung einzuführen. Dieser Begriff würde einen Gradmesser dafür bilden, wie sehr in partiellen Erklärungen das tatsächliche Explanandum vom intendierten abweicht.

Der Begriff der partiellen Erklärung wurde eben am Beispiel der
deduktiv-nomologischen Erklärung erläutert. Gibt es auch partielle

statistische Erklärungen? Es wäre sicherlich unberechtigt, *alle* statistischen deshalb als bloß partielle Erklärungen zu bezeichnen, weil sich in ihnen das Explanandum nicht aus dem Explanans logisch erschließen läßt. Hinter einer solchen Auffassung würde sich die oben zurückgewiesene Deutung verbergen, daß statistische Erklärungen keinen gleichberechtigten Erklärungstyp neben dem deduktiv-nomologischen darstellten, sondern daß es sich dabei um Erklärungen niedrigeren Grades, nämlich um mehr oder weniger mangelhafte *Notlösungen* in solchen Situationen handle, in denen wir mit DN-Erklärungen keinen Erfolg hatten. HEMPEL schlägt daher vor, den Begriff der partiellen statistischen Erklärung so einzuführen, daß in einer solchen das Explanans die bestimmte (logische) Wahrscheinlichkeit[31] nicht dem tatsächlich vorkommenden Explanandum, sondern einer gegenüber dem letzteren schwächeren Aussage zuteilt. Dieser Gedanke kann noch verallgemeinert werden. Wie sich aus den Überlegungen von IX ergeben wird, müssen auch induktive Systematisierungen berücksichtigt werden, die überhaupt keine gesetzesartigen Prämissen aufweisen. Derartige Systematisierungen werden z. B. bisweilen für prognostische Zwecke verwendet. In Analogie zu dem eben angeführten Fall sprechen wir hier von einer partiellen induktiven Systematisierung, wenn das Explanans die angegebene Wahrscheinlichkeit einer gehaltsschwächeren Aussage zuweist als dem zur Diskussion stehenden Explanandum.

5.d Als letzte Art von unvollkommenen Erklärungen sind die *Erklärungsskizzen* zu erwähnen, auf die wir im Rahmen der Diskussion der historischen Erklärung in VI nochmals zurückkommen werden. Hier ist die Abweichung vom idealen Modell am stärksten. Das, was als Explanans vorgeschlagen wird, ist nicht nur ungenau oder unvollständig formuliert; es liefert auch nicht eine bloß partielle Erklärung des Explanandums. Vielmehr besteht das Explanans nur in einem ungefähren Umriß einer Erklärung, in mehr oder weniger vagen Hinweisen darauf, wie Antecedensdaten und Gesetze so ergänzt werden könnten, daß daraus eine befriedigende rationale Erklärung entsteht. Daß eine bloße Skizze vorliegt, wird besonders in jenen Fällen deutlich, wo es gegenwärtig nicht gelingt, geeignete empirisch fundierte relevante Gesetzmäßigkeiten anzugeben, welche diese Skizze in ein die Adäquatheitsbedingungen erfüllendes erklärendes Argument überführen würden. Die geforderte Ergänzung bleibt dann vorläufig ein Projekt für künftige Forschung.

Es war hier keine scharfe Abgrenzung zwischen den verschiedenen Arten unvollkommener Erklärungen beabsichtigt. Wie bereits oben angedeutet, sind die Grenzen zwischen rudimentären und skizzenhaften

---

[31] Das Vorkommen zweier Wahrscheinlichkeitsbegriffe in einer statistischen Erklärung wird bei der speziellen Behandlung dieser Erklärungsform in IX genauer erörtert.

Erklärungen fließend. Analog sollte man in gewissen Fällen statt von partiellen Erklärungen eher von Erklärungsskizzen sprechen, dann nämlich, wenn das tatsächliche Explanandum *wesentlich* gehaltschwächer ist als das eigentlich intendierte.

Die *Evolutionstheorie* liefert zahlreiche Beispiele für Erklärungen, die wissenschaftlich durchaus ernst zu nehmen sind, obwohl sie in allen genannten Hinsichten Unvollkommenheiten aufweisen dürften. Dies äußert sich besonders deutlich am ex-post-facto-Charakter dieser Erklärungen, der die Verwendung der dabei benützten Argumente für prognostische Zwecke ausschließt. Aus einer Kenntnis der zur Zeit des Cambrium lebenden Species, der dort herrschenden Umweltbedingungen sowie der in Genetik und Evolutionstheorie zur Verfügung gestellten Gesetze könnte man z. B. nicht das spätere Auftreten von Wasserrosen, Eichhörnchen und Menschen voraussagen. Trotzdem wird man die nachträglichen (teilweisen, bruchstück- und skizzenhaften) Erklärungen für das Auftreten dieser neuen Arten nicht für wertlos erklären.

Problematischer als die unscharfen Grenzen zwischen den verschiedenen Formen unvollkommener Erklärungen ist der Umstand, daß auch der Übergang von Erklärungsskizzen zu *Scheinerklärungen* oder *Pseudoerklärungen* fließend ist. Dies ist darauf zurückzuführen, daß es bei unvollkommenen Erklärungsvorschlägen, die keine genauen Gesetzesangaben enthalten, zum gegenwärtigen Zeitpunkt oft nicht entscheidbar ist, ob geeignete Gesetze bereits heute formulierbar sind oder ob sie erst entdeckt werden müßten oder ob sie prinzipiell nicht entdeckbar sind, weil es sie gar nicht gibt. Die Problematik, welche den Erklärungsskizzen anhaftet, ist nur ein spezieller Fall der jedem Forschungsprojekt zukommenden Problematik: Zum Zeitpunkt der Aufstellung eines Projektes ist es noch nicht bekannt, ob es sich überhaupt als realisierbar erweisen wird.

Ein weiterer Punkt ist zu beachten. Es ging uns darum, die verschiedenen Arten der Abweichung faktischer Erklärungen vom idealen Modell der wissenschaftlichen Erklärung zu diskutieren. Dieses ideale Modell wurde als logisch-systematischer Begriff eingeführt. Verschiedene der angeführten unvollkommenen Erklärungstypen sind demgegenüber nur als *pragmatische* Begriffe charakterisierbar; denn es wird darin Bezug genommen auf das, was ein *Fragender* erfahren will, auf den deutlichen oder undeutlichen *Gebrauch* von Ausdrücken, auf *Kenntnisse* und wissenschaftliche *Fähigkeiten* des Erklärenden, seines Hörers sowie außenstehender Experten etc.

5.e Unvollkommene Erklärungen im geschilderten Sinn sind stets in gewisser Hinsicht mangelhafte Erklärungen. Von Philosophen ist bisweilen ausdrücklich oder stillschweigend die Forderung erhoben worden, daß eine voll befriedigende wissenschaftliche Erklärung nicht nur von diesen Mängeln frei sein müsse, sondern daß sie darüber hinaus zwei

Vollständigkeitsprinzipien erfüllen müsse: Eine Erklärung sei erst dann zu ihrem Ziel gelangt, wenn sie das zu erklärende Phänomen oder Ereignis *in allen seinen Einzelheiten* erkläre und wenn sie außerdem *nichts unerklärt lasse*, wenn sie also keinerlei Annahmen benütze, die ihrerseits einer Erklärung bedürftig seien. Erklärungen, welche die erste Bedingung erfüllen, nennen wir *totale* Erklärungen. Bei Erfüllung der zweiten Bedingung sprechen wir von *abgeschlossenen* Erklärungen. Unsere These lautet: *Es gibt weder totale noch abgeschlossene Erklärungen.*

Totale Erklärungen sind schon aus dem Grunde ausgeschlossen, daß vollständige Beschreibungen unmöglich sind. Man kann ein einzelnes Ereignis *e* nicht in allen Details beschreiben, weil dies praktisch eine Beschreibung des ganzen Universums einschließen würde. Zu den Merkmalen von *e* gehören ja auch seine räumlichen, zeitlichen und sonstigen Relationen zu sämtlichen übrigen Einzelheiten im All. Ist aber eine vollständige Beschreibung unmöglich, *so ist a fortiori eine totale Erklärung ausgeschlossen;* denn in dieser letzteren müßte ja die vollständige Beschreibung das Explanandum bilden. Daß überhaupt eine solche Forderung wie die nach einer totalen Erklärung aufgestellt werden konnte, dürfte z. T. auf der Doppeldeutigkeit des Wortes „Ereignis" in der Wendung „Erklärung eines Ereignisses" beruhen. Darunter kann erstens ein bestimmtes raumzeitliches „Stück Realität" verstanden werden, das aus dem Universum gedanklich herausgeschnitten wird. Ereignisse sind dann konkrete Objekte, die nur wegen ihres prozessualen Charakters von den Dingen als konkreten Objekten anderer Art unterschieden werden. Nicht in diesem Sinn aber bilden Ereignisse den Gegenstand von Erklärungen. Dies zeigt sich darin, daß die Explanandum-Äußerung jeweils ein *Satz* ist, der einen *Sachverhalt* oder eine *Tatsache* beschreibt. Nicht konkrete Ereignisse in ihrer vollen Totalität, sondern nur gewisse *Tatsachen über* diese Ereignisse können sowohl den Gegenstand von Beschreibungen wie von Erklärungen bilden. Wenn diese Tatsachen dann ebenfalls Ereignisse genannt werden, so liegt damit eine Änderung im Wortgebrauch vor. (In diesem zweiten Sinn wird der Ausdruck „Ereignis" auch in der modernen Statistik gebraucht: die Elemente des sogenannten „Ereigniskörpers" sind keine konkreten Gegenstände, sondern Sachverhalte.)

An die Feststellung, daß Tatsachen die Objekte von Erklärungen bilden, knüpfen sich verschiedene philosophische Probleme, die in IV eingehend erörtert werden sollen. Es muß zugegeben werden, daß viele alltagssprachliche Formulierungen von wissenschaftlichen Beschreibungs- oder Erklärungsaufgaben den Eindruck erwecken, als bildeten Ereignisse im erstgenannten Sinn den Gegenstand dieser wissenschaftlichen Aktivitäten. Es wird etwa gesagt, daß eine Beschreibung des Erdbebens von San Francisco oder eine Erklärung für die Französische Revolution gegeben werden solle. Diese Worte deuten auf konkrete Ereignisse in

der raum-zeitlichen Welt hin. Es ist aber leicht einzusehen, daß die Aufgaben nicht so gemeint sein können, vollständige Beschreibungen bzw.
Erklärungen dieser Ereignisse im ersten Wortsinn zu liefern. Zur genauen
Beschreibung des Erdbebens würde u. a. die detaillierteste Angabe darüber
gehören, welche Bauwerke zerstört wurden und in welcher genauen Form
dies geschah. Ebenso hätte eine vollständige Erklärung der Französischen
Revolution auf zahllose minutiöse Einzelheiten bezug zu nehmen, die
sicherlich gänzlich außerhalb des Interesses des Historikers liegen. Was in
solchen Fällen interessiert, ist somit nicht der konkrete Vorgang in seiner
unerschöpflichen Fülle, sondern gewisse *Aspekte* an diesem Vorgang oder
genauer ausgedrückt: gewisse über ihn geltende *Tatsachen*. Welche Tatsachen gemeint sind, muß entweder genau angegeben werden oder aus
dem pragmatischen Kontext erschließbar sein. Ansonsten ist die Aufgabe
unklar formuliert. Dies ist natürlich eine andere Art von Ungenauigkeit als
jene, die oben zur Sprache kam. Es würde sich hierbei nicht um einen
Fall unvollkommener Erklärungen handeln, sondern um eine unvollkommene Fragestellung an den Erklärenden.

Abgeschlossene Erklärungen sind aus zwei Gründen unmöglich: In jeder
Erklärung müssen gewisse Antecedensdaten sowie Gesetzmäßigkeiten
unerklärt bleiben. Die Forderung nach vollständiger Erklärung aller Antecedensdaten würde in einen unendlichen Regreß hineinführen. Und selbst
wenn es gelänge, eine so umfassende Theorie aufzustellen, daß darin alle
speziellen Gesetzmäßigkeiten aus einem einzigen fundamentalen Gesetz
abgeleitet werden könnten, so wäre doch dieses eine oberste Gesetz nicht
mehr erklärbar. Diese seine Unerklärbarkeit würde natürlich nicht bedeuten, daß seine Annahme *unbegründet* wäre. Das Gesetz könnte auf Grund
des verfügbaren Erfahrungsmaterials bestens bestätigt sein. Auch die
beste empirische Bestätigung einer Theorie (eines Gesetzes) nimmt dieser
(diesem) aber nicht den hypothetischen Charakter. Diese Konsequenz muß
zumindest jeder ziehen, der zugibt, daß für realwissenschaftliche Gesetzmäßigkeiten weder eine definitive empirische Verifikation noch eine
definitive Apriori-Begründung möglich ist. Es kann daher für eine Gesetzmäßigkeit von der angegebenen Art weder eine Ableitung aus höheren
Prinzipien noch eine solche aus Erfahrungsdaten vorliegen. In diesem Sinn
bliebe jene Theorie bzw. Gesetzmäßigkeit „unerklärbar".

Ein Motiv für gewisse metaphysische Konzeptionen dürfte darin
zu suchen sein, daß eine derartige Situation von den philosophischen
Verfechtern dieser Konzeptionen für unbefriedigend gehalten oder
gar als unerträglich empfunden wurde. Die Antecedensdaten sollten
schließlich auf ein „absolutes" Datum, etwa den göttlichen Akt der Welt-
schöpfung (oder den göttlichen Entschluß zu diesem Akt), zurückgeführt
werden. Und was die Grundgesetze der Welt betrifft, so gab es Versuche,
diese Gesetze aus a priori einsichtigen Prinzipien abzuleiten. Ein Beispiel

hierfür bildet die metaphysische Theorie des Rationalisten Chr. Wolff, des „größten unter den dogmatischen Philosophen", wie Kant ihn nannte. Wolff unternahm den heute als unsinnig erkannten Versuch, alle physikalischen Grundgesetze auf den Satz vom zureichenden Grunde zurückzuführen und diesen Satz selbst a priori durch Deduktion aus dem Satz vom Widerspruch zu begründen. An die Stelle empirischer Gesetzeshypothesen und Theorien wären damit rein analytische Wahrheiten getreten.

In einigen metaphysischen Systemen ist versucht worden, die beiden erwähnten Arten von Vollständigkeit: Totalität und Abgeschlossenheit von Erklärungen, durch Anwendung eines einheitlichen Prinzips simultan zu erfüllen. Vielleicht ist dies einer der Aspekte, welcher das pantheistische System Spinozas von anderen metaphysischen Konzeptionen unterscheidet, daß darin versucht wird, sowohl die Einzelvorgänge wie die allgemeinen Gesetzmäßigkeiten des Universums aus den Grundmerkmalen der ewigen Weltsubstanz abzuleiten, in einem allerdings nicht logischen, sondern ungeklärten metaphysischen Sinn von „Ableitung".

Auch innerhalb der sogenannten *kosmologischen Gottesbeweise* spielten metaphysische Vollständigkeitserwägungen von der angedeuteten Art eine entscheidende Rolle. So z. B. argumentierte Leibniz unter Berufung auf sein Prinzip des zureichenden Grundes, daß ein hinreichender Grund für sämtliche Merkmale des Universums und damit für alle darin bestehenden Sachverhalte in einem *notwendigen Wesen* erblickt werden müsse, das von allen kontingenten Dingen verschieden sei, da es den Grund für seine Existenz in sich trage. Leibniz beschäftigte sich in diesem Zusammenhang ausdrücklich mit dem sogenannten „Argument des unendlichen Regresses der Ursachen", welches sich im wesentlichen mit dem von uns eingenommenen Standpunkt deckt. Danach ist es theoretisch im Prinzip stets möglich, eine Tatsache mittels anderer zu erklären, diese wiederum mit Hilfe anderer Tatsachen usw. ad infinitum. Die Erwiderung von Leibniz darauf lautete, daß dann für jedes zur Erklärung herangezoge Faktum eine offene Frage bestehen bleibe, so daß eine Erklärung mittels kontingenter Fakten prinzipiell unvollständig sei[32]. Den Unterschied in den Auffassungen zwischen Leibniz und seinem Opponenten, der zugleich den modernen Standpunkt vertritt, hat G. H. R. Parkinson in bündiger Weise so ausgedrückt: „Leibniz unterstreicht die Tatsache, daß er eine Frage für jede Antwort bereit habe; sein Opponent jedoch könnte sagen, daß er seinerseits eine Antwort für jede Frage bereit habe"[33].

Vom heutigen Standpunkt aus können wir nicht nur sagen, daß alle Spekulationen über vollständige Erklärungen in diesem metaphysischen

---

[32] Vgl. insbesondere das anschauliche Beispiel in Gerhardt, „Die philosophischen Schriften von G. W. Leibniz", Bd. VII, 302.

[33] G. H. R. Parkinson [Leibniz], S. 95.

Sinn haltlos sind, sondern auch, daß die ihnen zugrunde liegenden Motive jeder Begründung entbehren. Daß nach „absolutem Wissen" gestrebt wird, ist zwar menschlich verständlich, aber logisch nicht zu rechtfertigen. Wir werden niemals eine Gewähr dafür haben, daß eine akzeptierte naturwissenschaftliche Theorie auch in Zukunft jeder Prüfung standhalten wird. Und die Tatsache, daß wir in jeder Erklärung unerklärte Daten verwenden müssen, braucht uns nicht zu stören. Wir können ja, falls ein entsprechendes Interesse vorliegt, für diese gegebenen Daten ihrerseits nach einer Erklärung suchen, wie dies der Leibniz-Opponent in der eben zitierten Äußerung zum Ausdruck brachte. Wir können *jedes beliebige vorgegebene* Faktum zu erklären trachten; aber wir können nicht *alle* Fakten erklären.

5.f Von allen angeführten Fällen unvollkommener Erklärungen sind jene scheinbaren Unvollkommenheiten abzugrenzen, die sich daraus ergeben, daß dasselbe Explanandum-Ereignis in verschiedener Weise erklärt werden kann. Die Unvollkommenheit ist dann sozusagen eine Folge der Überbestimmtheit in puncto Erklärung. Zwei Klassen von Fällen sind hier zu unterscheiden. Der trivialere Fall ist der, wo dasselbe Explanandum mit Hilfe gleicher Gesetze, aber auf Grund verschiedenartiger spezieller Daten abgeleitet wird. Einfache Modellbeispiele hierfür bilden abgeschlossene physikalische Systeme, die ausschließlich von deterministischen Gesetzen regiert werden: Der Zustand eines solchen Systems zu einer bestimmten Zeit *t* kann unter Benützung der Gesetze erklärt werden, wenn man den Zustand des Systems zu irgendeinem früheren Zeitpunkt kennt. Es erscheint als inadäquat, eine dieser Erklärungen deshalb als unvollkommen zu bezeichnen, weil es für den Zustand zu *t* zahllose Alternativverklärungen gibt. Mit der Ausdrucksweise „unvollkommene Erklärung" verbindet sich ja die Vorstellung der Mangelhaftigkeit. Jede einzelne der herausgegriffenen Ableitungen aber erfüllt die Adäquatheitsbedingungen für korrekte deduktiv-nomologische Erklärungen, und es haftet ihr daher in diesem Sinn kein Mangel an. Erst die metaphysische Vorstellung, daß nur die unbegrenzte Totalität der Erklärungen des Zustandes zur Zeit *t* oder die Zurückführung dieses Zustandes auf ein „absolutes" nicht mehr erklärbares Faktum die „wahre" Erklärung dieses Zustandes liefere, erweckt diesen irrigen Eindruck.

Weniger trivial scheint der umgekehrte Fall zu sein, wo eine Überbestimmtheit in dem Sinne vorliegt, daß das Explanandum-Phänomen unter Herbeiziehung *verschiedener Gesetze* erklärt werden kann. Das folgende Beispiel diene zur Illustration[34]: Es soll erklärt werden, warum sich ein bestimmter Kupferstab verlängert hat. Es stellt sich heraus, daß dieser Stab gleichzeitig einer Erhitzung sowie einer mechanischen Längsdehnung ausgesetzt war. Diese Information kann den Anlaß für zwei verschiedenartige Erklärungen bilden, deren eine sich auf das Gesetz beruft „alle

---

[34] Vgl. dazu auch HEMPEL [Aspects], S. 418.

Kupferstäbe verlängern sich, wenn man sie erhitzt" während sich die
andere auf das Gesetz stützt „alle Kupferstäbe, die einer mechanischen
Längsdehnung ausgesetzt werden, verlängern sich". Es könnte nun behauptet werden, daß jede dieser Erklärungen unvollkommen sei, weil sie einen
der beiden kausalen Faktoren der Verlängerung unberücksichtigt lasse.
Dieser Einwand ist jedoch nicht haltbar. So wie das Problem eben formuliert war, bildet jedes der beiden Argumente für sich eine korrekte Erklärung. Sollte dagegen danach gefragt sein, warum sich der Stab *gerade*
um diesen Betrag verlängert, so sind beide Erklärungen unvollkommen. Sie
liefern ungenaue bzw. bloß partielle Erklärungen im früheren Sinn. Die
Vervollständigung müßte darin bestehen, daß die qualitativen Gesetze
durch quantitative ersetzt werden sowie daß an die Stelle der qualitativen
Antecedensbedingungen quantitative Angaben über die Temperatur-
erhöhung bzw. über die Stärke der mechanischen Dehnung treten. Bei
dieser quantitativen Präzisierung würden wir es aber nicht mehr mit zwei
Erklärungen, sondern nur mehr mit einer einzigen zu tun haben, da für die
Erklärung der quantitativen Ausdehnung der *gemeinsame* Effekt von Tem-
peraturerhöhung und Längsdehnung zu berücksichtigen ist. Jede dieser
beiden Änderungen würde für sich allein ja eine geringere Verlängerung
als die tatsächliche zur Folge haben. Aus dem analogen Grunde könnte
sich auch keine neue Form der Unvollständigkeit ergeben, wenn das Explanandum sowie eine der beiden Erklärungen in quantitativer Sprache
formuliert wären, die andere dagegen in qualitativer Sprache. Wie sich der
Leser leicht überlegt, müßte dann je nach Lage des Falles mindestens eine
der folgenden beiden Möglichkeiten eintreten: daß entweder die quantitative Erklärung unkorrekt oder die qualitative ungenau (bloß partiell)
wäre.

Wie diese Überlegungen zeigen, besteht kein Grund dafür, weitere
Formen unvollständiger Erklärungen daraus abzuleiten, daß es für iden-
tische Tatsachen verschiedene oder überbestimmte Erklärungen geben kann.

5.g Die Unvollkommenheit, die einer vorgeschlagenen Erklärung anhaften kann, läßt sich strenggenommen nur so beheben, daß der Erklärungsvorschlag durch eine korrekte und adäquate Erklärung ersetzt wird. Dies
ist jedenfalls dann der einzige Weg, wenn es darum geht, *das erklärende Ar-*
gument effektiv zu konstruieren. In vielen Fällen wird ein solcher Anspruch
aber gar nicht erhoben. Man gibt sich mit der bescheideneren Behauptung
zufrieden, daß ein bestimmter Sachverhalt auf Grund dieser und dieser
Daten *erklärbar* sei. Eine derartige erklärende Äußerung läßt sich so deuten,
daß darin die Lücken einer zunächst vorgeschlagenen unvollkommenen
Erklärung durch geeignete Existenzquantifikationen geschlossen wurden.
Die sich hier anbietenden Möglichkeiten sollen in Abschnitt 8 kurz analysiert werden.

6. Genetische Erklärung

Eine genetische Erklärung liegt vor, wenn man eine bestimmte Tatsache nicht einfach aus Antecedensbedingungen und Gesetzmäßigkeiten erschließt, sondern wenn gezeigt wird, daß diese Tatsache das Endglied einer längeren Entwicklungsreihe bildet, deren einzelne Stufen man genauer verfolgen kann. Dies ist eine etwas vage Charakterisierung. Für eine genauere Kennzeichnung müssen wir eine Unterscheidung vornehmen.

Wenn davon die Rede ist, daß ein Wissenschaftler den Ablauf eines Prozesses verfolgt, etwa indem er ihn in einzelne Abschnitte zerlegt, so kann dies entweder in einem rein *deskriptiven* oder in einem *erklärenden* Sinn gemeint sein. Aus der alltagssprachlichen Formulierung allein kann man den Unterschied leider oft nicht entnehmen. Denn häufig werden ja, wie bereits betont, Erklärungen so vorgetragen, „als seien sie Erzählungen", da die Gesetzmäßigkeiten, auf die sie sich stützen, nicht explizit angeführt, sondern unterdrückt werden.

Der erste Fall liegt vor, wenn der Wissenschaftler sich mit einer Schilderung der Entwicklungsphasen zufriedengibt. Er beschränkt sich dabei darauf, bestimmte Sachverhalte zu verschiedenen Zeitpunkten zu beschreiben; *an keiner Stelle liefert er Antworten auf Warum-Fragen.* Meist geht jedoch der Erkenntnisanspruch weiter, insbesondere dann, wenn davon gesprochen wird, daß „ein kausaler Prozeß verfolgt" werde, meist aber bereits in solchen Fällen, wo von einer Analyse physikalischer Prozesse oder historischer Entwicklungen die Rede ist. *Den einzelnen Stufen der Entwicklungsphase entsprechen in einem solchen Fall erklärende Argumente.* Die Erklärung der Tatsache, welche das Schlußstück der Entwicklungsreihe bildet, erfolgt also schrittweise, und die einzelnen erklärenden Argumente schließen sich zu einer ganzen *Erklärungskette* zusammen. Vom Standpunkt der genetischen Erklärung bildet daher das, was wir bisher „Erklärung" nannten, ein bloßes Einzelglied einer solchen Kette — ein „*Erklärungsatom*", wie man es auch nennen könnte. Dabei spielt es keine Rolle, daß ein derartiges Atom in einem konkreten Einzelfall ein sehr komplexes deduktives oder induktives Argument mit zahlreichen Prämissen bilden kann.

Zwei Typen von genetischen Erklärungen sind zu unterscheiden. Sie sollen als *systematisch-genetische* und als *historisch-genetische Erklärungen* bezeichnet werden. Einen Unterfall der ersteren Klasse bilden die *kausal-genetischen* Erklärungen. Sie bestehen aus Folgen von mindestens zwei Gliedern, wobei jedes Glied den Charakter einer DN-Erklärung hat. Besteht die Folge aus n Gliedern, so ist das Antecedens des i-ten Gliedes mit dem Explanandum des $(i-1)$-ten Gliedes identisch (für $i = 2, \ldots, n$). Der Ausdruck „kausal" wird dabei in dem sehr allgemeinen Sinn verwendet, daß er alle Fälle von deterministischen Gesetzmäßigkeiten umfaßt. Kausal-genetische Erklärungen in diesem strengen Sinn sind selten, *da in*

*der Regel das Antecedens späterer Schritte nicht mit dem Explanandum der un-
mittelbar vorangehenden zusammenfällt, sondern darüber hinausgeht.* Bisweilen
wird jedoch diese Identifizierung erreicht durch allgemeine Annahmen,
wie z. B. die Annahme der Abgeschlossenheit eines physikalischen Systems.
Ein System kann *absolut abgeschlossen* sein, wenn die darin vorkommenden
Prozesse überhaupt keiner äußeren Einwirkung unterliegen. Strenggenommen gibt es nur ein einziges derartiges System: das Universum.
Ein System S ist *relativ abgeschlossen*, wenn entweder die äußeren Einwirkun-
gen für die Prozesse innerhalb von S ohne Relevanz sind oder wenn sie
konstanter Natur sind, so daß man sie bei der Formulierung von Gesetzen
für die Übergänge von Zuständen von S vernachlässigen kann. Von dieser
Art sind z. B. die in III diskutierten deterministischen Diskreten Zustandssysteme, die zugleich anschauliche Modellfälle für kausal-genetische Erklärungen bieten. Für die Erwerbung eines genaueren Einblickes
in die Natur kausal-genetischer Erklärungen sei der Leser daher auf die
dortige Darstellung verwiesen.

Wie diese Modelle zeigen, können nicht nur einzelne Erklärungen zu
Erklärungsketten zusammengeschlossen werden, sondern es kann häufig
auch umgekehrt eine Erklärung *durch Analyse* in eine genetische Erklärung
verwandelt oder, wie man besser sagen sollte, zu einer solchen Erklärung
verfeinert werden. Diese Analyse setzt allerdings voraus, daß geeignete
Gesetze, die in der ursprünglichen Erklärung nicht vorkamen, zur Verfügung stehen, um die Ableitungen der Zwischenglieder zu ermöglichen.
In ihrer Gesamtheit müssen diese Gesetze ausreichen, um Gesetzmäßigkeiten abzuleiten, welche dieselbe deduktive Leistung vollbringen wie die
in der ursprünglichen Erklärung verwendeten Gesetze. Die erwähnte
Analyse ist also nur durchführbar, wenn es zugleich möglich ist, gewisse
Gesetzmäßigkeiten selbst zu erklären, also sie aus anderen zu deduzieren.
Jede solche Analyse einer vorgegebenen Erklärung bildet somit eine zwei-
stufige Erklärung: eine Erklärung von Tatsachen und eine Erklärung von
Gesetzen.

Schematisch kann man diesen Sachverhalt so illustrieren. In einem
System S sei zur Zeit t_0 der Zustand E_0 realisiert. (E_0 kann dabei als
Antecedensaussage interpretiert werden, welche diesen Zustand beschreibt.)
Zu t_n sei der Zustand E_n verwirklicht. E_n sei aus E_0 mit Hilfe eines Gesetzes G logisch erschließbar. Es liegt somit ein einfacher Fall einer DN-
Erklärung vor. Es seien nun n weitere Gesetze $G_1, ..., G_n$ bekannt. Ferner
mögen $n-1$ Zustände $E_1, ..., E_{n-1}$ zu Zeiten $t_1, ..., t_{n-1}$ zwischen t_0 und
t_n existieren, wobei stets t_i früher ist als t_{i+1}. Wenn dann aus E_0 und G_1
logisch auf E_1, aus E_1 und G_2 auf E_2, allgemein: aus E_{i-1} und G_i auf E_i
geschlossen werden kann, *so wurde die ursprüngliche Erklärung in eine kausal-
genetische transformiert.* Während jene Erklärung nur einen groben Zusammenhang herstellte, liefert die genetische Erklärung detailliertere

Verknüpfungen und damit einen viel genaueren Einblick in das Geschehen. Daß sie nicht schwächer ist als die ursprüngliche Erklärung, beruht darauf, daß man aus den n Gesetzen $G_1, \ldots, G_n$ ein Gesetz G^* deduzieren kann, welches *in diesem Erklärungskontext* nicht weniger leistet als das Gesetz G. Tatsächlich stellt G^* das der ursprünglichen Erklärung zugeordnete Minimalgesetz (im Sinne von Abschnitt 2) dar; denn es beinhaltet die generelle Feststellung, daß ein Ereignis von der Art E_0 stets von einem Ereignis von der Art E_n gefolgt werde.

Falls in einigen oder allen Erklärungsschritten einer genetischen Erklärung statistische oder probabilistische Gesetze verwendet werden, so sprechen wir von einer *statistisch-genetischen* (oder: *probabilistisch-genetischen*) *Erklärung*. Man könnte daneben verschiedene Mischformen unterscheiden, je nach der Anzahl der verwendeten statistischen und deterministischen Gesetze. Im Prinzip gilt von solchen Erklärungen das Analoge wie im Fall der kausal-genetischen. Es müssen nur alle Besonderheiten berücksichtigt werden, die sich aus der Verwendung statistischer Gesetze ergeben. Die in III behandelten indeterministischen Diskreten Zustandssysteme liefern auch für diesen genetischen Erklärungstypus anschauliche Modelle. Zu beachten ist hier vor allem dreierlei: Erstens bestehen die erklärenden Argumente diesmal nicht aus Deduktionen, sondern sind *induktiver* Natur. Zweitens kann, wie in III gezeigt wird, für probabilistisch-genetische Erklärungen die Länge des Zeitabstandes zwischen Antecedens und Explanandum von Wichtigkeit werden, so daß es nicht ohne weiteres in allen Fällen möglich ist, statistische Erklärungen zu entsprechenden genetischen Erklärungsketten zusammenzufügen. Drittens ist hier Vorsicht am Platze gegenüber einer logischen Schwierigkeit, die *allen* statistischen Erklärungen zukommt und die von HEMPEL als „Mehrdeutigkeit der statistischen Systematisierung" bezeichnet wurde. Dieses Problem wird in IX ausführlich erörtert.

Historisch-genetische Erklärungen unterscheiden sich von den bisherigen Typen dadurch, daß für die einzelnen Phasen das Explanandum nicht mit dem Antecedens des folgenden Schrittes zusammenfällt. Vielmehr müssen zur Gewinnung des ganzen Antecedens jedes einzelnen Erklärungsschrittes *neue Informationsquellen* herangezogen werden. *Die zusätzlichen Informationen bilden selbst nicht den Gegenstand eigener Erklärungen;* nur der restliche Teil des jeweiligen Antecedens wird erklärt. Diese Fälle genetischer Erklärungen dürften die häufigsten sein, nicht nur innerhalb der Geschichtswissenschaft. Sie sollen in VI genauer erörtert werden. Analog zum vorher erwähnten Typus kann auch hier zwischen den Fällen unterschieden werden, wo sämtliche Schritte DN-Erklärungen darstellen, und solchen, bei denen einige Argumente statistischen Charakter haben. Da für jeden Schritt nach dem ersten das Explanandum als echter Teil in das Antecedens des folgenden Schrittes eingeht, könnte vermutet werden, daß es sich hierbei um einen

Spezialfall einer *partiellen Erklärung* im früheren Sinn handelt. Dies wäre jedoch ein Irrtum: Bei einer partiellen Erklärung wird eine schwächere Aussage als das Explanandum abgeleitet. Jetzt hingegen setzen wir voraus, daß eine vollwertige Erklärung vorliegt, daß aber *für die Gewinnung des nächsten Erklärungsschrittes* das abgeleitete Explanandum durch weitere Informationen ergänzt werden muß.

Unabhängig davon aber können in allen genetischen Fällen ebenso wie in den „atomaren" Erklärungen sämtliche Arten von Unvollkommenheiten auftreten. Daß eine Kette nicht stärker ist als ihr schwächstes Glied, gilt für Erklärungsketten ebenso wie für die anderen wörtlichen und übertragenen Anwendungsfälle dieses Sprichwortes. Ist auch nur ein einziger Erklärungsschritt ungenau, skizzenhaft, elliptisch oder liefert er nur eine partielle Erklärung, so haftet diese Art von Unvollkommenheit auch der genetischen Erklärung an.

7. Dispositionelle Erklärung

7.a Es ist gelegentlich behauptet worden, daß es eine Erklärungsweise gäbe, die nicht unter das H-O-Schema falle. Sie liege dann vor, *wenn das Verhalten von Gegenständen mit Hilfe von Dispositionen erklärt werde, die diesen Gegenständen zukommen.* Dazu gehöre insbesondere die Klasse von Fällen, in denen die Tätigkeit handelnder Personen erklärt werden solle mit Hilfe von Charakteranlagen, Überzeugungen, Zwecksetzungen und anderer dispositioneller Faktoren. Auf die Wichtigkeit der Bezugnahme von Dispositionen bei der Erklärung menschlicher Verhaltensweisen hat vor allem G. RYLE hingewiesen. Vorläufig geht es uns darum, eine prinzipielle Klärung zu erzielen. Die Anwendung auf die menschliche Sphäre soll im Kapitel über historische und psychologische Erklärung genauer diskutiert werden.

Nach RYLE[35] schlägt sich der Unterschied zwischen kausalen und dispositionellen Erklärungen alltagssprachlich darin nieder, daß wir in beiden Fällen ganz verschiedene Wendungen gebrauchen. Er bringt das folgende Beispiel: Wenn wir sagen, daß eine Fensterscheibe deshalb zerbarst, weil sie von einem Stein getroffen wurde, so geben wir eine übliche kausale Erklärung für das Zerbrechen der Scheibe. Wenn wir dagegen sagen, daß die Fensterscheibe, als sie vom Stein getroffen wurde, zerbarst, weil sie *brüchig* war, so liefern wir eine Erklärung von anderer Art. Die dispositionelle Eigenschaft der Brüchigkeit hat zwar gesetzesartige Konsequenzen. Aber zum Unterschied von echten Gesetzen wird in der Dispositions-

---

[35] [Mind], S. 88f.

aussage ein *bestimmtes Objekt*, nämlich diese individuelle Scheibe, erwähnt. RYLE nennt daher Dispositionssätze „gesetzesartige" Aussagen[36].

Die Dispositionsprädikate bilden einen eigenen wissenschaftstheoretischen Problemkomplex. Strenggenommen müßte man zunächst diesen Komplex in extenso schildern und diskutieren, um Klarheit über die Natur dispositioneller Erklärungen gewinnen zu können. Wir begnügen uns damit, die Sachlage so weit zu charakterisieren, daß daraus die Subsumierbarkeit dieses scheinbar neuartigen Erklärungstyps unter das allgemeine Schema der Gesetzeserklärung deutlich wird[37]. Hinsichtlich der Frage, *ob die Bezugnahme auf ein konkretes Objekt wesentlich ist*, lassen sich zwei Fälle unterscheiden. Der eine Fall ist der, an den RYLE gedacht hat, daß nämlich keine Hypothese von vollständiger Allgemeinheit verwendet wird, sondern eine solche, in der einem individuellen Objekt eine Dispositionseigenschaft zugeschrieben wird. Im gegebenen Fall wäre die logische Struktur der Erklärung die folgende:

A_1: Die Scheibe s wurde zur Zeit t_0 von einem Stein heftig getroffen.

(α) D_1: Die Scheibe s war brüchig.

E_1: Die Scheibe s zerbarst zur Zeit t_0.

In diesem konkreten Fall zumindest ist es möglich, die im Ryleschen Sinn gesetzesartige, aber das Individuum s erwähnende Dispositionsaussage D_1 durch eine streng allgemeine Hypothese zu ersetzen, in welcher der gesetzmäßige Zusammenhang der Eigenschaft, aus Glas zu bestehen, und des Merkmals der Brüchigkeit ausgedrückt wird:

A_1: Die Scheibe s wurde zur Zeit t_0 von einem Stein heftig getroffen.

A_2: Die Scheibe s bestand aus Glas und befand sich unter Standardbedingungen.

(β) G_1: Alles Glas ist unter Standardbedingungen brüchig.

E_1: Die Scheibe s zerbarst zur Zeit t_0.

Dem Übergang von (α) zu (β) entsprechen jene naturwissenschaftlichen Fälle, in denen abgeleitete Gesetze, die sich auf bestimmte Individuen

---

[36] Dies ist eine andere Verwendung des Ausdruckes als diejenige, welche auf N. GOODMAN zurückgeht und die wir in V übernehmen werden. Auch in den bisherigen gelegentlichen Gegenüberstellungen von Gesetzen und akzidentellen Aussagen hatten wir bereits die Goodmansche Unterscheidung vor Augen.

[37] Für eine ausführliche Behandlung des Problems der Dispositionsprädikate vgl. R. CARNAP [Testability], S. 440ff., sowie für eine gewisse Revision der dort vertretenen Auffassung den Aufsatz [Theoretical Concepts] desselben Autors, insbes. S. 62ff. Eine kritische Diskussion der dispositionellen Erklärung findet sich bei HEMPEL [Aspects], S. 457ff.

beziehen, unter Fundamentalgesetze subsumiert werden, die von solcher Bezugnahme frei sind. So etwa gelang es NEWTON, die Keplerschen Gesetze, die von den Bewegungen der Planeten unserer Sonne handeln, die also wesentlich auf konkrete Individuen Bezug nehmen, mit Hilfe des Gravitationsprinzips und der Bewegungsaxiome abzuleiten. Jede Erklärung, welche die ersteren Gesetze verwendet, kann daher durch eine solche ersetzt werden, welche stattdessen die Newtonsche Theorie benützt.

Nicht immer wird es möglich sein, einen analogen Übergang wie den von (α) zu (β) zu vollziehen, also an die Stelle der „gesetzesartigen" singulären Dispositionsaussage eine allgemeine Gesetzeshypothese über dieses Dispositionsprädikat treten zu lassen. Auch dies würde es aber noch nicht rechtfertigen, in solchen dispositionellen Erklärungen Sonderfälle zu erblicken, die aus dem allgemeinen Rahmen der Gesetzeserklärungen herausfallen. Denn weder in den Naturwissenschaften noch in den sonstigen Einzelwissenschaften ist die Subsumtion abgeleiteter Gesetze unter Fundamentalgesetze allgemein möglich. Man braucht hierfür nur daran zu denken, daß es ja eine Zeit gab, zu der solche Gesetze, wie das Fallgesetz von GALILEI (das sich bei genauer Formulierung auf den freien Fall von Körpern in der Nähe der Oberfläche *unserer Erde* bezieht) oder die Keplerschen Gesetze, noch auf der damals erreichten höchsten Stufe an Allgemeinheit standen und nicht aus umfassenderen Theorien — sei es approximativ, sei es streng — abgeleitet werden konnten. Was die dispositionellen Erklärungen betrifft, so wird es heute vor allem im Bereich der Psychologie oft nicht möglich sein, Aussagen, in denen Individuen psychische Dispositionen zugeschrieben werden, unter allgemeine Gesetze unterzuordnen.

7.b Nun müssen wir aber unsere Aufmerksamkeit darauf richten, daß die beiden Argumente (α) und (β) in der gegebenen Darstellung noch unvollständig sind. Tatsächlich wurde ja z. B. in (α) stillschweigend die Voraussetzung benützt, daß wegen der Brüchigkeit von s die folgende Aussage über s richtig ist: „Wenn s zu irgendeiner Zeit t von einem harten Gegenstand heftig getroffen wird, so zerbirst s zu t" (C). Um die Schlüsse zu vervollständigen, wäre (α) zu einem Schema (α^*) und ebenso (β) zu einem Schema (β^*) zu erweitern, unter dessen Prämissen eine Gesetzeshypothese von etwa folgender Art vorkommen müßte:

G_2: Wenn immer ein brüchiges Objekt zu einem Zeitpunkt von einem harten Gegenstand heftig getroffen wird, so zerbricht das Objekt zu diesem Zeitpunkt.

Damit würde auch im ersten Argument eine allgemeine Gesetzesaussage unter den Prämissen vorkommen.

Gegen diese Deutung könnte eingewendet werden, daß G_2 überhaupt keine synthetische Behauptung darstelle, sondern *eine analytische Aussage* bilde, die aus der Definition der Brüchigkeit oder, wenn die Bedeutung dieses Prädikates in anderer Weise als durch Definition festgelegt wird, aus der Bedeutungserklärung von „brüchig" gefolgert werden könne. Um die Überzeugungskraft eines solchen Argumentes überprüfen zu können, ist eine kurze Reflexion darauf notwendig, wie Dispositionsprädikate in die Wissenschaftssprache einzuführen sind. Sollte man dabei tatsächlich zu dem Ergebnis gelangen, daß G_2 analytisch ist, so würde das Schema (β^*) weiterhin nicht aus dem allgemeinen Rahmen herausfallen, da darin die aus (β) übernommene streng allgemeine Gesetzeshypothese G_1 vorkäme. (α^*) hingegen enthielte als Analogon zu einer Gesetzeshypothese unter den empirischen Prämissen lediglich die Aussage D_1, in der jedoch eine Bezugnahme auf ein bestimmtes Individuum wesentlich ist. Diese Aussage wäre so zu behandeln wie ein „abgeleitetes" Gesetz von der geschilderten Art, in welchem eine wesentliche Bezugnahme auf ein Einzelindividuum enthalten ist. Die Notwendigkeit dieser Deutung erkennt man am besten, wenn man bedenkt, daß das Schema (α) in ein korrektes Erklärungsargument übergeht, wenn darin D_1 durch die aus D_1 und G_2 ableitbare Aussage (C) ersetzt wird. Dies ist ein Satz vom Charakter eines abgeleiteten Gesetzes — ganz analog den Keplerschen Gesetzen —, und zwar auch dann, wenn G_2 als analytisch gedeutet wird. Diese Überlegung zeigt: *Selbst wenn der Behauptung vom analytischen Charakter des Satzes G_2 uneingeschränkt zugestimmt werden könnte, ließe sich die These von der Sonderstellung dispositioneller Erklärungen nicht aufrecht erhalten.*

7.c Tatsächlich liegen jedoch die Verhältnisse komplizierter. Wie man seit langem weiß, können Dispositionsprädikate wie „brüchig", „löslich in Wasser", „magnetisch" usw. nicht durch Definitionen eingeführt werden. Will man diese Begriffe nicht überhaupt als theoretische Begriffe konstruieren — was gegenwärtig als die adäquateste Deutung erscheint —, so können sie nur mittels sogenannter *Reduktionssätze* charakterisiert werden, in welchen entweder *notwendige oder hinreichende symptomatische Bedingungen für das Vorliegen der fraglichen Dispositionseigenschaft* angegeben werden. Dabei lassen sich fast immer *mehrere* Sätze von beiden Arten für ein und dieselbe Disposition angeben.

Es sei etwa D eine solche Disposition. Ein Reduktionssatz, welcher in deterministischer Weise *hinreichende* Bedingungen für das Vorliegen von D formuliert, hat die Gestalt: „Sofern x der Bedingung B_1 unterworfen wird, so hat x, falls x in der Weise R_1 reagiert, die Eigenschaft D". Entsprechend lautet ein Reduktionssatz, in dem in deterministischer Weise *notwendige* Bedingungen für das Vorliegen von D ausgedrückt sind, so: „Wenn x die Eigenschaft D hat, dann wird x unter den Testbedingungen B^1 in der Weise R^1 reagieren". Allgemein werden wir also eine Menge von n hinreichenden Symptomsätzen von der Gestalt erhalten:

$$(H_i) \qquad \wedge x[B_i x \rightarrow (R_i x \rightarrow Dx)] \qquad (i = 1, \ldots, n)$$

und ebenso eine Menge von r notwendigen Symptomsätzen von der Gestalt:

$$(N_j) \qquad \qquad \wedge x[Dx \to (B^j x \to R^j x)] \qquad (j = 1, \ldots, r)$$

Die Reduktionssätze können auch bloß *statistische* Gesetzmäßigkeiten ausdrücken. Unter den Sätzen (H_i) würden dann Aussagen von der Gestalt vorkommen: „Wenn x der Testbedingung B_k unterworfen wird, so besteht, sofern x in der Weise R_k reagiert, die statistische Wahrscheinlichkeit p (oder: eine statistische Wahrscheinlichkeit zwischen den Grenzen p_1 und p_2), daß x die Eigenschaft D hat". Und unter den Sätzen (N_j) kämen Aussagen von der Gestalt vor: „Wenn ein Objekt x die Eigenschaft D hat und unter Testbedingungen von der Art B^j steht, so wird x mit der statistischen Wahrscheinlichkeit q (bzw. mit einer statistischen Wahrscheinlichkeit zwischen den Grenzen q_1 und q_2) in der Weise R^j reagieren".

Wenn wir uns der Einfachheit halber auf den deterministischen Fall beschränken, so erkennen wir leicht, *daß diese Sätze in ihrer Gesamtheit keineswegs als analytische Sätze angesprochen werden können, die auf Grund von Festsetzungen wahr sind.* Dies beruht darauf, daß man aus den n Sätzen (H_i) sowie den r Sätzen (N_j) $n \times r$ Sätze ableiten kann, in denen das Dispositionsprädikat D überhaupt nicht mehr vorkommt und deren Gehalt in ungefähr er Formulierung auf die folgende Behauptung hinausläuft: „Wenn ein Objekt x irgendwelche unter den hinreichenden Bedingungen für das Vorliegen von D erfüllt, so erfüllt es auch beliebige unter den notwendigen Bedingungen". Formal ausgedrückt:

$$\wedge x[B_i x \wedge R_i x \to (B^j x \to R^j x)] \qquad (i = 1, \ldots, n; \, j = 1, \ldots, r).$$

Diese Sätze sind in der Regel keine analytischen Wahrheiten, sondern *empirische Gesetzmäßigkeiten.* Dies zeigt, daß die Gesamtheit der notwendigen und hinreichenden Bedingungen für das Dispositionsprädikat im Gegensatz zu definitorischen Festsetzungen einen empirischen Gehalt besitzt[38]. HEMPEL illustriert dies am folgenden physikalischen Beispiel. Eine hinreichende Bedingung dafür, daß ein Eisenstab x magnetisch ist, lautet: „Wenn sich ein Eisenstab x in der Nähe einer Kompaßnadel befindet, dann gilt: falls das eine Ende von x den Nordpol der Kompaßnadel anzieht und den Südpol abstößt, während sich das andere Ende umgekehrt verhält, so ist x magnetisch." Wir nennen dies abkürzend die *Kompaßnadelbedingung.* Eine notwendige Bedingung für dieselbe Dispositionseigenschaft lautet: „Wenn ein Eisenstab x magnetisch ist, so gilt: sofern sich in der Nähe von x Eisenspäne befinden, werden diese durch x angezogen und

---

[38] In der Darstellung von CARNAP findet der empirische Gehalt der Klasse der Reduktionssätze seinen Niederschlag in dem, was CARNAP den „Repräsentativsatz" für diese Klasse nennt. Vgl. [Testability], S. 451.

daran haften bleiben". Wir nennen dies die *Eisenspanbedingung*. Diese beiden Symptomsätze zusammen implizieren die generelle Behauptung, daß jeder Eisenstab, der die Kompaßnadelbedingung erfüllt, auch die Eisenspanbedingung erfüllt. *Dies ist offenbar eine empirische Behauptung und keine analytische Wahrheit*. Einige Autoren — wie z. B. P. W. Bridgman in [Modern Physics] — ziehen es in stärkerer Abweichung vom einzelwissenschaftlichen Sprachgebrauch vor, gar nicht von ein und demselben Prädikat zu sprechen, das durch die Reduktionssätze der beiden Arten eingeführt wird, sondern stattdessen von immer neuen Prädikaten zu reden. In dem obigen allgemeinen Fall würden wir dann $n+r$ Prädikate $D_1,...,D_{n+r}$ erhalten. Bei dieser Konstruktionsweise würden die *empirischen Gesetzmäßigkeiten* in den Aussagen formuliert werden, welche die Äquivalenz dieser Prädikate behaupten: $\wedge x(D_i \leftrightarrow D_j)$. Um die Diskussion nicht zu sehr zu komplizieren, kehren wir zur ersten Darstellungsweise zurück.

Da sich aus der Gesamtheit U der ein Dispositionsprädikat charakterisierenden Reduktionssätze somit empirisch-synthetische Folgerungen ziehen lassen, ist die obige Behauptung bewiesen, daß diese Sätze nicht zur Gänze als analytisch erklärt werden können. *Ebenso erscheint es aber auch nicht als sinnvoll, gewisse unter ihnen herauszugreifen, um sie für analytisch zu erklären und nur dem Rest den Status von empirischen Gesetzen zu verleihen*. Dies wäre nicht nur der Ausdruck einer theoretischen Willkür, sondern hätte überdies eine unerwünschte praktische Konsequenz: In allen Bereichen der Erfahrungswissenschaften kann ja der Fall eintreten, daß hypothetisch angesetzte Regelmäßigkeiten mit neuen Erfahrungen nicht mehr im Einklang stehen. Insbesondere kann es sich ergeben, daß solche Daten mit den aus der Klasse U gefolgerten Gesetzmäßigkeiten logisch unverträglich sind. Hätten wir die geschilderte Entscheidung getroffen, *so hätten wir damit gewisse unserer Reduktionssätze gegen jede Revision immunisiert, so daß nur der restliche Teil einer Revision unterworfen werden könnte*. Dies würde in den meisten Fällen eine nicht zu verantwortende künstliche Einengung der Bewegungsfreiheit des empirischen Forschers implizieren. Denn gewöhnlich werden nur die Gesetze der Logik und Mathematik gegenüber derartigen Revisionsmöglichkeiten als immun angesehen (wie etwa der Satz, daß $5+7$ gleich 12 ist; weshalb 5 Ochsen plus 7 Ochsen gleich 12 Ochsen sein müssen, *was immer die Erfahrung lehren mag*). *Auf der anderen Seite kann man auch die These, wonach die Gesamtheit der Reduktionssätze nichts weiter darstelle als eine Klasse empirischer Hypothesen, anfechten*. Denn unter ihnen gibt es solche, die eine zentralere Stellung einnehmen. Werden sie *alle* verworfen, so wird man daher dem Verwerfenden in den meisten Fällen mit Recht entgegenhalten, *daß er die Bedeutung des betreffenden Dispositionsprädikates nicht verstanden habe*. Dieser Sachverhalt, der im gegenwärtigen Kontext vom eigentlichen Thema etwas ablenken würde, soll in VI, 8

in einem anderen Zusammenhang ausführlicher geschildert werden. Wir
werden dort, wo es um die Erklärungen menschlicher Handlungen durch
Willensentschlüsse geht, auf eine ganz ähnliche Situation stoßen und eine
entsprechende Gesamtheit von charakterisierenden Sätzen als quasi-
analytische Prinzipien bezeichnen.

7.d Kehren wir nun zum einfachen Fall der dispositionellen Erklärung
zurück. Dann lautet das Ergebnis dieser Analyse: *Es wäre unrichtig, den
Satz G_2 im Schlußschema (α^*) für eine analytische Wahrheit zu erklären.* Abstrahieren wir aus Einfachheitsgründen wieder vom statistischen Fall und
beschränken wir uns auf solche Fälle, in denen deterministische Reduk-
tions- oder Symptomsätze verwendet werden, so sieht das Schema für
den einfachen Fall einer dispositionellen Erklärung so aus[39]: a sei ein
bestimmtes Objekt. Es ist zu erklären, warum a sich in der Weise R^2
verhalten habe. Für diese Erklärung wird die Tatsache herangezogen,
daß a sich in einer Situation oder Bedingung B^2 befand und daß a die Dispositionseigenschaft D besitzt. Ferner wird das Wissen um bestimmte
notwendige Bedingungen für diese Dispositionseigenschaft herangezogen,
das sich darin äußert, daß bei Vorliegen von D auf bestimmte Bedingungen
B^j in der Weise R^j reagiert wird. Man greift den Fall mit $j = 2$ heraus
und erhält so den Schluß:

A_1: a befand sich in der Situation B^2.

A_2: a besitzt die Eigenschaft D.

G: Jedes Objekt x, das die Eigenschaft D besitzt, wird in einer
Situation von der Art B^2 auf die Weise R^2 reagieren.

E: a verhielt sich in der Weise R^2.

Dies ist ein Fall einer deduktiv-nomologischen Erklärung. Unter den Prämissen kommt nicht nur die singuläre Dispositionsaussage A_2 vor, welcher
höchstens der Status einer „gesetzesartigen Aussage" im Ryleschen Sinn
zugesprochen werden kann, sondern darüber hinaus *das Gesetz G, das nicht
als Definition oder als analytische Aussage gedeutet werden kann.*

Weiter oben wurde angedeutet, daß gewisse Gründe dafür sprechen,
Dispositionen als *theoretische Begriffe* zu konstruieren. Verschiedene solche
Gründe sind von CARNAP wie von HEMPEL angeführt worden. HEMPEL
zieht es daher vor, nur von „Dispositionseigenschaften im weiten Sinn"
("broadly dispositional properties") zu sprechen. Eine Mitberücksichti-
gung dieses theoretischen Aspektes von Dispositionsprädikaten würde
aber nicht zu einer Abschwächung der These führen, daß ein Satz von der
Art des Satzes G ein empirisches Gesetz darstellt, sondern würde im Gegenteil

---

[39] Vgl. HEMPEL [Aspects], S. 462.

ein zusätzliches Argument zugunsten dieser These liefern. Wir müssen uns hier mit einigen Andeutungen darüber, was mit diesem theoretischen Aspekt gemeint sein könnte, begnügen.

7.e Symptom- oder Reduktionssätze von der bisher betrachteten Art können stets in der „Beobachtungssprache" formuliert werden: Sowohl bei den Test- wie bei den Reaktionsbedingungen handelte es sich um *beobachtbare* Merkmale. *Dispositionsprädikate (im weiteren Sinn des Wortes) kommen aber außer in solchen empirischen Symptomsätzen auch in theoretischen, z. B. in allgemeinen physikalischen Gesetzen, vor, welche diese Dispositionen ebenfalls teilweise charakterisieren, obwohl diese Charakterisierung den Weg über andere Begriffe nimmt, von denen man nicht mehr behaupten kann, daß sie beobachtbare Merkmale repräsentieren.*

Dies läßt sich wieder am Beispiel des Merkmals „magnetisch" illustrieren. Der Begriff des elektrischen Feldes ist sicherlich ein theoretischer Begriff, der nicht durch Definition in die Beobachtungssprache eingeführt werden kann, sondern zur höheren theoretischen Schicht der Wissenschaftssprache zu rechnen ist. Der Dispositionsbegriff „magnetisch" ist aber mit dem theoretischen Begriff des elektrischen Feldes durch das Gesetz verknüpft, wonach ein sich bewegendes Magnetfeld ein elektrisches Feld erzeugt. Aus dem Gesetz folgt, daß ein Magnet, der durch eine geschlossene Drahtschlinge bewegt wird, in dieser Schlinge einen elektrischen Strom erzeugt. Dieser Satz könnte als einer der Reduktionssätze, *welche notwendige Bedingungen für die Eigenschaft „magnetisch" formulieren,* betrachtet werden. Zum Unterschied von den früheren Fällen aber ist das jetzige Reaktionsmerkmal R — nämlich: einen elektrischen Strom zu induzieren — keine beobachtbare Eigenschaft, sondern ein theoretischer Begriff.

Die Gesamtheit der Symptomsätze mit beobachtbaren Test- und Reaktionsbedingungen *(Symptomsätze der ersten Art)* liefert also in einem solchen Fall wie dem des Dispositionsprädikates „magnetisch" nur eine unvollständige Charakterisierung der wissenschaftlichen Bedeutung dieses Prädikates. Theoretische Prinzipien, die dieses Prädikat mit anderen theoretischen Begriffen (oder mit Begriffen, die ebenfalls Dispositionen im weiten Sinn des Wortes bezeichnen) in Verbindung setzen *(Symptomsätze der zweiten Art),* sind für die Umgrenzung der Bedeutung dieses Prädikates genauso wesentlich.

Dies ist ein zusätzlicher Grund dafür, warum ein Satz von der Art des Satzes G nicht als „Folgerung aus der Definition des Prädikates" oder allgemeiner als analytisch angesehen werden kann. Unsere frühere Überlegung ergab, daß die „nichttheoretischen" Symptomsätze der ersten Art wegen der daraus folgenden synthetischen Konsequenzen *mehr* liefern als eine bloße Bedeutungsfixierung des Prädikates und daher nicht als „bloß analytisch" betrachtet werden können. Jetzt hat sich ergeben, daß

die Gesamtheit der Reduktionssätze der ersten Art zugleich *weniger* liefert
als eine vollständige Festlegung der Bedeutung des fraglichen Prädikates.
Denn für die Kenntnis der Bedeutung dieses Prädikates sind die Symptomsätze der zweiten Art nicht weniger wichtig.

8. Effektive Erklärung und Erklärbarkeitsbehauptung

8.a Die Nichtbeachtung der hier zu besprechenden Unterscheidung
hat in der Diskussion über den wissenschaftlichen Erklärungsbegriff
einige Verwirrung hervorgerufen. Beschränken wir uns zunächst wieder
auf den Fall der nomologischen Erklärung. Ein Theoretiker kann nur
dann beanspruchen, die Tatsache E erklärt zu haben, wenn er das Explanans
genau spezifizierte, d. h. wenn er die Antecedensbedingungen sowie die
Gesetze genau angegeben hat, und wenn er weiter zeigen konnte, wie
sich daraus E deduzieren läßt. Wir sagen in einem solchen Fall, daß *eine
Erklärung* (bzw. *ein Erklärungsvorschlag*) *effektiv gegeben* worden sei. Eine
effektive Erklärung zu liefern, ist offenbar nur dann möglich, wenn der
Erklärende mit den einschlägigen Gesetzen sowie mit der für die Ableitung
benötigten Deduktionstechnik voll vertraut ist. Wenn hingegen jemand
die Aufforderung, eine Erklärung von E zu liefern, nur in der Weise
beantwortet, daß er Antecedensdaten A angibt und sonst nichts, so hat
er keine effektive Erklärung geliefert.

Trotzdem braucht seine Antwort nicht als unvollkommene Erklärung
gedeutet zu werden. Sie läßt sich auch interpretieren als eine *Erklärbarkeitsbehauptung*. Eine Erklärbarkeitsbehauptung ist nicht dasselbe wie eine
unvollkommene oder unvollständige Erklärung; denn die erstere bildet
eine Existenzaussage von der Gestalt: „Es existiert ein Gesetz G (bzw.
eine Theorie T), so daß aus A und G (bzw. aus A und T) E deduzierbar
ist". Diese Aussage ist richtig, wenn es solche Gesetze (eine solche
Theorie) tatsächlich gibt, *wobei es überhaupt keine Rolle spielt, ob die Gesetze
(die Theorie) dem Behauptenden bekannt sind*. Die Erklärbarkeitsaussage kann
sogar dann richtig sein, wenn die fraglichen Gesetze zum Zeitpunkt der
Aufstellung dieser Behauptung noch nicht entdeckt worden sind oder
niemals entdeckt werden.

Wenn man darauf verzichtet, effektive Erklärungen geben zu wollen,
so bildet die geschilderte Art von Existenzquantifikation ein einfaches
Mittel, um aus einer effektiven, aber unvollständigen Erklärung diese
Unvollständigkeit „wegzutransformieren": man beschränkt sich darauf,
*die Existenz desjenigen zu postulieren, das man nicht effektiv zu spezifizieren imstande
ist*. Der eben angeführte Fall, wo sich die Existenzquantifikation auf alle im
Explanans vorkommenden Gesetze erstreckt, ist vermutlich der wichtigste

Fall einer Erklärbarkeitsbehauptung, aber sicherlich nicht der einzige. Es gibt zahlreiche Mischfälle. So können z. B. gewisse für die Deduktion benötigten Gesetze angegeben werden, während bezüglich der restlichen Gesetzmäßigkeiten nur die Existenz behauptet wird. Auf der anderen Seite kann sich die Existenzquantifikation auch in die Klasse der Antecedensdaten hinein erstrecken: Es brauchen nicht alle Antecedensdaten effektiv angeführt zu werden, es genügt vielmehr, einige anzugeben und die Existenz der restlichen zu behaupten. Dieser Fall wird häufig in Kombination mit dem zuerst angeführten auftreten: Daß E auf Grund von A erklärbar ist, besagt dann soviel wie „es gibt gewisse Einzeltatsachen A' sowie gewisse Gesetze G (eine gewisse Theorie T), so daß E aus G (aus T) sowie einem aus der Konjunktion von A und A' gebildeten Antecedens ableitbar ist."

8.b Diese Deutung erweist sich vor allem bei der Analyse von singulären Kausalsätzen „A ist die Ursache von B" als notwendig. Wir können hier zwischen adäquaten und inadäquaten Fällen solcher Kausalsätze unterscheiden. Wenn A die gesamten Antecedensbedingungen beschreibt, so handelt es sich um eine adäquate Kausalbehauptung, sofern die Erklärbarkeitsaussage, durch die sie ersetzt werden muß, richtig ist. Dies ist eine „reine" Erklärbarkeitsbehauptung von der oben geschilderten Art: sie behauptet die Existenz geeigneter *Gesetze* bzw. *Theorien*, aus denen und A zusammen auf B geschlossen werden kann. In den meisten Fällen sind jedoch auch die Antecedensbedingungen nur unvollständig angegeben. Um die singuläre Kausalbehauptung zu einer vollständigen Aussage zu ergänzen, ist eine zweifache Existenzquantifikation von der im vorigen Absatz beschriebenen Art vorzunehmen: es muß die Existenz weiterer Einzeltatsachen *sowie* die Existenz von Gesetzen behauptet werden, die dann erst zusammen mit A den Schluß auf B ermöglichen. Die Wendung „A ist *die* Ursache von B" ist in einem solchen Fall wegen des Vorkommens des bestimmten Artikels in der Wendung „die Ursache" inadäquat. Der bestimmte Artikel suggeriert die fehlerhafte Einstellung, als würden durch A bereits *alle* relevanten Einzeltatsachen beschrieben. Korrekter müßte es heißen, daß A eine *Teilursache* von B oder *eine der Ursachen* von B sei. Die letztere Fassung ist aber in einer anderen Hinsicht ebenfalls wieder irreführend, da man unter „einer der Ursachen" dasselbe verstehen kann wie eine der möglichen Antecedensbedingungen, aus denen zusammen mit geeigneten Gesetzen B erschließbar ist.

8.c Die mangelnde Unterscheidung zwischen effektiver Erklärung und Erklärbarkeitsbehauptung hat zu ungerechtfertigten Einwendungen gegen das H-O-Schema der deduktiv-nomologischen Erklärung geführt. Immer wieder ist von verschiedenen Autoren darauf hingewiesen worden, daß es doch viele Fälle von alltäglichen und sogar von wissenschaftlichen Erklärungen gebe, bei denen keine Rede davon sein könne, daß alle relevanten Daten und vor allem auch alle einschlägigen Gesetze genau spezifiziert seien. Trotzdem könne man dabei nicht von einer unvollständigen oder gar von einer inkorrekten Erklärung sprechen. Die Antwort auf diese Art von Einwand liegt jetzt auf der Hand: Die in solchen Fällen zitierten Erklärungen bestehen nicht in effektiven Erklärungen, sondern in *Erklärbarkeitsbehauptungen*, in denen nicht alle Gesetze oder nicht alle relevanten Einzeldaten angeführt werden und in denen die dadurch entstehende Vollständigkeitslücke durch entsprechende Existenzquantifikationen geschlossen wird.

Die Unterscheidung zwischen effektiven Erklärungen und Erklärbarkeitsbehauptungen ist mutatis mutandis auf alle Fälle statistischer Erklärungen anwendbar. Die Gesetzmäßigkeiten, deren Existenz in einer Erklärbarkeitsbehauptung postuliert wird, stellen in diesem Fall statistische Regularitäten dar. Der „reine" Fall, etwa die Behauptung der statistischen Erklärbarkeit von E auf Grund von A, besteht z. B. in der Existenzaussage, daß es geeignete statistischen Gesetzmäßigkeiten gibt, aus denen zusammen mit A ein „induktiver Schluß" auf E möglich ist. Mehr als diese Andeutungen können wir an dieser Stelle nicht geben, da die genauere Diskussion statistischer Erklärungsargumente dem Kapitel IX vorbehalten ist.

8.d Ebenso wie die verschiedenen Formen der unvollkommenen Erklärung sind auch Erklärbarkeitsbehauptungen nicht prognostisch verwertbar. Darin äußert sich der *ex post facto Charakter* all dieser abgeschwächten Erklärungsweisen. Für die Vorhersage eines konkreten künftigen Ereignisses müssen sämtliche relevanten Gesetze und Antecedensdaten genau bekannt sein. Weiß man nur um die Existenz irgendwelcher nicht näher spezifizierbarer Gesetze, so kann aus den verfügbaren Antecedensdaten nichts Bestimmtes über einen künftigen Zeitpunkt erschlossen werden; denn je nach der nicht näher bekannten Beschaffenheit dieser Gesetze werden die zukünftigen Ereignisse eine andere Gestalt haben. Trotzdem versuchten Wissenschaftler in vielen derartigen Fällen, *Erklärungen im nachhinein zu geben.* Erdbeben sind z. B. heute wissenschaftlich nicht prognostizierbar und werden vermutlich für alle Zeiten nicht genau voraussagbar bleiben. Dies schließt nicht aus, daß eine Erklärung für ein stattgefundenes Erdbeben versucht wird. Analog wäre kein Evolutionstheoretiker in der Lage, auf Grund einer noch so genauen Kenntnis der in der erdgeschichtlichen Epoche des Devon (oder selbst in einer viel späteren Epoche wie der der Trias) existierenden Species von Lebewesen sowie einer Kenntnis der relevanten Gesetzmäßigkeiten, z. B. genetischer und neodarwinistischer Prinzipien, die Entwicklung von Löwen, Tulpen oder Störchen vorauszusagen. Trotzdem liefert er über bloße (lückenhafte) Beschreibungen der Evolutionsvorgänge hinaus Erklärungsversuche für einzelne Abschnitte der Entstehung und Entwicklung der Arten. Ein analoger Sachverhalt liegt bei allen historischen Erklärungsversuchen vor. Solche Erklärungsversuche können wahlweise als partielle bzw. skizzenhafte Erklärungen oder als induktive Begründungen von Erklärbarkeitsbehauptungen interpretiert werden.

9. Analogiemodelle und Erklärungen

9.a Früher wurde häufig die Ansicht vertreten, daß befriedigende Erklärungen von Phänomenen in deren *Zurückführung auf Bekanntes und Vertrautes* bestünden. Diese Auffassung ist psychologisch verständlich, aber trotzdem wissenschaftlich unhaltbar. Vergegenwärtigt man sich die mannigfaltigen pragmatischen Situationen, in denen Erklärung heischende Fragen hervorwachsen, so wird es zwar durchaus begreiflich, daß eine solche These verfochten wurde: Wenn jemandem ein Phänomen befremdlich erscheint und er daher eine Warum-Frage stellt, so wird seine intellektuelle Neugierde befriedigt und das Gefühl der Rätselhaftigkeit zum Verschwinden gebracht, wenn es dem Antwortenden gelingt, das betreffende Phänomen auf etwas zu reduzieren, mit dem der Fragende bereits vertraut ist.

Doch zeigt eine kurze Reflexion, daß diese Art von Leistung nur in einem psychologischen Effekt besteht und keine wissenschaftliche Problemlösung darstellt. Zunächst einmal würde der Begriff der wissenschaftlichen Erkärung in einen heillos *subjektiven Begriff* verwandelt werden, wenn man die erwähnte Reduktionsthese als Standardantwort auf die Frage nach der Natur von Erklärungen akzeptieren wollte. Denn was als bekannt oder als vertraut anzusehen ist, wechselt von Person zu Person und ist überdies eine Funktion zahlreicher zufälliger Faktoren wie Erziehung, Ausbildung und Vorkenntnisse, kulturelle und soziale Umwelt u. dgl. Auch würde dadurch der *hypothetische* Charakter wissenschaftlicher Erklärungen vollkommen verschleiert werden. Von Bekanntem und Vertrautem zu reden ist überdies *vage*. Im Erklärungskontext sind es jedenfalls keine vertrauten *Fakten* oder zumindest nicht *nur* solche Fakten, an die zu appellieren ist. Vielmehr müssen darunter, wie wir wissen, auch gesetzesartige Regularitäten vorkommen. Und wenn solche als vertraut empfunden werden, so braucht es sich gegebenenfalls um nichts weiter zu handeln als um *Vorurteile*, die von Angehörigen einer bestimmten sozialen Gruppe geteilt werden und die der empirischen Nachprüfung nicht standhalten. Und was die sogenannten vertrauten Fakten betrifft, so ist es keineswegs șo, daß sie prinzipiell keiner Erklärung bedürftig sind, wie dies in der obigen These implizit angenommen wird. Eine der Hauptaufgaben der Realerkenntnis besteht gerade darin, *das scheinbar Selbstverständliche zum Problem zu erheben und zum Gegenstand wissenschaftlicher Analysen und Er-*

klärungen zu machen: etwa daß der Stein zur Erde fällt, wenn ich ihn loslasse; daß Tag und Nacht in regelmäßigen Abständen aufeinander folgen; daß es dunkel wird, wenn die Sonne untergeht; daß die Menschen meiner Umgebung sich so und so verhalten; daß in mir in den und den Situationen solche und solche Erlebnisse stattfinden[40].

Legt man das Gesetzesschema der wissenschaftlichen Erklärung aus Abschnitt 2 mit den dort angegebenen Adäquatheitsbedingungen zugrunde, so wird es vollends deutlich, daß die Zurückführung auf Vertrautes vom logisch-systematischen Standpunkt aus weder eine notwendige noch eine hinreichende Bedingung für eine adäquate Erklärung bzw. für einen rationalen Erklärungsversuch bilden kann. Eine *notwendige* Bedingung deshalb nicht, weil die im vorgeschlagenen Explanans verwendeten hypothetischen Gesetzesprinzipien häufig außerordentlich abstrakt sind und, wie z. B. bei vielen physikalischen Erklärungen, in einem mathematischen Formalismus ausgedrückt werden, der nur einigen Spezialisten zugänglich ist. Hier geschieht oft das Umgekehrte von dem, was in der obigen These behauptet wird: relativ vertraute Fakten werden durch Subsumtion unter theoretische Prinzipien erklärt, denen das Merkmal der Vertrautheit nicht zukommt, da sie nur wenigen Fachleuten verständlich sind. Gegen derartige Erklärungen ist ungeachtet ihres esoterischen Charakters nichts einzuwenden, falls sie formal korrekt sind und falls die dabei benützten Gesetzesannahmen einem empirischen Test unterworfen werden können und diesem Test standhalten. Eine *hinreichende* Bedingung liegt nicht vor, weil der Reduktionsversuch fehlerhaft sein kann oder, was noch häufiger sein dürfte, sogar gegen elementare Adäquatheitsbedingungen rationaler Erklärungsversuche verstößt; so z. B. dann, wenn überhaupt keine Gesetze formuliert werden oder wenn die angebliche Erklärung sich auf Analogien stützt, die sich der empirischen Überprüfung entziehen. In diesem Zusammenhang wären jene metaphysischen Theorien zu erwähnen, die das kosmische Geschehen durch Analogien zu biologischen Vorgängen (z. B. Zeugung und Geburt) oder durch Analogien zu handwerklichen und künstlerischen Verrichtungen (Schaffung eines Werkes, Formung einer relativ „ungeordneten" Materie) zu erklären – und daß heißt hier: verständlich zu machen – versuchen. Auch die neovitalistischen Theorien könnte man hier anführen, die zwar keine Gesetze liefern, trotzdem aber die äußerst komplizierten und von uns undurchschaubaren organischen Regulations-, Regenerations- und Reproduktionsphänomene dadurch erklären zu können vermeinen, daß sie diese als Äußerungsweisen von Lebenskräften (Entelechien) deuten, deren Verhalten zu unserem eigenen und zu den Tätigkeiten unserer Mitmenschen in einer vertrauten Analogie steht.

---

[40] Für einige interessante Beispiele aus der Wissenschaftsgeschichte vgl. HEMPEL [Aspects], S. 431f.

9.b Es gibt eine moderne und bescheidenere Variante der eben zurück-
gewiesenen These, nämlich daß in gewissen erfahrungswissenschaftlichen
Bereichen *Erklärungen mit Hilfe von Analogiemodellen* geliefert werden. Um
diesen Erklärungstypus auf konkrete Situationen anwenden zu können,
muß vorausgesetzt werden, daß ein bestimmter Gegenstandsbereich
bereits durchforscht ist und daß die darin geltenden Gesetze richtig formuliert worden sind. Dieser Bereich samt seinen Gesetzen kann dann als
Modell für die Erforschung weiterer Phänomene dienen. So z. B. wurden
lange Zeit hindurch mechanische Modelle für die Deutung anderer
physikalischer Phänomene (z. B. elektrischer oder magnetischer) verwendet.

Die hier vorliegende Situation kann in abstrakter Form etwa so beschrieben werden: Gegeben sei ein Individuenbereich J_1, für den bestimmte
Gesetze $G_1, \ldots, G_n$ gelten. Wir bezeichnen Bereich plus Gesetze als
System S. Ferner liege ein zweiter Individuenbereich J_1^* vor, der von den
Gesetzen $G_1^*, \ldots, G_n^*$ beherrscht wird. In Analogie zum ersten Fall
sprechen wir vom System S^*. Es kann nun vorkommen, daß – eine
geeignete Numerierung der Gesetze der zweiten Klasse vorausgesetzt –
jeweils die beiden zu einem Paar $G_i; G_i^*$ gehörenden Gesetze *dieselbe
syntaktische Struktur* oder *dieselbe logische Form* besitzen. Gemeint ist damit
folgendes: G_i^* wird aus G_i dadurch gewonnen, daß man die logischen
(einschließlich der mathematischen) Konstanten festhält und nur gewisse
(oder sämtliche) deskriptive oder empirische Konstanten durch andere
ersetzt. Ist diese Bedingung erfüllt, so sollen die beiden Gesetze *syntaktisch
isomorph* genannt werden. Analog kann man von den beiden *Klassen* von
Gesetzen sagen, daß zwischen ihnen ein syntaktischer Isomorphismus
bestehe, wenn der eben geschilderte Sachverhalt vorliegt, wenn also je
zwei einander zugeordnete Gesetze der beiden Klassen syntaktisch isomorph sind. Wir sprechen in diesem Fall von einem *nomologischen Isomorphismus*
zwischen den Systemen S und S^* (bezüglich der beiden Klassen von Gesetzen). Der Isomorphismus ist ein *vollständiger*, wenn er sämtliche Gesetze
der beiden Bereiche betrifft; er ist ein *partieller*, wenn er sich nur auf einige
Gesetze erstreckt. Im einen wie im anderen Fall kann das erste System als
Analogiemodell des zweiten dienen oder umgekehrt.

Wegen des Vorkommens bloß partieller Isomorphismen muß, wie
HEMPEL mit Recht betont, in der Definition des Begriffs des Analogiemodells ausdrücklich *die Relativierung auf bestimmte Gesetze* vorgenommen
werden: An die Stelle der elliptischen Wendung „S ist ein Analogiemodell von S^*" hat die genauere Formulierung zu treten „S ist ein Analogiemodell von S^* bezüglich der Gesetzesklassen K und K^*", wobei die
Gesetze aus K das System S und die aus K^* das System S^* betreffen. Diese
Aussage soll bedeuten, daß zwischen den zu den beiden Klassen gehörenden
Gesetzen ein syntaktischer Isomorphismus besteht oder, was dasselbe

besagt, daß die beiden Systeme relativ auf die in diesen Klassen angeführten Gesetze nomologisch isomorph sind. Je nachdem, ob die Gesetze in quantitativer oder bloß in qualitativer Sprache formuliert sind, könnte man zwischen einem *quantitativen* und einem *qualitativen* Isomorphismus bzw. zwischen *quantitativen* und *qualitativen Analogiemodellen* unterscheiden.

Zu beachten ist, daß der eben eingeführte Begriff des syntaktischen Isomorphismus und damit auch der Begriff des nomologischen Isomorphismus eine *symmetrische* Relation ausdrückt, so daß man mit demselben Recht S^* ein Analogiemodell von S nennen könnte. Wenn man in der praktischen Anwendung die eine Sprechweise benützt, jedoch davor zurückschreckt, die andere zu verwenden, so hat dies keine logischen, sondern nur pragmatische Gründe: S_1 wird ein Analogiemodell von S_2 bezüglich gewisser Gesetze genannt, wenn das System S_1 von früher her bekannt und daher zumindest den Fachleuten vertraut ist, während S_2 eine neu durchforschte Domäne bildet[41]. Ferner ist nicht zu übersehen, daß im bloß qualitativen Fall der Ausdruck „Isomorphismus" eine schärfere als die tatsächlich vorliegende Strukturgleichheit *vortäuschen* kann. Es braucht in Wahrheit nicht mehr gegeben zu sein als eine gewisse, mehr oder weniger vage Ähnlichkeit; z. B. zwischen der Entwicklung und dem Verfall einer Kultur einerseits, dem Wachstum und Verfall eines dafür als Analogiemodell dienenden Organismus andererseits; oder zwischen dem biologischen Prozeß des Stoffwechsels und einem dafür als Modell dienenden chemisch-physikalischen Prozeß.

Kann es nun der Fall sein, daß die Verwendung von Analogiemodellen in dem eben präzisierten Sinn eine wesentliche Bedeutung für wissenschaftliche Erklärungen erhält? Die Antwort darauf muß ver-

---

[41] Als einfaches physikalisches Beispiel für einen syntaktischen Isomorphismus führt HEMPEL, a. a. O. S. 435, die Isomorphie zwischen dem Ohmschen Gesetz und dem Gesetz von Poiseuille an. Hier genügen außerdem die beiden in den Gesetzen vorkommenden Konstanten analogen weiteren Gesetzesbeziehungen. Trotzdem ist der Isomorphismus kein vollständiger, sondern stößt an eine Grenze (vgl. die Formeln (6.3a) und (6.3b) bei HEMPEL auf S. 436).

Für eine Reihe weiterer Beispiele nomologischer Isomorphismen, die zum Teil sogar für Gesetze aus verschiedenen Wissenschaftsgebieten gelten, vgl. E. NAGEL [Science], S. 162ff. Dazu gehört z. B. die Beziehung zwischen dem Gasgesetz von Boyle und dem Gesetz von Angebot und Nachfrage, wonach ein Preisfall eines Gutes eine Nachfragesteigerung nach dem Gut zur Folge hat und ein Preisanstieg einen Nachfragerückgang, so daß das Produkt aus beiden eine Konstante ist. Das erste Gesetz kann als $D \times V = k$ und das zweite als $N \times P = c$ formuliert werden. („D" für „Druck", „V" für „Volumen", „N" für „Nachfrage" und „P" für „Preis"). Nicht nur auf der Ebene solcher *empirischer* Regularitäten, sondern auch auf der höheren Stufe *theoretischer* Gesetze stoßen wir auf nomologische Isomorphismen. So z. B. wird eine ganz bestimmte partielle Differentialgleichung zweiter Ordnung, die sogenannte Fouriersche Gleichung, zur Formulierung fundamentaler Gesetzmäßigkeiten in den Theorien der Elektrizität, des Magnetismus, der Hydrodynamik und der Wärme verwendet.

neinend ausfallen: Will man Phänomene einer bestimmten Art X erklären,
so muß man nach Gesetzen suchen, unter welche *diese* Phänomene sub-
sumierbar sind bzw. nach einer *diese Phänomene* erklärenden Theorie. Die
Tatsache, daß eine andere Klasse von Phänomenen ein Analogiemodell
für die untersuchten Phänomene bildet, hilft dabei nicht. Denn der nomologische Isomorphismus zwischen den beiden Klassen von Phänomenen
kann erst *im nachhinein* festgestellt werden, d. h. erst dann, wenn die Gesetze
beider Bereiche bekannt sind. Solange die für die untersuchten Phänomene
geltenden Gesetze nicht entdeckt wurden, kann man vom wissenschaftlichen Standpunkt aus kein Analogiemodell verwenden, weil man die
Behauptung, *daß* es sich um ein Analogiemodell handle, nicht empirisch
zu bestätigen vermag. Sind hingegen diese Gesetze erkannt, so braucht
man das Analogiemodell nicht mehr, weil die Erklärung sich auf diese
tatsächlich geltenden Gesetze zu stützen hat, sich dagegen nicht auf die für
einen anderen Bereich geltenden *analogen* Gesetze gründen kann. In keinem
der beiden Fällen sind also Erklärungen mit Hilfe von Analogiemodellen
möglich.

Analogiemodelle scheinen im Kontext der Erklärung nur eine Funktion haben zu können, die sich unter Zugrundelegung der im vorigen
Abschnitt eingeführten Unterscheidung zwischen effektiver Erklärung
und Erklärbarkeitsbehauptung so charakterisieren läßt: Die Vermutung,
daß zwischen einem genau durchforschten Bereich A und einem noch
nicht durchforschten Bereich B ein nomologischer Isomorphismus besteht,
kann dazu führen, Erklärbarkeitsbehauptungen für Phänomene aufzustellen, die zu B gehören. Bestätigt die nachträgliche Entdeckung
der in B geltenden Gesetze die Isomorphievermutung, so werden sich auch
die Erklärbarkeitsbehauptungen dadurch rechtfertigen lassen, daß man
sie in effektive Erklärungen überführt. Für diese effektiven Erklärungen
werden jedoch nur mehr die inzwischen entdeckten für B geltenden Gesetze
benötigt; das Analogiemodell A ist hierfür überflüssig geworden.

In anderen Kontexten als dem der Erklärung hingegen können Analogiemodelle wenn auch nicht theoretische, so doch wenigstens praktisch
wichtige Funktionen erfüllen. Hier wäre vor allem *der heuristische Wert*
für die Entdeckung neuer gesetzmäßiger Zusammenhänge zu erwähnen:
Ein partielles Analogiemodell kann den Gedanken nahelegen, daß die
Analogie über den bisher entdeckten nomologischen Isomorphismus
hinausreicht, also auch weitere, bislang nicht berücksichtigte Gesetzmäßigkeiten betrifft. Diese Vermutung kann die Aufstellung von Hypothesen über den Gegenstandsbereich, für welchen ein Analogiemodell
gefunden wurde, motivieren; und diese Hypothesen können nachträglich
empirisch bestätigt werden[42]. Ferner kann der *praktische Umgang* mit kürzlich

---

[42] Für konkrete Beispiele vgl. HEMPEL, a. a. O., S. 441.

entdeckten Gesetzmäßigkeiten für Erklärungs- und Voraussagezwecke dadurch erleichtert werden, daß man für das Gebiet, in dem diese Gesetze gelten, ein Analogiemodell findet, in bezug auf welches man bereits über eine gewisse Routine in der Handhabung der darin geltenden theoretischen Prinzipien verfügt. Auch die *deduktive Ökonomie*, zu welcher Analogiemodelle führen, kann sich als äußerst wichtig erweisen. Besteht ein nomologischer Isomorphismus zwischen zwei Systemen in bezug auf alle oder in bezug auf gewisse fundamentale Gesetze, so überträgt sich dieser Isomorphismus auch auf sämtliche logische Folgerungen, die man aus diesen Gesetzen ziehen kann. Dies ist vor allem angesichts der Tatsache von Relevanz, daß nichttriviale logische und mathematische Deduktionen nicht mechanisierbar sind — daß also, wie der Logiker sagt, kein effektives Entscheidungsverfahren existiert —, sondern weitgehend auf Glück und Einfallsgabe beruhen.

Über all diesen positiven Aspekten ist nicht zu übersehen, daß sich die Suche nach und die Konstruktion von Analogiemodellen für die Forschung auch hemmend auswirken und *zu wissenschaftlichen Irrwegen* führen kann. Die durch lange Zeit hindurch vertretene Auffassung, daß sich für alle naturwissenschaftlich erklärbaren Phänomene mechanische Modelle finden lassen müßten, mag zu Beginn eine fruchtbare heuristische These gewesen sein; sie verwandelte sich jedoch später in ein gefährliches, den Fortschritt hemmendes Dogma. Der Erfahrungswissenschaftler darf niemals vergessen, daß die Erzeugung eines nomologischen Isomorphismus zwischen zwei Bereichen ihn nicht der Aufgabe enthebt, die einander zugeordneten Gesetzmäßigkeiten *beider* Bereiche unabhängig empirisch zu testen und nicht den Test auf den einen Fall, nämlich das Analogiemodell, zu beschränken. Neue empirische Befunde können zu dem Ergebnis führen, daß der zunächst vermutete nomologische Isomorphismus nicht besteht, daß also die für einen bestimmten Gegenstandsbereich ursprünglich entworfene, am Analogiemodell orientierte Theorie durch eine andersartige zu ersetzen ist, für welche die Analogie nicht mehr gilt. Der Gedanke, daß das erste System ein Analogiemodell des zweiten sei, muß in einem solchen Fall preisgegeben werden. Was für wissenschaftliche Systematisierungszwecke zu verwenden ist, sind die neuen, empirisch erhärteten Gesetze und nicht die anhand des vermeintlichen Analogiemodells formulierten alten.

9.c Der Begriff des Modells oder genauer: des eine Theorie oder allgemeiner, des eine Klasse von Sätzen (Formeln) erfüllenden Modells spielt bei der semantischen Grundlegung der modernen Logik eine zentrale Rolle. Der Begriff der logischen Wahrheit von Sätzen (oder der Allgemeingültigkeit von Formeln) sowie der Begriff der logischen Folgerung werden auf den Modellbegriff zurückgeführt. Im Vergleich zu diesem scharf definierten

Begriff[43] ist der soeben verwendete Begriff des Analogiemodells ungenauer charakterisiert worden. Die obige Bemerkung über deduktive Ökonomie könnte jedoch den Gedanken nahelegen, den Begriff des Analogiemodells definitorisch auf den semantischen Modellbegriff zurückzuführen und damit weiter zu präzisieren. Vorausgesetzt werden muß dabei, daß die zur Diskussion stehenden Theorien in streng axiomatischer Weise aufgebaut sind, wobei der Exaktheitsstandard der mathematischen Logik zugrunde zu legen ist. Isomorphe Modelle ein und derselben axiomatischen Theorie wären dann wechselseitig Analogiemodelle voneinander. Wir würden es also gar nicht mehr mit zwei verschiedenen Theorien, sondern nur mehr mit einer einzigen „abstrakten" Theorie zu tun haben. Der Unterschied der Gegenstandsbereiche und die inhaltliche Verschiedenheit der Gesetze kämen erst dadurch zur Geltung, daß wir *zwei verschiedene Modelle ein und derselben Theorie* in Betracht ziehen.

Die angedeutete Präzisierungsmöglichkeit stößt an zwei Grenzen: Erstens liegt für die meisten bisher verfügbaren erfahrungswissenschaftlichen Theorien kein streng axiomatischer Aufbau vor. Zweitens würden wir auf diese Weise nur den idealen Grenzbegriff des vollständigen, nicht dagegen des partiellen Isomorphismus gewinnen. In fast allen praktischen Anwendungsfällen haben wir es jedoch nur mit einem partiellen nomologischen Isomorphismus zu tun.

9.d In den Einzelwissenschaften findet sich noch eine andere häufige Verwendung des Ausdrucks „Modell" (andere Bezeichnungen dafür sind: „Gedankenmodell", „theoretisches Modell", „mathematisches Modell"). Dabei handelt es sich weder um Analogiemodelle im Sinn von 9.b noch um semantische Modelle, sondern um Theorien bzw. genauer: um *interpretierte Theorien*[44]. Der Ausdruck „Modell" wird hier deshalb verwendet, um anzudeuten, daß man sich dessen bewußt ist, daß eine solche Theorie die Verhältnisse in der Realität nicht volladäquat wiedergibt bzw. positiv formuliert: *daß der tatsächliche Geltungsbereich der Theorie ein sehr begrenzter ist.* Diese Begrenzung kann eine Reihe von verschiedenen Gründen haben, wie z. B. Benützung von verschiedenen Arten von Idealisierungen oder vereinfachende Annahmen über die Gesetzesbeziehungen, um die Materie überhaupt mathematisch in den Griff zu bekommen u. dgl. Es ist klar, daß „Modelle" in diesem Wortsinn nur mit Vorsicht angewendet werden dürfen. Sie werden, wenn überhaupt, in den meisten Fällen nur *approximative* Erklärungen und Prognosen gestatten.

---

[43] Vgl. z. B. Hermes [Einführung].
[44] Wir fügen diese genauere Charakterisierung hinzu, da man im Fall eines axiomatischen Aufbaus zwischen uninterpretierten, als Kalkül konstruierten formalen Theorien und ihrer Interpretation zu unterscheiden hat.

10. Pragmatische Erklärungsbegriffe[45]

10.a Von dem in Abschnitt 2 eingeführten logisch-systematischen Erklärungsbegriff sind *pragmatische Erklärungsbegriffe* zu unterscheiden. Bei dem ersteren handelt es sich um eine zweistellige Relation: „x erklärt y". Dabei kann es hier ganz offenbleiben, ob die Variablen „x" und „y" sich auf Sachverhalte, Propositionen oder Sätze beziehen. Entscheidend ist nur, daß in diese Begriffe keine Bestimmungen eingehen, in denen auf Personen Bezug genommen wird. Bei den pragmatischen Begriffen der Erklärung sowie anderen damit zusammenhängenden Begriffen wird dagegen ausdrücklich *eine Relativierung auf beteiligte Personen* vorgenommen. Aus zwei Gründen benützen wir den Plural und sprechen von pragmatischen Erklärungs*begriffen*. Erstens weil ein solcher pragmatischer Begriff entweder als dreistellige oder als vierstellige Relation eingeführt werden kann; in alltagssprachlicher Formulierung etwa: „x erklärt y für (Person) B" bzw. „(Person) A erklärt (der Person) B die Tatsache y mittels x". Zweitens weil es vor allem die pragmatischen Begriffe sind, bei denen die früher (Abschnitt 1) erwähnten Mehrdeutigkeiten auftreten. Wenn jemand einem anderen etwas erklärt, so kann dies je nach Kontext bedeuten, daß er sich vor ihm rechtfertigen will, daß er ihm bei der Interpretation eines Textes zu helfen sucht, daß er ihm den Sinn eines Ausdruckes durch Angabe einer Definition erläutert, aber natürlich auch, daß er ihm eine Tatsache zu erklären trachtet etc.

Gehen wir vom dreistelligen Relationsausdruck aus, so können wir sagen, daß die damit assoziierten Bedeutungen eine Begriffsfamilie bilden, deren Glieder nur in dem einen allgemeinen und etwas vagen Merkmal übereinstimmen, daß es sich stets darum handelt, einer Person etwas klarzumachen, wenn diese verwirrt ist oder etwas unverständlich findet. Was dabei eine Erklärung für die Person A darstellt, braucht nicht auch eine Erklärung für die Person A' zu bilden.

Die Beziehung zwischen dem logisch-systematischen Begriff auf der einen und den pragmatischen Begriffen auf der anderen Seite kann mittels ähnlicher Beziehungen in anderen Gebieten verdeutlicht werden. So z. B. können wir auch beim Begriff des Beweises zwischen pragmatischen Begriffen und einem logisch-systematischen Begriff unterscheiden. Die pragmatischen Begriffe sind auch hier die historisch ursprünglicheren und beinhalten ebenfalls eine Relativierung auf die Personen, welche Beweise vorschlagen und zur Kenntnis nehmen. Der geometrische Beweis, den ein Volksschüler akzeptiert, wird für einen Fachmathematiker unannehmbar sein. Und man wird leugnen, daß der letztere seinem Auditorium, bestehend

---

[45] Vgl. zu diesem Abschnitt auch J. Passmore [Everyday Life], und Hempel [Aspects], S. 425 ff.

aus Studenten der Mathematik, einen Beweis gegeben habe, wenn er auf der Tafel genau dasselbe tut wie der Volksschullehrer, bei dem man keine Bedenken hat, diesen Ausdruck anzuwenden. Umgekehrt wird ein mathematisch korrekter Beweis für den Anfänger und vielleicht sogar für den Lehrer dieses Anfängers unverständlich, also *für ihn* kein Beweis sein.

Ein empirisches Studium der pragmatischen Beweisbegriffe, z. B. für Menschen verschiedenen Alters, kann theoretisch interessant und praktisch äußerst nützlich sein, etwa für die Methodik des Mathematik-Unterrichtes. Es wird jedoch niemand behaupten wollen, daß der Begriff des Beweises, wie er in Logik, Mathematik und Metamathematik verwendet wird, sich auf die Ergebnisse dieser empirischen Studien zu stützen habe. Hier benötigen wir einen objektiven Begriff des Beweises, der von jeder Relativität auf Individuen — und damit von jeder „Subjektivität" in diesem Sinn — frei ist[46]. Darum braucht sich ein Beweistheoretiker, der gerade dabei ist, einen Widerspruchsfreiheitsbeweis für die Zahlentheorie zu konstruieren, um die in die anderen Zusammenhängen sicherlich sehr wichtigen Untersuchungen PIAGETS über die Maßstäbe für Beweise bei Kindern verschiedenen Alters nicht zu kümmern. Denn hier wird der auf Personen relativierte Beweisbegriff benützt: „X ist ein Beweis von Y für die Person Z".

10.b Im Erklärungsfall verhält es sich analog mit dem Unterschied, daß für den logisch-systematischen Begriff zusätzliche Objektivitätskriterien von anderer Art benötigt werden. Dies läßt sich wieder durch den Vergleich mit dem Beweisbegriff verdeutlichen. Wird der logische Beweisbegriff als *syntaktischer* Begriff konstruiert, so beruht dessen Objektivität darauf, daß die Kriterien für die Korrektheit des Beweises rein syntaktischer Natur sind und daher unabhängig davon bestehen, welche Personen diese Kriterien anwenden. Ähnlich verhält es sich, wenn statt des syntaktischen Beweisbegriffs ein *semantischer Folgerungsbegriff* verwendet wird. Soweit der deduktiv-nomologische Erklärungsbegriff auf dem Begriff der logischen Ableitung beruht, ist die Sachlage genau dieselbe: Es gelangen nur syntaktische oder semantische Kriterien zur Anwendung. Wie wir wissen, werden daneben aber an den Erklärungsbegriff zusätzliche Anforderungen gestellt, wie z. B. die, daß im Explanans *empirische* Theorien bzw. *empirische* Gesetze vorkommen. Hier wird vorausgesetzt, daß Kriterien für die *empirische Signifikanz* sowie für die *empirische Überprüfbarkeit* von Theorien vorliegen, die davon unabhängig sind, wer diese Kriterien anwendet. Akzeptiert man diese Voraussetzung, so liegt es nahe, einen nichtpragmatischen Begriff der nomologischen Erklärung zu konstruieren, so wie man einen nichtpragmatischen Beweisbegriff einführen kann. Dieser Gedanke läßt sich auch auf den Fall der statistischen Erklärung übertragen. Soll dieser Begriff

---

[46] Auch dieser Beweisbegriff ist zwar ein relativer Begriff. Aber die Relativität ist hier von ganz anderer Natur; sie besteht in der Bezugnahme auf ein formales Sprachsystem S: „X ist ein Beweis von Y in der Sprache S".

als ein nichtpragmatischer Begriff eingeführt werden, so benötigt man dazu einen nichtpragmatischen Begriff der statistischen Wahrscheinlichkeit.

10.c Mit der Einführung des objektiven Erklärungsbegriffs werden die entsprechenden pragmatischen Begriffe natürlich nicht entwertet, genau so wenig wie der objektive Beweisbegriff die pragmatischen Beweisbegriffe wertlos macht. Sie behalten ihre Wichtigkeit in bestimmten Zusammenhängen. Man kann sogar die Frage aufwerfen, ob ich nicht für die pragmatischen Erklärungsbegriffe ähnlich wie für den logisch-systematischen Begriff gewisse Adäquatheitsbedingungen formulieren lassen. Dazu muß man in einem vorbereitenden ersten Schritt zunächst die Mehrdeutigkeiten ausräumen, die diesem Ausdruck anhaften. Einer der interessantesten Begriffe, auf die man dabei stößt, ist *der pragmatische Begriff der kausalen Erklärung*, der unter allen pragmatischen Begriffen dem logisch-systematischen Begriff am nächsten steht. PASSMORE hat versucht, drei Forderungen aufzustellen, die eine „gute" Erklärung in diesem pragmatischen Sinn zu erfüllen hat[47]. Er nennt sie *Verständlichkeit* (intelligibility), *Adäquatheit* und *Korrektheit*. Man kann von vornherein nicht erwarten, daß diese Bedingungen in ähnlich genauer Weise angebbar sind, wie dies bei den früher aufgestellten Forderungen für den logisch-systematischen Fall möglich war.

Für die Formulierung dieser drei Bedingungen muß man auf die pragmatischen Situationen zurückgehen, in welchen überhaupt die Forderung nach einer kausalen Erklärung auftritt. Es sind dies Situationen, in denen etwas als *befremdlich*, als *erstaunlich*, als *rätselhaft* erscheint, kurz also Situationen, in denen eine Person durch gewisse Vorkommnisse oder Phänomene verwirrt ist und darauf mit einer Warum-Frage reagiert. Die früher gewählten Beispiele haben dieser pragmatischen Dimension des Erklärungsbegriffs bereits Rechnung getragen: Es handelte sich stets um Phänomene, die jemandem, der zum erstenmal damit konfrontiert wurde, als verwunderlich erschienen.

Eine Minimalbedingung für eine befriedigende Antwort bildet die *Verständlichkeit*. Die Erklärung muß sich auf eine bekannte Verknüpfung stützen[48]. Die folgende Antwort auf die Frage „warum starb Franz?" verletzt diese Bedingung: „infolge eines starken Temperatursturzes am Ort *x*". Sie kann aber zu einer verständlichen ergänzt werden, etwa durch Einfügung folgender Details: „Franz befand sich gerade auf einer schwierigen Bergtour. Er war schlecht ausgerüstet, kam in ein Unwetter und mußte biwakieren. Da in der Nacht ein starker Temperatursturz hinzukam, starb

---

[47] J. PASSMORE [Everyday Life].
[48] Hierin mag eine der psychologischen Wurzeln für die in 9.a angeführten Tendenzen zu erblicken sein, auch in die Definition des logisch-systematischen Erklärungsbegriffs Prädikate wie das der Vertrautheit oder Verständlichkeit einzuführen.

er an Erfrierung." Diese Erklärung ist dem Fragenden verständlich, mag sie auch unvollständig oder inkorrekt sein. Vermutlich wird sie der Fragende als ausreichend akzeptieren. In sehr vielen Situationen gibt sich dieser nämlich damit zufrieden, daß diese Minimalbedingung erfüllt ist, weil er die Bedingungen der Adäquatheit und Korrektheit stillschweigend als erfüllt voraussetzt.

Was als verständlich erscheint, hängt *vom gesamten geistigen Hintergrund* der nach einer Erklärung verlangenden Person ab. Einem mittelalterlichen Menschen erschienen Erklärungen von Todesfällen auf Grund von Hexerei, Krankheiten infolge Besessenheit von Dämonen, Heilungen auf Grund von Berührungen durch den König als verständlich und befriedigend. Dem heutigen Menschen dagegen erscheinen Erklärungen von Krankheiten durch Bezugnahme auf Viren oder Bakterien als verständlich, ebenso die Erklärung einer Heilung von Lungenentzündung durch Penicillin, Wetteränderungen auf Grund von Luftdruckverschiebungen, und zwar selbst dann, wenn er die inneren Zusammenhänge überhaupt nicht versteht. Von dem Maße, in dem die sich entwickelnde Wissenschaft ins allgemeine Bewußtsein dringt, „populär" wird, hängt es ab, was für die meisten Menschen als Erklärung akzeptierbar erscheint und was nicht. Verständlichkeit in diesem Sinn ist eine Sache der *Gewohnheit*. Im Mittelalter hatte man sich daran gewöhnt, an Hexerei als Erklärungsgrund zu appellieren; wir dagegen „haben uns an Viren und Bakterien gewöhnt", weil wir so oft davon gehört haben.

Nur wenn wir eine gewohnte Verbindung zwischen vorgeschlagenem Explanans und Explanandum zu erblicken vermögen, liegt eine verständliche Erklärung vor; sonst bleibt sie unverständlich. Eine für eine Person verständliche Erklärung braucht aber von ihr noch nicht als *adäquat* empfunden zu werden. Für die Verständlichkeit genügt es, daß Bedingungen angegeben werden, die *bisweilen* das Explanandum-Ereignis hervorrufen. Damit die Erklärung darüber hinaus adäquat ist, müssen die Bedingungen *in diesen konkreten Umständen* als hinreichend dafür betrachtet werden, das Explanandum-Ereignis zu erzeugen. Die Erklärung, daß jemand starb, weil er an Grippe erkrankt war, ist verständlich, kann aber inadäquat sein; denn nicht jeder an Grippe Erkrankte stirbt. Solange man allerdings nicht *besondere Gründe* hat, *die Adäquatheit zu bezweifeln*, wird sie in den meisten pragmatischen Situationen als vorliegend angenommen. Haben wir dagegen Gründe zum Zweifeln, so müssen wir von der Adäquatheit eigens überzeugt werden. In dem eben erwähnten Beispiel kann es sich darum handeln, die Umstände, unter denen eine Grippe tödliche Auswirkungen hat, mehr oder weniger im Detail zu schildern und außerdem zu zeigen, daß diese Umstände im vorliegenden Fall gegeben waren; z. B. daß der Patient zusätzlich an Herzschwäche litt, ganz besonders heftige Fieberanfälle hatte, ärztliche Hilfe zu spät kam u. dgl.

Wie dieses Beispiel zeigt, kann ein Versuch, eine Person von der Adäquatheit einer Erklärung zu überzeugen, darin bestehen, *eine genauere Schilderung* zu geben. Oder er kann darin bestehen, auf einen besonderen Umstand aufmerksam zu machen, der zunächst übersehen worden ist. Dazu gehört das Beispiel eines Mannes, über den vor einigen Jahren in amerikanischen Zeitungen geschrieben wurde[49]: Dieser Mann wunderte sich darüber, daß jedesmal, wenn er sich im Winter eine Fernsehsendung ansah, die Temperatur in seinem Haus stark zurückging. Er konnte sich diesen oftmals beobachteten Sachverhalt begreiflicherweise nicht erklären. Es genügte, ihn auf folgendes aufmerksam zu machen: Sein Fernsehgerät war unmittelbar unterhalb des Thermostaten angebracht und erwärmte den letzteren, sowie es aufgedreht wurde. Der Thermostat reagierte darauf mit einer Abschaltung der Heizung. Die Forderung nach einer Erklärung ist in einem solchen Fall erfüllt, wenn das aufgezeigt wird, was man im Alltag „die Ursache" nennt. Es kann, braucht aber nicht der Fall zu sein, daß der Mann, der diese Erklärung als voll befriedigend akzeptiert, auch physikalisches Wissen über das Funktionieren eines Thermostaten besitzt. Darin zeigt sich wieder, *daß die pragmatischen Bedingungen für die Akzeptierbarkeit einer vorgeschlagenen Erklärung als verständlich und adäquat (und korrekt) viel loser sein können als die Bedingungen für die Annehmbarkeit einer Erklärung im Sinn des logisch-systematischen Erklärungsbegriffs.*

Es wurden hier nur einige Beispiele pragmatischer Situationen angeführt, die keineswegs als typisch für den allgemeinen Fall angesehen werden dürfen. In anderen Situationen kann es dem Fragenden darum gehen, geeignete Gesetze und Theorien zu entdecken, oder eine Antwort darauf zu erhalten, mit Hilfe welcher mathematischer Tricks ein geeignetes Explanandum aus bereits bekannten Gesetzen abgeleitet werden kann. Man darf ja nicht vergessen, daß die pragmatischen Erklärungsbegriffe nicht nur im außerwissenschaftlichen Alltag Verwendung finden; auch die *im wissenschaftlichen Forschungsbetrieb* auftretenden pragmatischen Situationen sind zu berücksichtigen.

Wie PASSMORE hervorhebt, wird für die Adäquatheit von alltäglichen Erklärungen nicht verlangt, daß sie im strengen Sinn hinreichend sind. Oft kann niemand die genauen Bedingungen formulieren. Man kann nicht haarscharf angeben, unter welchen Umständen ein an Grippe Erkrankter stirbt. Darum kann es z. B. der Fall sein, daß die obige als befriedigend empfundene Erklärung für den Tod dennoch *inkorrekt* war: Der Patient starb nicht an der Erkrankung, sondern weil die Injektionsspritze verwechselt wurde und man ihm etwas injizierte, was auf ihn tödlich wirkte. Ein besonderer Typus von pragmatischen Umständen von Inkorrektheit ist der folgende: Eine Person *A* gibt der Person *B* eine Erklärung, die so

---

[49] HEMPEL berichtete darüber a. a. O., S. 427.

detailliert ist, daß sie nach üblichem Standard als verständlich sowie als adäquat betrachtet werden muß. Trotzdem ist sie inkorrekt, weil entweder A sich irrt oder den B bewußt anlügt.

Mit diesen Hinweisen beschließen wir die Bemerkungen über die pragmatischen Erklärungsbegriffe. Im folgenden werden wir auf diese Begriffe nicht mehr zurückkommen, sondern stets den in Abschnitt 2 eingeführten „objektiven" d. h. den logisch-systematischen Erklärungsbegriff zugrundelegen. So wie es verfehlt wäre, den alltäglichen oder einen vom Juristen verwendeten pragmatischen Beweisbegriff dem Beweisbegriff des Logikers und Mathematikers als den „besseren" oder „wahreren" entgegenzustellen, ist es unvernünftig, pragmatische Erklärungsbegriffe gegen den logisch-systematischen Erklärungsbegriff auszuspielen und den letzteren als inadäquat zu bezeichnen. Dies ist jedoch oftmals geschehen, insbesondere im Rahmen der Diskussionen über historische Erklärungen (vgl. dazu auch VI). Daß es in diesem Bereich sehr leicht zu einem unfruchtbaren Aneinandervorbeireden kommen kann, dürfte seine Wurzel in folgendem haben: Im naturwissenschaftlichen Bereich ist der Sprachgebrauch ein solcher, daß die vom Naturwissenschaftler verwendeten pragmatischen Erklärungsbegriffe eine große Ähnlichkeit haben mit dem logisch-systematischen Begriff, analog wie der in der nichtformalisierten Mathematik verwendete Beweisbegriff eine viel größere Ähnlichkeit besitzt mit dem vom Logiker verwendeten Beweisbegriff als mit dem des Alltagsmenschen. Der Historiker hingegen verwendet einen Erklärungsbegriff in weitgehender Anlehnung an den alltäglichen Gebrauch mit all seinen Relativitäten und Mehrdeutigkeiten.

Um im Leser keine Verwirrung zu erzeugen, machen wir nochmals nachdrücklich darauf aufmerksam, daß die meisten der auf die drei- oder vierstelligen pragmatischen Erklärungsrelationen bezogenen Überlegungen, insbesondere auch die andeutungsweise formulierten Adäquatheitsbedingungen, für den zweistelligen objektiven Begriff der DN-Erklärung bzw. der IS-Erklärung gegenstandslos sind.

11* Gibt es überhaupt deduktiv-nomologische Erklärungen?

11.a Daß es deduktiv-nomologische Erklärungen und Voraussagen gibt, ist bisher als Faktum vorausgesetzt worden. Einige elementare Beispiele sowie die Schilderung des H-O-Schemas sollten dieser Annahme Plausibilität verleihen. Wir müssen uns daher kurz mit der Auffassung von Autoren auseinandersetzen, welche die Existenz solcher Systematisierungen bestreiten und demgegenüber behaupten, daß *alle* Erklärungen,

Voraussagen und sonstigen wissenschaftlichen Systematisierungen induktiver Natur seien[50].

Dem Argument sei eine Feststellung über einen prinzipiellen Unterschied zwischen deduktiven und induktiven Argumenten vorangeschickt. Angenommen, wir verfügen über einen relationalen Begriff der induktiven Bestätigung $C(H, E)$, der besage, daß die Hypothese H durch die Erfahrungsdaten E gut *bestätigt* sei. Dies ist der einfachste Fall eines Bestätigungsbegriffs, da er als ein bloß *klassifikatorischer* oder *qualitativer* Begriff eingeführt ist. Eine schärfere Form eines solchen Begriffs würde etwa die vierstellige Relation $B(H, E, H', E')$ bilden, durch welche die Aussage wiedergegeben werden soll, daß die Hypothese H durch E *besser bestätigt* wird als die Hypothese H' durch E'. Wir hätten es hier mit einem sogenannten *komparativen* Bestätigungsbegriff zu tun, der im Gegensatz zum ersten auch für Vergleichsfeststellungen über Bestätigungen verwendbar ist, wenn er auch noch keine quantitativen Angaben ermöglicht. Die schärfste Begriffsform für einen Bestätigungsbegriff wäre die einer numerischen Funktion c mit zwei Argumentstellen. $c(H, E) = r$ würde danach besagen, daß der Grad, in dem H durch E bestätigt wird, gleich r sei. CARNAP hat darauf hingewiesen, daß bei der Diskussion des induktiven Räsonierens häufig eine bestimmte Art von Irrtum begangen wird. Da die Situation für alle Typen des induktiven Schließens dieselbe ist, können wir uns der Einfachheit halber auf den Fall des qualitativen Bestätigungsbegriffs beschränken.

Es liegt nahe, so zu argumentieren: „Wenn E ein Beobachtungsbericht ist, von dem wir wissen, daß er wahr ist, und wenn H durch E gut (in hohem Grade) bestätigt wird, so erscheint es als vernünftig, die Hypothese H zu akzeptieren." Eine derartige Überlegung wäre jedoch inkorrekt, da sie gegen *das methodologische Prinzip des Gesamtdatums* verstößt. Es könnte der Fall sein, daß im tatsächlich verwendeten Datum E Erfahrungswissen, das für H relevant, aber dafür ungünstig ist, außer Betracht blieb. Wenn es sich um die Frage der Annahme oder Nichtannahme von Hypothesen handelt, müssen wir diese auf Grund des *gesamten* verfügbaren Erfahrungswissens beurteilen und nicht nur eines Teiles davon. Dies ist der Inhalt des erwähnten methodologischen Prinzips. Die Vergrößerung einer Erfahrungsbasis E zu einem umfassenderen Datum E' kann die induktive Bestätigung nach beiden Richtungen hin ändern: sie kann sie verstärken wie abschwächen.

Bei den *logischen Folgerungen* ist die Situation dagegen eine völlig andere. Dem Datum E entsprechen hier die Prämissen und der Hypothese H entspricht die Conclusio. Folgt H logisch aus E und ist E wahr, so ist auch H wahr. Wissen wir daher um die Wahrheit von E, so können wir auf die Wahrheit von H schließen, und zwar unabhängig davon, einen wie

---

[50] Diese Auffassung wurde insbesondere vertreten von J. CANFIELD und K. LEHRER in [Note].

großen Teil unseres tatsächlichen Erfahrungswissens E repräsentiert. Sollten später neue Erfahrungsdaten hinzukommen, so würde die logische Folgebeziehung davon unberührt bleiben. Formal drückt sich dies so aus: Wenn die Folgebeziehung durch „⊦-" abgekürzt wird, so kann von E ⊦- H zu $\mathfrak{K}, E$ ⊦- H übergegangen werden, wobei $\mathfrak{K}$ eine beliebige Menge zusätzlicher Prämissen darstellt. Die inhaltliche Begründung für dieses Prinzip der Prämissenverstärkung liegt auf der Hand: Was aus einer bestimmten Klasse von Prämissen gefolgert werden kann, das läßt sich erst recht aus einer umfassenderen Prämissenklasse folgern, welche die erste Klasse als Teil enthält. Man braucht ja auch im letzteren Fall nur die bereits verfügbaren Prämissen zu benützen![51]

11.b CANFIELD und LEHRER behaupten nun, daß in den Beispielen von deduktiv-nomologischen Erklärungen, die üblicherweise gegeben werden, die Hinzufügung geeigneter neuer Informationen zu den Prämissen des Schlusses die Argumente ungültig mache. Falls diese Behauptung richtig wäre, so ergäbe sich damit auf Grund der eben angestellten Betrachtungen, daß jede angeblich deduktiv-nomologische Erklärung nicht auf einem deduktiven Schluß beruhen könne, sondern sich auf einen induktiven Schluß stützen müsse.

Die beiden Autoren illustrieren ihre These an dem früher geschilderten Beispiele von K. POPPER (vgl. Abschn. 2). Da es in diesem Zusammenhang auf die genauen Details nicht ankommt, möge jenes erklärende Argument in etwas vereinfachter Gestalt wiedergegeben werden. „Fx" besage „x ist ein Faden"; „Gx" sei eine Abkürzung für „an (den Faden) x wird ein Objekt gehängt, dessen Gewicht (z. B. 2 kg) jenes übersteigt, das für die Zerreißfestigkeit von x charakteristisch ist (z. B. 1 kg)"; „Zx" besage „(der Faden) x zerreißt". „a" sei der Name des betreffenden Fadens, auf den sich der Schluß bezieht. Das Argument, welches das Zerreißen des Fadens damit erklärt, daß ein seine Zerreißfestigkeit übersteigendes Gewicht darangehängt wurde, läßt sich dann so formalisieren:

(1) Gesetzesaussage: $\bigwedge x(Fx \wedge Gx \rightarrow Zx)$
(2) Antecedensdatum: $\underline{\qquad Fa \wedge Ga \qquad}$ Argument (A)

(3) Explanandum: Za

Solange (1) als eine deterministische Aussage zu interpretieren ist und nicht durch eine statistische Hypothese ersetzt wird, müßte nach der Auffassung

---

[51] Bei Verwendung des strengen semantischen Folgerungsbegriffs wäre der Sachverhalt so darzustellen: Daß die Aussage B aus der Aussagenklasse $\mathfrak{A}$ logisch folgt, besagt danach, daß jedes Modell von $\mathfrak{A}$ (d. h. jede sämtliche Sätze von $\mathfrak{A}$ wahr machende Interpretation) auch ein Modell von B ist. Folgt B aus A (d. h. aus der Einerklasse von Sätzen, die nur A als Element enthält), so folgt B a fortiori aus einer beliebigen um A erweiterten Satzklasse $\mathfrak{K}$, da ja jedes Modell dieser weiteren Satzklasse erst recht ein Modell von A ist.

von POPPER wie von HEMPEL dieses Argument als eine logische Deduktion interpretiert werden.

Angenommen nun, in einem Abstand d oberhalb des Gewichtes wird ein Elektromagnet angebracht, welcher in dem Augenblick in Tätigkeit tritt, da das fragliche Gewicht an dem Faden a befestigt wird. Der Magnet sei von solcher Stärke, daß er auf diese Distanz d den Zug, den das Gewicht auf den Faden ausübt, vollkommen neutralisiert. „Mx" besage „im Abstand d oberhalb des am Faden x befestigten Gewichtes ist ein in Aktion befindlicher Elektromagnet von solcher Stärke angebracht, daß das Gewicht auf den Faden x keinen Zug nach unten ausübt". Solange ein Wissenschaftler nur die beiden Prämissen (1) und (2) zur Verfügung hat und von der Existenz dieses Magneten nichts weiß, wird er so wie im obigen Argument „Za" voraussagen. Sobald er die neue Information „Ma" erhält, wird er diese Voraussage nicht mehr machen. Falls sich die ursprüngliche Voraussage aber auf ein logisches Argument stützte, so müßte er weiterhin von der Prognostizierbarkeit von „Za" überzeugt sein; denn er hat ja zu den bereits vorhandenen Prämissen nur eine weitere hinzugefügt. Das neue Argument hätte also zu lauten:

(1)   [unverändert]
(2)   [unverändert]
(2a) Ma Argument (B)
          ─────────
(3) Za

Wie kann dieser Sachverhalt damit versöhnt werden, daß der Wissenschaftler in einer solchen Situation das neue Argument *nicht* akzeptieren wird, obwohl er das alte akzeptiert hatte? CANFIELD und LEHRER meinen, daß nur zwei Möglichkeiten bestehen: (I) Weder das Argument (A) noch das Argument (B) ist korrekt. An die Stelle einer angeblichen Deduktion hat ein induktives Argument zu treten. (II) Die Gesetzeshypothese (1) ist inadäquat formuliert worden.

11.c Die beiden Autoren diskutieren zunächst die Möglichkeit (II) und versuchen zu zeigen, daß diese nicht in Frage kommt. Zunächst sei der Gegenstandpunkt formuliert: Man könnte das Argument (A) mit dem Hinweis darauf anfechten, daß das Antecedens dieses Gesetzes[52] bei adäquater Formulierung als Konjunktionsglied entweder „$\neg Mx$" oder eine Formel enthalten müsse, aus der „$\neg Mx$" logisch folgt. Würde diese Auffassung akzeptiert werden, dann würde aus dem Gegenbeispiel nicht mehr

---

[52] Unter dem Antecedens einer Konditionalaussage verstehen wir deren Vorderglied, also den vor dem Pfeil befindlichen Teil, unter dem Konsequens den Teil hinter dem Pfeil. Falls die ganze Formel von Allquantoren beherrscht wird, sind diese dabei unberücksichtigt zu lassen, so daß sich die Unterscheidung auf den Formelteil hinter dem Quantorenpräfix bezieht.

folgen, daß eine wissenschaftliche Voraussage nicht die Gestalt einer Deduktion haben kann, sondern nur, daß POPPERs Beispiel keine wissenschaftliche Voraussage darstellt: das Argument (A) wäre ja falsch[53].

Diese Überlegung legt den Gedanken nahe, daß nur solche Gesetze als Prämissen einer deduktiv-nomologischen Erklärung zugelassen werden, die eine bestimmte *Vollständigkeitsbedingung* erfüllen. Um diesen Gedanken zu präzisieren, ist es in Abweichung zum Vorgehen von CANFIELD und LEHRER zweckmäßig, einen Hilfsbegriff einzuführen. Wir sagen zunächst, daß eine Bedingung $\Phi(x)$ *gesetzmäßig unverträglich* ist mit einer Bedingung $\Psi(x)$, wenn es ein Gesetz L' gibt, so daß aus L' und $\Phi(x)$ die Negation von $\Psi(x)$ ableitbar wird. Der Fall der logischen Unverträglichkeit soll hier eingeschlossen sein, da wir logische Prinzipien der Einfachheit halber ebenfalls als Gesetze zulassen. Wenn $\Phi(x)$ nicht gesetzmäßig unverträglich ist mit $\Psi(x)$, so sagen wir, $\Phi(x)$ sei *gesetzmäßig verträglich* mit $\Psi(x)$. Es sei nun L ein fest vorgegebenes Gesetz von Konditionalform, also etwa von der Gestalt der Aussage (1)[54]. Das Antecedens (des quantorenfreien Teiles) von L heiße $A(L)$, das Konsequens werde durch $K(L)$ abgekürzt.

Eine Bedingung $F(x)$ wird *eine störende Bedingung für das Gesetz* L genannt, wenn die folgenden zwei Voraussetzungen erfüllt sind:

(a) $F(x)$ ist gesetzmäßig verträglich mit $A(L)$;

(b) die Konjunktion, bestehend aus dem (quantorenfreien Teil des) Antecedens von L und $F(x)$ ist gesetzmäßig unverträglich mit $K(L)$.

Das Gesetz L^* werde die Vervollständigung des Gesetzes L genannt, wenn L^* sich von L nur dadurch unterscheidet, daß $A(L^*)$ zusätzlich zu $A(L)$ als Konjunktionsglieder alle Negationen von störenden Bedingungen für L enthält.[55] Ein Gesetz L wird *vollständig* genannt (anders ausgedrückt: es wird gesagt, daß L die Vollständigkeitsbedingung erfüllt), wenn ein Gesetz existiert, dessen Vervollständigung L ist.

Die intuitive Motivation für diese Definitionen dürfte klar sein: Mx ist im obigen Beispiel eine störende Bedingung für das Gesetz (1); denn einerseits ist es mit $Fx \wedge Gx$ gesetzmäßig verträglich, andererseits mußten wir annehmen, daß $Fx \wedge Gx \wedge Mx$ gesetzmäßig unverträglich ist mit Zx, da ein Naturwissenschaftler mit Recht (unter Verwendung anderer Gesetze)

---

[53] Außerdem müßte, um die Korrektheit von (B) aufrecht zu erhalten, offenbar die Gesetzesprämisse (1) von (B) eine *andere* sein als die Gesetzesprämisse (1) von (A), so daß bereits aus diesem Grund gar nicht mehr von einem Gegenbeispiel gesprochen werden könnte.

[54] Wir setzen stets voraus, daß sämtliche Allquantoren zu Beginn stehen, das Gesetz also in sogenannter pränexer Normalform angeschrieben ist.

[55] Um eine Garantie dafür zu erhalten, daß die Konsistenz gewahrt bleibt, müßte die genaue Definition etwas komplizierter formuliert werden. Wir überspringen dieses technische Detail.

auf $\neg Za$ schließen wird, wenn ihm die Bedingung $Fa \wedge Ga \wedge Ma$ gegeben ist. Es müßte also gefordert werden, daß Gesetze, für die störende Bedingungen existieren, nicht für Erklärungszwecke verwendet werden dürfen. Positiv formuliert: *Nur Gesetze, welche die Vollständigkeitsbedingung erfüllen, sind als Prämissen in nomologischen Erklärungen zulässig.*

Die Rechtfertigung für diese Forderung liegt in dem folgenden *Satz:* Ein Gesetz L mit dem Antecedens $\Phi(x)$ und dem Konsequens Gx werde abkürzend durch $L(\Phi(x); Gx)$ wiedergegeben. Dann gilt: *Ein singulärer Satz von der Gestalt Ga ist aus $\Phi(a)$ und diesem Gesetz nur dann deduzierbar, wenn $L(\Phi(x); Gx)$ die Vollständigkeitsbedingung erfüllt.*

Sollte nämlich L die Vollständigkeitsbedingung nicht erfüllen, dann gäbe es eine störende Bedingung Fx für L. Fa wäre logisch wie naturgesetzlich verträglich mit $\Phi(a)$; jedoch könnte man aus $Fa \wedge \Phi(a)$ unter Benützung eines geeigneten Gesetzes L' den Satz $\neg Ga$ deduzieren. Wegen des logischen Prinzips der Prämissenverstärkung ist es dann aber im Konsistenzfall ausgeschlossen, daß Ga aus L und $\Phi(a)$ deduziert werden kann.

11.d Nun aber tritt die eigentliche Schwierigkeit auf: *Es gibt prinzipiell keine Möglichkeit festzustellen, ob ein Gesetz die Vollständigkeitsbedingung erfüllt.* Um dies zu beweisen, genügt es einzusehen, daß nicht einmal die schwächere Erkenntnis möglich ist, daß eine beliebige vorgegebene Bedingung Fx eine störende Bedingung für ein gegebenes Gesetz L_0 darstellt[56]. Dazu müßten wir nämlich feststellen können, ob die Konjunktion $Fx \wedge A(L_0)$ gesetzmäßig unverträglich ist mit $K(L_0)$. Eine solche Unverträglichkeit bestünde nur dann, *wenn es ein Gesetz L_1 gibt*, mit dessen Hilfe man von $Fx \wedge A(L_0)$ auf $\neg K(L_0)$ schließen kann. Dieser Schluß soll ein deduktiver Schluß sein. Nach dem soeben bewiesenen Satz muß, damit dieser Schluß möglich wird, L_1 selbst die Vollständigkeitsbedingung erfüllen. Für L_1 wiederholt sich nun aber dasselbe Spiel: Zur Lösung der Aufgabe, die Vollständigkeitseigenschaft eines Gesetzes L_0 zu ermitteln, werden wir auf ein anderes Gesetz L_1 verwiesen, bei dem wir vor derselben Aufgabe stehen, so daß wir zu einem dritten Gesetz L_2 übergehen müssen, für welches zu bestimmen ist, ob es die Vollständigkeitseigenschaft erfüllt usw. Wir gelangen zu einer unendlichen Folge von Gesetzen: $L_0, L_1, L_2, \ldots$. Das Vorliegen der Vollständigkeitseigenschaft ist für das erste Gesetz zu untersuchen; für jedes Glied dieser Folge aber kann die Vollständigkeitseigenschaft erst dann ausgesagt werden, wenn man bereits weiß, daß das *nächste* Glied der Folge diese Eigenschaft besitzt. Die Untersuchung mündet ein in einen

---

[56] Dies ist aus folgendem Grunde eine schwächere Aussage als die Feststellung, daß ein Gesetz L^* vollständig ist: Selbst wenn wir für eine *bestimmte* Bedingung herausfinden könnten, ob sie eine störende Bedingung für ein Gesetz darstellt, wäre damit noch nicht die Garantie dafür gegeben, daß wir auch zu erkennen vermöchten, ob für ein gegebenes Gesetz L das Antecedens von L^* die Negation *jeder* störenden Bedingung für L impliziert.

regressus ad infinitum. Die Schwierigkeit wird dadurch erhöht, daß diese Folge von Gesetzen außer dem ersten Glied überhaupt nicht *gegeben* und auch nicht durch ein mechanisches Verfahren zu finden ist, sondern daß Schritt für Schritt nur die *Existenz* der weiteren Glieder gefordert wird.

Aus diesem Resultat ziehen die beiden Autoren die Konsequenz, daß die Alternative (II) nicht in Frage kommt und daß daher jede wissenschaftliche Erklärung oder Voraussage als ein *induktives Argument* zu deuten sei.

11.e Für eine kritische Diskussion dieses Standpunktes müssen wir methodisch zwischen dem Fall der Erklärung und dem der Voraussage unterscheiden. Wir beginnen mit dem ersteren. Hier ist trotz der Kritik von CANFIELD und LEHRER zu betonen, daß deduktiv-nomologische Erklärungen prinzipiell möglich sind. Allerdings ist zu beachten, daß aus den früher geschilderten Gründen derartige Erklärungen häufig unvollständig, skizzenhaft oder ungenau formuliert sind. Darauf beruht auch das auf den ersten Blick verblüffende scheinbare Gegenbeispiel gegen POPPERs Illustration eines deduktiven erklärenden Argumentes. Dieses Gegenbeispiel ist jedoch inadäquat: Der Übergang vom ursprünglichen Popperschen Beispiel zu dem neuen kann nicht in der Form des Überganges vom Argument (A) zum Argument (B) beschrieben werden, also nicht in der Weise, daß einfach eine neue Prämisse hinzugefügt wird. Die frühere Information wird nämlich nicht *vergrößert*, sondern *geändert*. Zur Definition des Begriffs eines Gewichtes gehört es, daß ein an einen Faden gehängtes Gewicht einen bestimmten Zug nach unten ausübt. Wird durch die Tätigkeit eines Magneten diese Zugwirkung kompensiert, so ist diese Annahme nicht mehr richtig. Formal drückt sich dies darin aus, daß auf Grund der neuen Informationsbasis die singuläre Prämisse (2) von (A), nämlich die konjunktive Komponente Ga, falsch wird. Die Prämissenklasse des Argumentes (B) erweist sich daher bei genauerer Analyse als inkonsistent: (2) und (2a) sind miteinander logisch unverträglich.

In dieser Weise sind alle Fälle von Erklärungen mit ausschließlich strikten Gesetzesprämissen zu analysieren:

1) Entweder die singulären Prämissen oder Gesetzeshypothesen sind nicht ausreichend für die Deduktion des Explanandums. Dann stellt das ganze Argument bestenfalls eine induktive Stütze für das Explanandum dar. Ein Sonderfall ist der, daß nur in bezug auf die nichtgesetzesartigen Prämissen eine Lücke besteht. Deren Vervollständigung kann dann entweder dazu führen, daß das ursprüngliche induktive Argument zu einem deduktiven mit demselben Explanandum ergänzt wird oder dazu, daß ein von dem ursprünglichen Explanandum *verschiedenes* aus der neuen Prämissenmenge deduziert wird. Dieser letztere Fall kann natürlich nicht eintreten, wenn der Explanandum-Sachverhalt als unleugbare gegebene Tatsache betrachtet wird.

2) Oder die Prämissen reichen zwar für die Deduktion des Explanandums aus, auf Grund genauerer Informationen stellt sich jedoch heraus, daß gewisse singuläre Prämissen falsch sind, also keine Tatsachen beschreiben, und daher durch andere ersetzt werden müssen. Damit ist die Unrichtigkeit der ursprünglichen Erklärung erkannt. Sofern es dann gelingt, die erforderlichen Einzelinformationen zu erhalten, läßt sich die ursprüngliche Erklärung durch eine andere und wahre ersetzen. Das von CANFIELD und LEHRER diskutierte Beispiel ist von dieser Art. Daß eine solche Situation prinzipiell stets eintreten kann, beruht darauf, daß in jeder konkreten Anwendung nicht nur die verwendeten Gesetzesaussagen Hypothesen darstellen, sondern daß auch die sogenannten Tatsachenfeststellungen, von denen ein Wissenschaftler ausgeht, eine hypothetische Komponente enthalten und daher prinzipiell revidierbar sind.

3) Sind dagegen die benützten Gesetzeshypothesen gültige Prinzipien und bestehen die Antecedensbedingungen allein aus wahren Sätzen und ist ferner diese Klasse in dem Sinne vollständig, daß sie zusammen mit den Gesetzeshypothesen eine DN-Erklärung von E ermöglicht, dann ist es logisch ausgeschlossen, durch Erweiterung der Prämissenklasse ein mit E unverträgliches Explanandum zu erhalten. Sogenannte „störende Bedingungen" im früher angegebenen Sinn würden sich in der Form einer Inkonsistenz der Antecedensdaten äußern.

In diesem Zusammenhang ist auf eine Unklarheit im Argument von CANFIELD und LEHRER hinzuweisen, die vor allem im letzten Absatz von 11.c (S. 148) zum Ausdruck kommt. Das dort erwähnte Gesetz L' würde, sofern es eine möglichst einfache Gestalt hat, in der in 11.c verwendeten Symbolik lauten: $L'(Fx, \Phi(x); \neg Gx)$. Nehmen wir dazu das frühere Gesetz L sowie die beiden singulären Prämissen $\Phi(a)$ und $Fa \wedge \Phi(a)$ hinzu, so kann man aus der gleichzeitigen logischen Deduzierbarkeit von Ga und $\neg Ga$ zunächst allein folgern, daß $\{L, L', \Phi(a), Fa\}$ eine inkonsistente Satzklasse ist. Diese Inkonsistenz kann ihre Wurzel z. B. darin haben, daß die prima facie verträglichen singulären Sätze in Wahrheit unverträglich sind — welchen Fall wir in Punkt 3) erwähnten — oder darin, daß eine logische Unverträglichkeit zwischen den beiden Gesetzen besteht, so daß eines davon als falsch zu verwerfen wäre (welches falsch ist, braucht aber natürlich nicht bekannt zu sein).

Der Voraussagefall unterscheidet sich vom Erklärungsfall nur insofern, als dort die in 2) erwähnte Möglichkeit *prinzipiell immer* besteht. Im Fall einer Erklärung beziehen sich die Antecedensdaten zur Gänze auf vergangene Situationen, in bezug auf welche ein „praktisch sicheres" Wissen erlangt werden kann. Im Voraussagefall müssen hingegen auch solche Antedecensdaten herangezogen werden, die sich auf *künftige* Situationen beziehen. Und hier scheint tatsächlich die Wurzel für eine zusätzliche Schwierigkeit zu liegen. Diese Schwierigkeit wird dadurch verschleiert, daß gewöhnlich deduktiv-nomologische Voraussagen in der folgenden vereinfachten *und inkorrekten* Weise charakterisiert werden: Es sei ein physikalisches System S gegeben, das nur von deterministischen Gesetzen regiert wird. t_0 sei ein vergangener, t_1 der gegenwärtige und t_2 ein zukünftiger Zeitpunkt. Es wird dann behauptet, daß eine Kenntnis des Zustandes von S zu t_0 sowie jener Gesetze genüge, um den Zustand von S für t_2 vorauszusagen. Dies gilt jedoch nur unter der Voraussetzung, daß S ein *abgeschlossenes* System ist — eine Voraussetzung, die für die Zeitstrecke von t_1 bis t_2 auf alle Fälle eine möglicherweise falsche *hypothetische* Annahme bleibt. Um das Voraussageargument in ein korrektes deduktiv-nomologisches Argument zu verwandeln, ist es daher nicht ausreichend, wenn die *Anfangsbedingungen* für t_0 gegeben sind; es muß außerdem *die ganze Folge der zwischen t_0 und t_2 geltenden Randbedingungen* gegeben sein. Der Fall der Abgeschlossenheit ist dabei jener Spezialfall, in dem vorausgesetzt wird, daß während dieses Zeitraumes keine störenden äußeren Einflüsse wirksam sind (im strengen Wortsinn ist das Universum das einzige abgeschlossene System). Aussagen über die Randbedingungen nach dem Zeitpunkt t_1 sind ebenso wie die verwendeten Gesetzesprinzipien hypothetische Annahmen.

Ein in gewisser Weise zu dem von CANFIELD und LEHRER gegebenen Beispiel analoges möge die Sachlage veranschaulichen: Angenommen, ein Astronom sagt für das Jahr 2012 voraus, daß auf bestimmten Teilen unserer Erde eine Sonnenfinsternis zu beobachten sein werde. Er stützt sich dabei auf die Gesetze der Himmelsmechanik sowie auf seine Kenntnis der gegenwärtigen oder einer vergangenen Konstellation der Himmelskörper in unserem Planetensystem. Das Argument scheint ein deduktiv-nomologisches zu sein. Setzen wir nun aber voraus, daß sich ein zum Zeitpunkt dieser Voraussage noch unbekannter Himmelskörper von erheblicher Masse mit großer Geschwindigkeit in die Richtung auf unser Sonnensystem bewegt. Dieser Körper störe die Richtungen der Massenanziehung in solcher Weise, daß die vorausgesagte Sonnenfinsternis nicht eintritt. Ist damit der Nachweis erbracht, daß die astronomische Voraussage nicht auf einem deduktiven Argument beruhte? Keineswegs. Was durch dieses Ereignis demonstriert wird, ist lediglich die Tatsache, daß sich die Ableitungen des Astronomen *auf eine falsche Hypothese über die* zwischen der Gegenwart und dem Jahr 2012 bestehenden *Randbedingungen* stützten. Die Annahme, daß das Planetensystem ein relativ abgeschlossenes System bleiben werde, erwies sich als unrichtig.

11.f Es sollte bei konkret vorliegenden DN-Erklärungen methodisch stets unterschieden werden zwischen dem erklärenden Argument und der induktiven Stützung der in einem solchen Argument benützten Prämissen (vgl. dazu auch II). Die in diesen Prämissen vorkommenden gesetzesartigen Aussagen sind niemals empirisch verifizierte Sätze, sondern bestenfalls empirisch gut bestätigte Hypothesen. Warum also soll man in bezug auf die singulären Prämissen Verifikation verlangen? Die Analyse von prognostischen Argumenten lehrt nicht mehr als dies, daß die zu den Antecedensdaten gehörenden Randbedingungen zwischen dem gegenwärtigen und jenem künftigen Zeitpunkt t, für den die Voraussage gemacht wird, aus dem *prinzipiellen* Grund hypothetisch bleiben müssen, daß sie Annahmen über die Zukunft darstellen. Diese Annahmen können sich nachträglich als falsch herausstellen. Das DN-Argument bleibt korrekt. Die Falschheit der Conclusio ist nicht damit zu erklären, daß die Ableitung fehlerhaft war oder ein bloß induktives Argument darstellte, sondern damit, daß einige Prämissen falsch waren.

CANFIELD und LEHRER haben darin recht, daß es unmöglich wäre, herauszubekommen, ob Gesetze die Vollständigkeitseigenschaft erfüllen. Es ist aber unnötig, diese Vollständigkeitsforderung überhaupt aufzustellen. Ist eine DN-Systematisierung korrekt und das heißt vollständig, so müssen die Negationen der Sätze, welche „störende Bedingungen" beschreiben, aus der Klasse der singulären Prämissen folgen, evtl. aus der „globalen" Hypothese, daß das System abgeschlossen ist. Treten dennoch störende Bedingungen auf, so ist dies ein Symptom für die Unrichtigkeit gewisser nichtgesetzesartiger Prämissen. Das hier angeschnittene Thema: die methodische Aufsplitterung zwischen erklärendem oder prognostischem Argument einerseits und empirischer Begründung der in diesem Argument verwendeten Prämissen andererseits, wird uns im folgenden Kapitel in anderem Zusammenhang nochmals begegnen. Vorläufig genügt es festzustellen, daß die Möglichkeit deduktiv nomologischer Systematisierungen nicht widerlegt worden ist[57].

---

[57] Für eine andersartige kritische Diskussion des Canfield-Lehrer-Argumentes vgl. R. W. BEARD [Completeness Conditions]. BEARD argumentiert dort, daß nicht die von den beiden Autoren geforderte „absolute Vollständigkeit" für den Begriff der DN-Erklärung notwendig sei, sondern daß der schwächere Begriff der Vollständigkeit bezüglich aller *bekannten Gesetze*, die als in einer umfassenden Theorie enthalten gedacht werden können, genüge. Dieser schwächere Vollständigkeitsbegriff wird von BEARD formal zu präzisieren versucht und es wird gezeigt, daß es sich dabei — im Gegensatz zu jenem absoluten Begriff — um eine *erkennbare* Eigenschaft von Sätzen handelt.
Nach Fertigstellung dieses Manuskriptes erschien die Arbeit von JOSÉ A. COFFA, "Deductive Predictions". Darin wird folgendes gezeigt: (1) Der im vorigen Absatz erwähnte Lösungsvorschlag von BEARD ist inadäquat. (2) Die in STEGMÜLLER, [Systematisierung], angedeutete Aufgabe einer präzisen Definition der Abgeschlossenheit eines physikalischen Systems bildet kein eigenes wissenschaftstheoretisches Problem, da es nur auf die Randbedingungen zwischen dem gegenwärtigen und jenem künftigen Zeitpunkt ankommt, zu dem das prognostizierte Ereignis stattfinden soll. Diese Feststellung stimmt mit der in diesem Abschnitt vertretenen Auffassung überein. (3) Das Canfield-Lehrer-Argument muß schon deshalb falsch sein, weil wegen des Deduktionstheorems sowie modus ponens bei logischer Gültigkeit von $A \rightarrow B$ der Satz B aus A ableitbar